高职高专电气电子类系列教材

U0268610

融媒体
·
特色教材

电机调速
应用技术及实训

第二版

葛芸萍　高杨　主　编

张慧宁　副主编

化学工业出版社

·北京·

内 容 简 介

本书根据职业教育的教学要求、特点和本课程新技术的发展，本着"必需、够用"的原则，注重结合工业应用选材和新技术介绍，主要阐述了交、直流调速系统组成、原理及应用等。本书尽量简化理论推导，在相关知识学习的基础上配有任务工单，将实践内容与理论教学内容紧密结合，有利于学生学以致用，提升职业素养。

全书含有 6 个项目，共 25 个任务，配有 21 个任务工单。项目 1 为直流调速系统，含 6 个任务；项目 2 为交流变频调速基础认知，含 5 个任务；项目 3 为西门子 MM440 变频器认知与操作，含 4 个任务；项目 4 为 MM440 变频器在变频调速中的应用，含 3 个任务；项目 5 为 PLC 和 MM440 变频器的配合应用，含 4 个任务；项目 6 为西门子 G120 变频器认知与操作，含 3 个任务。本书配有丰富的视频微课、动画，扫描二维码即可查看学习；所配任务工单可以单独裁剪，便于任务实施时使用与数据记录。每个项目中均设有"能量加油站"，融入思政元素，可通过延伸阅读培养学生的职业精神。

本书可作为高职高专院校电类专业教材，也可作为应用型本科、职业本科、中等职业院校电类及相关专业的教材或参考书，还可供相关的工程技术人员参考阅读。

图书在版编目(CIP)数据

电机调速应用技术及实训/葛芸萍，高杨主编 . —2 版 . —北京：化学工业出版社，2022.11 （2024.9重印）
ISBN 978-7-122-42196-8

Ⅰ.①电⋯ Ⅱ.①葛⋯ ②高⋯ Ⅲ.①电机-调速-高等职业教育-教材 Ⅳ.①TM3

中国版本图书馆 CIP 数据核字（2022）第 171686 号

责任编辑：葛瑞祎 王听讲　　　　　　　　装帧设计：刘丽华
责任校对：王 静

出版发行：化学工业出版社（北京市东城区青年湖南街 13 号　邮政编码 100011）
印　　装：河北延风印务有限公司
787mm×1092mm　1/16　印张 15½　字数 370 千字　2024 年 9 月北京第 2 版第 3 次印刷

购书咨询：010-64518888　　　　　　　　售后服务：010-64518899
网　　址：http://www.cip.com.cn
凡购买本书，如有缺损质量问题，本社销售中心负责调换。

电机调速应用技术课程是电气自动化专业的重要专业课程之一，本书在吸收有关教材长处及本领域新技术内容的基础上，根据高职高专的教学要求、特点和本课程新技术的发展，本着"必需、够用"的原则，注重内容的整合，将电力电子技术和交直流调速系统整合在一起编写，精选课程内容，注重先进技术的应用。

本书尽量简化理论推导，将实践内容与理论教学内容紧密结合，在相关知识学习的基础上配有任务工单，方便学生对课程进行全方位的学习，也方便教师实施"教、学、练、做"一体化教学。

本书按项目教学的要求编写，共分6个项目。项目1为直流调速系统，通过6个任务阐述直流调速系统的原理、结构及应用；项目2为交流变频调速基础认知，通过5个任务介绍变频调速原理、控制、调试以及通用变频器的功能；项目3为西门子MM440变频器认知与操作，通过4个任务阐述MM440变频器的基本结构、安装与调试；项目4为MM440变频器在变频调速中的应用，通过3个任务介绍开关量、模拟量、多段速运行3类典型操作实例；项目5为PLC和MM440变频器的配合应用，通过4个任务介绍典型配合应用实例；项目6为西门子G120变频器认知与操作，通过3个任务逐步阐述其基本结构、操作面板调试及典型应用。

本书修订再版后的主要特色如下：

（1）采用项目任务式编写模式，提供任务工单，可单独裁剪，有利于学生学以致用，提高技能操作水平与实践应用能力。

（2）配有丰富的视频微课、动画，扫描二维码即可查看学习。

（3）每个项目设有"能量加油站"，通过拓展阅读，提升工程素养，培养工匠精神。

（4）剔除陈旧内容，增加西门子G120变频器相关内容，满足不同学校的教学需求。

本书可作为高职高专院校电类专业教材，也可作为应用型本科、职业本科、中等职业院校电类及相关专业的教材或参考书，还可供相关的工程技术人员参考阅读。

本书由黄河水利职业技术学院葛芸萍、高杨任主编，黄河水利职业技术学院张慧宁任副主编，黄河水利职业技术学院的刘云潩、聂光辉、杨筝，以及山东省水利勘测设计院的王玉梅参与了部分内容的编写及微课录制。具体编写分工如下：项目1由刘云潩编写，项目2、3由葛芸萍编写，项目4由高杨编写，项目5由张慧宁编写，项目6由王玉梅编写。本书的微课视频由刘云潩、葛芸萍、聂光辉、高杨、杨筝制作。全书由葛芸萍统稿。

我们将为使用本书的教师免费提供电子教案，需要者可以到化工教育网站 http://www.cipedu.com.cn 免费下载使用。

由于编者水平有限，不妥之处在所难免，敬请读者批评指正，编者将万分感激！

编者

2022.10

目录

项目 3　西门子 MM440 变频器认知与操作 / 125

项目 4　MM440 变频器在变频调速中的应用 / 152

项目 5　PLC 和 MM440 变频器的配合应用 / 171

项目 6　西门子 G120 变频器认知与操作 / 195

二维码资源索引

直流调速系统

任务 1.1　直流电动机的调速方法认知

【任务描述】

电动机是用来拖动某种生产机械的动力设备，所以需要根据工艺要求调节其转速。比如：在加工毛坯工件时，为了防止工件表面对生产刀具的磨损，加工时要求电动机低速运行；而在对工件进行精加工时，为了缩短加工时间，提高产品的成本效益，加工时要求电动机高速运行。所以，将调节电动机转速以适应生产要求的过程称为调速，而用于完成这一功能的自动控制系统就称为调速系统。

目前调速系统分为直流调速系统和交流调速系统，由于直流调速系统的调速范围广、静差率小、稳定性好以及具有良好的动态性能，因此在相当长的时期内，高性能的调速系统几乎都采用了直流调速系统。但近年来，随着电子工业与技术的发展，高性能的交流调速系统的应用范围逐渐扩大，并大有取代直流调速系统的发展趋势。但直流调速系统作为一个沿用了近百年的调速系统，了解其基本的工作原理，并加深对自动控制原理的理解还是有必要的。

【相关知识】

1.1.1　调速控制系统的性能指标

1-1　调速控制
系统性能指标

任何一台需要转速控制的设备，其生产工艺对控制性能都有一定的要求。例如，精密机床要求加工精度达到几十微米至几微米；重型机床的给进机构需要在很宽的范围内调速，最高速度和最低速度相差近 300 倍；兆瓦级容量的初轧机轧辊电动机在不到 1s 的时间内就得完成从正转到反转的过程；高速造纸机的抄纸速度达到 1000m/min，要求稳速误差小于 0.01%。所有这些要求，都可以转化成电动机调速控制系统的稳态或动态指标，作为设计系统时的依据。

各种生产机械对调速系统提出了不同的转速控制要求，归纳起来有以下三个方面：

① 调速。在一定的最高转速和最低转速范围内，分挡（有级）或者平滑（无级）调

节转速。

② 稳速。以一定的精度在所需转速上稳定地运行，不因各种可能的外来干扰（如负载变化、电网电压波动等）而产生过大的转速波动，以确保产品质量。

③ 加、减速控制。对频繁启动、制动的设备要求尽快地加、减速，缩短启动、制动时间，以提高生产率；对不宜经受剧烈速度变化的生产机械，则要求启动、制动尽量平稳。

以上三个方面有时都需具备，有时只要求其中一项或两项，其中有些方面之间可能还是相互矛盾的。为了定量地分析问题，一般规定若干种性能指标，以便衡量一个调速系统的性能。

(1) 稳态指标

运动控制系统稳定运行时的性能指标称为稳态指标，又称静态指标。例如，调速系统稳态运行时的调速范围和静差率，位置随动系统的定位精度和速度跟踪精度，张力控制系统的稳态张力误差等。下面具体分析调速系统的稳态指标。

① 调速范围 D　生产机械要求电动机能达到的最高转速 $n_{\max}$ 和最低转速 $n_{\min}$ 之比称为调速范围，用字母 D 表示为

$$D = \frac{n_{\max}}{n_{\min}} \tag{1-1}$$

其中，$n_{\max}$ 和 $n_{\min}$ 一般指额定负载时的转速，对于少数负载很轻的机械，例如精密磨床，也可以用实际负载的转速。在设计调速系统时，通常视 $n_{\max}$ 为电动机的额定转速 n_{N}。

② 静差率 S　当系统在某一转速下运行时，负载由理想空载变到额定负载时所对应的转速降落 Δn_{N} 与理想空载转速 n_0 之比，称为静差率 S，即

$$S = \frac{\Delta n_{\mathrm{N}}}{n_0} \times 100\% \tag{1-2}$$

显然，静差率表示调速系统在负载变化下转速的稳定程度，它和机械特性的硬度有关，特性越硬，静差率越小，转速的稳定程度就越高。然而静差率与机械特性硬度又是有区别的。一般变压调速系统在不同转速下的机械特性是互相平行的，如图 1-1 中的两条特性曲线，两者的硬度相同，额定速降相等，但它们的静差率却不同，因为理想空载转速不一样。这就是说，对于同样硬度的特性，理想空载转速越低时，静差率越大，转速的相对稳定性也就越差。

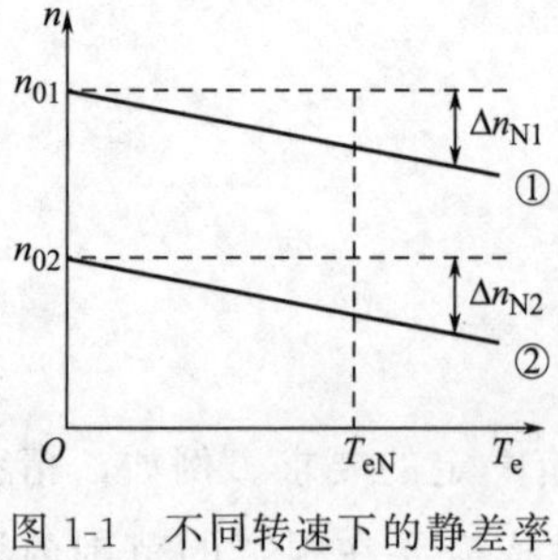

图 1-1　不同转速下的静差率

③ 调压调速系统中 D、S 和 Δn_{N} 之间的关系　在直流电动机调压调速系统中，$n_{\max}$ 就是电动机的额定速度 n_{N}，若额定负载时的转速降落为 Δn_{N}，则系统的静差率应该是最低转速时的静差率，即

$$S = \frac{\Delta n_{\mathrm{N}}}{n_{0\min}} \tag{1-3}$$

而额定负载时的最低转速为

$$n_{\min} = n_{0\min} - \Delta n_{\mathrm{N}} \tag{1-4}$$

考虑到式(1-3)，式(1-4) 可以写成

$$n_{\min} = \frac{\Delta n_N}{S} - \Delta n_N = \frac{\Delta n_N(1-S)}{S} \tag{1-5}$$

而调速范围为

$$D = \frac{n_{\max}}{n_{\min}} = \frac{n_N}{n_{\min}} \tag{1-6}$$

将式(1-5)代入式(1-6)，得

$$D = \frac{n_N S}{\Delta n_N(1-S)} \tag{1-7}$$

式(1-7)表达了调速范围 D、静差率 S 和额定速降 Δn_N 之间应满足的关系。对于同一个调速系统，其特性硬度或 Δn_N 值是一定的，如果对静差率的要求越严（即 S 值越小），系统允许的调速范围 D 就越小。例如，某调速系统电动机的额定转速为 $n_N = 1430\text{r/min}$，额定速降为 $\Delta n_N = 110\text{r/min}$，当要求静差率 $S \leqslant 30\%$ 时，允许的调速范围为

$$D = \frac{1430 \times 0.3}{110 \times (1-0.3)} = 5.57$$

如果要求静差率 $S \leqslant 10\%$，则调速范围只有

$$D = \frac{1430 \times 0.1}{110 \times (1-0.1)} = 1.44$$

(2) 动态指标

动态指标有上升时间、超调量、调节时间，如图 1-2 所示。

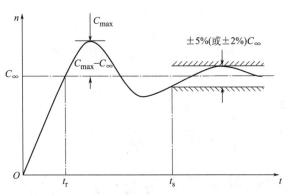

图 1-2　表示跟随性能指标的单位阶跃响应曲线

① 上升时间 t_r　单位阶跃响应曲线从零起第一次上升到稳态值 C_∞ 所需的时间称为上升时间，它表示动态响应的快速性。

② 超调量 σ　动态过程中，输出量超过输出稳态值的最大偏差与稳态值之比，用百分数表示，叫作超调量，即

$$\sigma = \frac{C_{\max} - C_\infty}{C_\infty} \times 100\% \tag{1-8}$$

超调量用来说明系统的相对稳定性，超调量越小，说明系统的相对稳定性越好，即动态响应比较平稳。

③ 调节时间 t_s 　调节时间又称过渡过程时间，用于衡量系统整个动态响应过程的快慢。原则上它应该是系统从给定信号阶跃变化起，到输出量完全稳定下来的时间，对于线性控制系统，理论上要到 $t=\infty$ 才能真正稳定。实际应用中，一般将单位阶跃响应曲线衰减到稳态值的误差进入并且不再超出允许误差带（通常取稳态值的 $\pm5\%$ 或 $\pm2\%$）所需的最小时间定义为调节时间。

1.1.2　直流电动机的调速方法

(1) 机械特性

直流电动机的机械特性是指在电动机的电枢电压、励磁电流、电枢回路电阻为恒值的条件下，即电动机处于稳态运行时，电动机的转速 n 与电磁转矩 T_{em} 之间的关系：$n=f(T_{em})$。并励直流电动机的电路示意图如图 1-3 所示，励磁绕组与转子绕组并联之后接同一个直流电源 U。由转子的感生电动势式 $E=C_e\Phi n$ 可知，转子的转速为

$$n=\frac{E}{C_e\Phi}$$

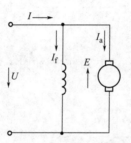

图 1-3　并励直流电动机电路示意图

根据电压平衡关系式 $E=U-I_aR_a$ 可得

$$n=\frac{U-I_aR_a}{C_e\Phi}=\frac{U}{C_e\Phi}-\frac{R_a}{C_e\Phi}I_a$$

再由转矩公式 $T_{em}=C_T\Phi I_a$，可知 $I_a=\dfrac{T_{em}}{C_T\Phi}$，代入上式有

$$n=\frac{U}{C_e\Phi}-\frac{R_a}{C_eC_T\Phi^2}T_{em}=n_0-\beta T_{em}=n_0-\Delta n \tag{1-9}$$

式中，C_e、C_T、Φ 和 R_a 均为常数。$n_0=\dfrac{U}{C_e\Phi}$ 为电磁转矩 $T_{em}=0$ 时的转速，称为理想空载转速；$\beta=\dfrac{R_a}{C_eC_T\Phi^2}$ 为机械特性的斜率；$\Delta n=\beta T_{em}$ 为转速降。

式(1-9)称为直流电动机的机械特性方程，它反映了直流电动机的转子转速 n 随电磁转矩 T_{em} 的变化关系。

(2) 调速方法

由直流电动机的机械特性方程可知，要改变直流电动机的转速 n 可以采用三种方法，

即改变转子电阻 R_a 的大小、改变转子电源电压 U 的大小或改变主磁通 Φ 的大小。

① 电枢回路串电阻调速　如图 1-4（a）所示，在保持电枢电源电压 U 和主磁通 Φ 不变的情况下，在电枢回路中串联一个附加电阻 R_s，使转子电路的总电阻变成（R_a+R_s）。这样直流电动机的机械特性曲线的斜率比原来增大了，而理想空载转速不变，如图 1-4（b）所示。附加电阻 R_s 越大，特性曲线的斜率就越大。当负载转矩不变时，$T_{em}=T_L+T_0$ 不变，转子的转速 n 将随之下降。

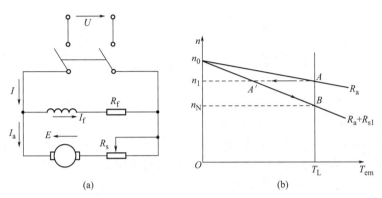

图 1-4　电枢回路串电阻调速电路和机械特性

假设直流电动机的负载转矩 T_L 不变，且直流电动机以转速 n_1 稳定运行。现以转速由 n_1 下降到 n_2 为例，说明其调速过程。当加入或增大 R_s 时，由于惯性电动机转速还来不及变化，仍为 n_1，相应的感应电动势 $E=C_e\Phi n$ 也不变，这就导致了电枢电流 I_a 减小，电磁转矩 T_{em} 下降，原来的转矩平衡被破坏，暂时出现 $T_{em}<T_L$，电动机将减速运行，n 下降。转速下降，相应的感应电动势 E 也下降，转子电流 I_a 重新增大，电磁转矩 T_{em} 也重新上升，最终转矩又重新达到平衡，再次使 $T_{em}=T_L$，这时电动机在较低的转速 n_2 下稳定运行。

电枢回路串接电阻调速方法的优点是设备简单，调节方便，缺点是调速范围小，电枢回路串入电阻后电动机的机械特性变"软"，即 Δn 变大，使负载变动时电动机产生较大的转速变化，即转速稳定性差，而且调速效率较低。

② 降低电源电压调速　电动机工作电压不允许超过额定电压，因此电枢电压只能在额定电压以下进行调节。如图 1-5 所示，在保持主磁通 Φ 和转子电路电阻 R_a 不变的情况下，调节转子电源电压 U 可改变直流电动机的转速。

由机械特性方程 $n_0=\dfrac{U}{C_e\Phi}$ 可知：当转子电源电压 U 改变时，理想空载转速将随之变化，而特性曲线的斜率 β 不变，如图 1-5（b）所示。随着 U 的调低，机械特性曲线将向下平移。如果负载转矩 T_L 不变，转速 n 将随之下降，从而起到调速的作用。

改变电枢电源电压调速时，电动机机械特性的"硬度"不变，因此，即使电动机在低速运行时，转速随负载变动而变化的幅度较小，即转速稳定性好。当电枢电源电压连续调节时，转速变化也是连续的，所以这种调速称为无级调速。

改变电枢电源电压调速方法的优点是调速平滑性好，即可实现无级调速，调速效率高，转速稳定性好，缺点是需要一套电压可连续调节的直流电源。早期常采用发电机-电

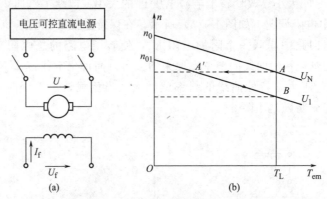

图 1-5　降压调速电路和机械特性

动机系统，简称 G-M 系统。这种系统的性能较为优越，但设备多、投资大。目前，这种系统已被晶闸管-电动机系统（简称 SCR-M 系统）取代。

调压调速多用在对调速性能要求较高的生产机械上，如机床、轧钢机、造纸机等。

③ 减弱磁通调速　额定运行的电动机，其磁路已基本饱和，即使励磁电流增加很大，磁通也增加很少，从电动机的性能考虑也不允许磁路过饱和。因此，改变磁通只能从额定值往下调，调节磁通调速即是弱磁调速。如图 1-6 所示，弱磁调速实际上是在保持电源电压 U 和转子电阻 R_a 不变的情况下，调节定子线圈中的串联电阻 R_f，从而改变定子电流 I_f（也就是主磁通 Φ）的大小进行调速。因为定子电路中串联一个附加电阻 R_f 将使 I_f 减小，主磁通 Φ 减小。由机械特性方程可知，主磁通 Φ 的减少将使理想空载转速上升，曲线斜率更显著地上升，相应的机械特性曲线上移，且倾斜程度增加。如果负载转矩不变，转速 n 将上升，如图 1-6(b) 所示。

弱磁调速的优点是设备简单，调节方便，运行效率也较高，适用于恒功率负载，缺点是励磁过弱时，机械特性的斜率大，转速稳定性差，拖动恒转矩负载时，可能会使电枢电流过大。

改变电阻调速缺点很多，目前很少采用，仅在有些起重机、卷扬机及电车等调速性能要求不高或低速运转时间不长的传动系统中采用。弱磁调速范围不大，往往是和调压调速配合使用，在额定转速以上进行小范围的升速。因此，自动控制的直流调速系统往往以调压调速为主。

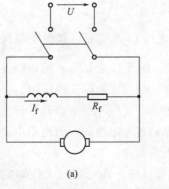
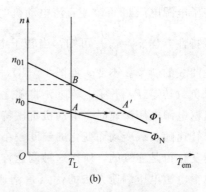

图 1-6　弱磁调速电路和机械特性

【任务工单】

工作任务单			编号:1-1
工作任务	直流电动机的调速方法认知	建议学时	2
班级	学员姓名	工作日期	

任务目标	1. 掌握直流并励电动机的调速方法; 2. 会用实验方法测取直流并励电动机的工作特性; 3. 会用实验方法测取直流并励电动机的机械特性。
工作设备 及材料	1. DJDK-1 型电力电子技术及电机控制实训装置; 2. DD03、D44、D42、D31、DJ15、DJ23、D42 等挂箱; 3. 双踪示波器; 4. 万用表; 5. 导线。
任务要求	1. 会看图进行正确的线路连接; 2. 会正确使用万用表; 3. 会正确选择及使用电压表、电流表; 4. 会调节负载和励磁电路电流,使电路达到额定状态; 5. 会测量直流并励电动机的工作特性和机械特性,并绘制曲线。
提交成果	1. 工作总结; 2. 操作记录; 3. 排故记录。
小组成员 任务分工	项目负责人全面负责任务分配、组员协调,使小组成员分工明确,并在教师的指导下完成以下任务:总方案设计、系统安装、工具管理、任务记录、环境与安全等。
学习信息	1. 调速范围和静差率的定义是什么? 调速范围、静态速降和最小静差率之间有什么关系? 为什么说"脱离了调速范围,要满足给定的静差率也就容易得多了"? 2. 直流电动机有几种调速方法? 各有何特点? 3. 当电动机的负载转矩和励磁电流不变时,减小电枢端电压,为什么会引起电动机转速降低?
工作过程	1. 并励电动机的机械特性 　① 按图 1-7 接线。校正直流测功机 MG,按他励发电机连接,在此作为直流电动机 M 的负载,用于测量电动机的转矩和输出功率。R_{f1} 选用 D44 的 1800Ω 阻值,R_{f2} 选用 D42 的 900Ω 串联 900Ω 共 1800Ω 阻值,R_1 用 D44 的 180Ω 阻值,R_2 选用 D42 的 900Ω 串联 900Ω 再加 900Ω 并联 900Ω 共 2250Ω 阻值。 　② 将直流并励电动机 M 的磁场调节电阻 R_{f1} 调至最小值,电枢串联启动电阻 R_1 调至最大值,接通控制屏下边右方的电枢电源开关使其启动,其旋转方向应符合转速表正向旋转的要求。 　③ M 启动正常后,将其电枢串联电阻 R_1 调至零,调节电枢电源的电压为 220V,调节校正直流测功机的励磁电流 I_{f2} 为校正值(50mA 或 100mA),再调节其负载电阻 R_2 和电动机的磁场调节电阻 R_{f1},使电动机达到额定值:$U=U_N$,$I=I_N$,$n=n_N$。此时 M 的励磁电流 I_f 即为额定励磁电流 I_{fN}。

④ 保持 $U=U_N$，$I_f=I_{fN}$，I_{f2} 为校正值不变的条件下，逐次减小电动机负载电流。测取电动机电枢输入电流 I_a，转速 n 和校正电机的负载电流 I_F（由校正曲线查出电动机输出对应转矩 T_2）。共取数据 6～7 组，记录于表 1-1 中。

工作过程

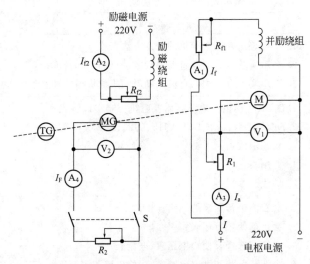

图 1-7　直流并励电动机接线

表 1-1　机械特性的实验数据记录

$(U=U_N=\underline{\quad}V, I_f=I_{fN}=\underline{\quad}mA, I_{f2}=\underline{\quad}mA)$

I_a/A						
$n/(r/min)$						
I_F/A						

绘出并励电动机调速特性曲线 $n=f(I_a)$。

工作过程

2. 调速特性

(1)改变电枢端电压的调速

直流电动机 M 运行后,将电阻 R_1 调至零,I_{f2} 调至校正值,再调节负载电阻 R_2、电枢电压 U_a 及磁场电阻 R_{f1},使 M 的 $U=U_N$,$I=0.5I_N$,$I_f=I_{fN}$ 记下此时 MG 的 I_F 值。

保持此时的 I_F 值(即 T_2 值)和 $I_f=I_{fN}$ 不变,逐次增加 R_1 的阻值,降低电枢两端的电压 U_a,使 R_1 从零调至最大值,每次测取电动机的端电压 U_a、转速 n 和电枢电流 I_a。共取数据 6~7 组,记录于表 1-2 中。

表 1-2　调速特性的实验数据(改变电压)

$(I_f=I_{fN}=$ ____ $mA,T_2=$ ____ $N \cdot m)$

U_a/V							
$n/(r/min)$							
I_a/A							

绘出并励电动机调速特性曲线 $n=f(U_a)$。

(2)改变励磁电流的调速

直流电动机运行后,将 M 的电枢串联电阻 R_1 和磁场调节电阻 R_{f1} 调至零,将 MG 的磁场调节电阻 I_{f2} 调至校正值,再调节 M 的电枢电源调压旋钮和 MG 的负载,使电动机 M 的 $U=U_N$,$I=0.5I_N$ 记下此时的 I_f 值。

保持此时 MG 的 I_f 值(T_2 值)和 M 的 $U=U_N$ 不变,逐次增加磁场电阻阻值,直至 $n=1.3n_N$,每次测取电动机的 n、I_f 和 I_a,共取 7~8 组记录于表 1-3 中。

工作过程	表 1-3 调速特性的实验数据（改变电流） $(U=U_N=$ ___ V, $T_2=$ ___ N·m$)$

工作过程

表 1-3　调速特性的实验数据（改变电流）

$(U=U_{N}=$ ___ $\mathbf{V}, T_{2}=$ ___ $\mathbf{N \cdot m})$

$n/(\text{r/min})$							
I_{f}/mA							
I_{a}/A							

绘出并励电动机调速特性曲线 $n=f(I_{f})$。

检查评价

1. 工作过程遇到的问题及处理方法：

2. 评价

自评：□优秀　　□良好　　□合格

同组人员评价：□优秀　　□良好　　□合格

教师评价：□优秀　　□良好　　□合格

3. 工作建议：

任务 1.2　直流调速用可控直流电源操作

【任务描述】

调压调速是直流调速系统采用的主要方法，调节电枢供电电压或者改变励磁磁通，都需要有专门的可控直流电源。学会可控直流电源的使用至关重要。

【相关知识】

常用的可控直流电源有以下三种。

① 旋转变流机组。用交流电动机和直流发电机组成机组，以获得可调的直流电压。

② 静止可控整流器。用静止的可控整流器，如汞弧整流器和晶闸管整流装置，产生可调的直流电压。

③ 直流斩波器或脉宽调制变换器。用恒定直流电源或不可控整流电源供电，利用直流斩波或脉宽调制的方法产生可调的直流平均电压。

1.2.1　旋转变流机组

由原动机（柴油机、交流异步或同步电动机）拖动直流发电机 G 实现变流，由 G 给需要调速的直流电动机 M 供电，调节 G 的励磁电流 i_f 即可改变其输出电压 U，从而调节电动机的转速 n。这样的调速系统简称 G-M 系统，国际上通称 Ward-Leonard 系统。为了给 G 和 M 提供励磁电源，通常专设一台直流励磁发电机 GE 可装在变流机组同轴上，也可另外单用一台交流电动机拖动。

G-M 系统在 20 世纪 60 年代以前曾广泛地使用着，但该系统设备多，体积大，费用高，效率低，安装需打地基，运行有噪声，维护不方便。为了克服这些缺点，在 20 世纪 60 年代以后开始采用各种静止式的变压或变流装置来替代旋转变流机组。

1.2.2　静止可控整流器

从 20 世纪 50 年代开始，采用汞弧整流器和闸流管这样的静止变流装置来代替旋转变流机组，形成所谓的离子拖动系统。离子拖动系统克服了旋转变流机组的许多缺点，而且缩短了响应时间，但是由于汞弧整流器造价较高，体积仍然很大，维护麻烦，尤其是汞如果泄漏，将会污染环境，严重危害身体健康。因此，应用时间不长，到了 20 世纪 60 年代又让位给更为经济可靠的晶闸管整流器。

1957 年，晶闸管（俗称可控硅整流元件，简称"可控硅"）问世，20 世纪 60 年代起就已生产出成套的晶闸管整流装置。晶闸管问世以后，变流技术出现了根本性的变革。目前，采用晶闸管整流供电的直流电动机调速系统（即晶闸管-电动机调速系统，简称 V-M 系统，又称静止 Ward-Leonard 系统）已经成为直流调速系统的主要形式。图 1-8 所示是 V-M 系统的原理框图。

图中 VT 是晶闸管可控整流器，它可以是任意一种整流电路，通过调节触发装置 GT

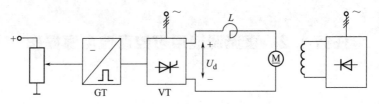

图 1-8　晶闸管-电动机调速系统原理框图（V-M 系统）

的控制电压来移动触发脉冲的相位，从而改变整流输出电压平均值 U_d，实现电动机的平滑调速。和旋转变流机组及离子拖动变流相比，晶闸管整流不仅在经济性和可靠性上都有很大提高，而且在技术性能上显示出很大的优越性。晶闸管可控整流器的功率放大倍数大约为 $10^4 \sim 10^5$，控制功率小，有利于微电子技术引入到强电领域；在控制作用的快速性上也大大提高，有利于改善系统的动态性能。

（1）晶闸管（SCR）

　　晶闸管是在半导体二极管、三极管之后出现的一种新型的大功率半导体器件。其外形、结构及图形符号如图 1-9 所示，它有三个电极，即阳极 A、阴极 K、控制极 G（又称门极）。根据功率的大小，有 TO92、TO220、螺栓形和平板形等多种封装形式，如图 1-9(a) 所示。螺栓形带有螺栓的那一端是阳极 A，它可与散热器固定，另一端的粗引线是阴极 K，细线是控制极 G，这种结构更换方便，用于 100A 以下元件。平板形中间的金属环是控制极 G，离控制极远的一面是阳极 A，近的一面是阴极 K，这种结构散热效果比较好，用于 200A 以上的元件。晶闸管是由四层半导体构成的，如图 1-9(b) 所示。它由单晶硅薄片 P_1、N_1、P_2、N_2 四层半导体材料叠成，形成三个 PN 结。晶闸管的图形符号如图 1-9(c) 所示。

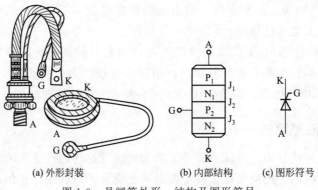

(a) 外形封装　　　　(b) 内部结构　　(c) 图形符号

图 1-9　晶闸管外形、结构及图形符号

　　实验证明，当在晶闸管的阳极与阴极之间加反向电压时，这时不管控制极的信号情况如何，晶闸管都不会导通。当在晶闸管的阳极与阴极之间加正向电压时，若在控制极与阴极之间没有电压或加反向电压，晶闸管还是不会导通。只有当在晶闸管的阳极与阴极之间加正向电压时，在控制极与阴极之间加正向电压，晶闸管才会导通。但晶闸管一旦导通，不管控制极有没有电压，只要阳极与阴极之间维持正向电压，晶闸管就维持导通。

（2）晶闸管整流电路

　　① 单相半波相控整流电路　单相半波相控整流电路如图 1-10 所示。电路由晶闸管

VT、整流变压器 T、直流负载 R 组成。变压器 T 起变换电压和隔离的作用。在生产实际中，一些负载基本是电阻，如电阻加热炉、电解、电镀等。电阻负载的特点是电压与电流成正比，两者波形相同。

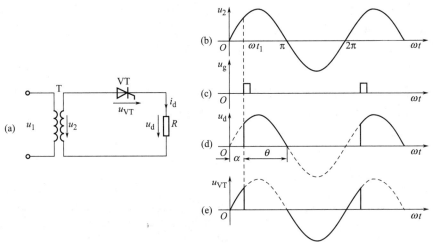

图 1-10　单相半波相控整流电路

　　在晶闸管 VT 处于断态时，电路中无电流，负载电阻两端电压为零，u_2 全部施加于 VT 两端，如在 u_2 正半周 VT 承受正向阳极电压期间的 ωt_1 时刻给 VT 门极加触发脉冲，如图 1-10(c) 所示，则 VT 开通。忽略晶闸管通态压降，则直流电压瞬时值 u_d 与 u_2 相等，至 $\omega t = \pi$ 即 u_2 降为零时，电路中电流亦降至零，VT 关断，之后 u_d、u_2 均为零。图 1-10(d)、(e) 分别给出了 u_d 和晶闸管两端电压 u_{VT} 波形，i_d 的波形与 u_d 波形相同。改变触发时刻，波形随之改变，整流输出电压为极性不变但瞬时值变化的脉动直流。

　　从晶闸管开始承受正向阳极电压起到施加触发脉冲止的电角度称为触发延迟角，用 α 表示，也称触发角或控制角。晶闸管在一个电源周期内导通的电角度称为导通角，用 θ 表示，$\theta = 180° - \alpha$。改变 α 的大小即改变触发脉冲在每周期内出现的时刻称为移相，这种控制方式称为相控。

　　② 三相桥式全控整流电路　图 1-11(a) 是三相桥式全控整流电路，u_2 为变压器二次侧的相电压，$u_{g1} \sim u_{g6}$ 为晶闸管 $VT_1 \sim VT_6$ 的触发电压，u_{2L} 为变压器二次侧的线电压，i_{T1} 为晶闸管 VT_1 上的电流。变压器二次侧接成星形得到零线，而一次侧接成三角形避免 3 次谐波流入电网。晶闸管的接法：共阴极组——阴极连接在一起的 3 个晶闸管（VT_1，VT_3，VT_5）；共阳极组——阳极连接在一起的 3 个晶闸管（VT_4，VT_6，VT_2）。假设将电路中的晶闸管换作二极管进行分析，对于共阴极组的 3 个晶闸管，阳极所接交流电压值最大的一个导通。对于共阳极组的 3 个晶闸管，阴极所接交流电压值最低（或者说负得最多）的导通。各相晶闸管能触发导通的最早时刻，将其作为计算各晶闸管触发角 α 的起点，即 $\alpha = 0°$，称为自然换相点。

　　共阴极组晶闸管 VT_1、VT_3、VT_5 分别在自然换相点（$\alpha = 0$）ωt_1、ωt_3、ωt_5 时刻触发，共阳极组晶闸管 VT_2、VT_4、VT_6 分别在自然换流点 ωt_2、ωt_4、ωt_6 时刻触发。两组的换相点对应相差 60°，电路各自在本组内换相即 VT_1—VT_3—VT_5—VT_1、VT_2—

VT_4—VT_6—VT_2，每个管子轮流导通120°。由于中线断开，要使整流电流流通负载端有输出电压，在任何时刻必须在共阴和共阳极组中各有一个晶闸管导通，导通情况如图 1-11 （b）所示。$\omega t_1 \sim \omega t_2$ 期间 U 相电压最高、V 相电压最低，在触发脉冲作用下，VT_6、VT_1 同时导通，电流从 U 相经 VT_1—负载—VT_6 流回 V 相，负载上得到 u_{UV} 线电压。ωt_2 开始 U 相电压保持最高 W 相电压最低，此时触发脉冲 u_{g2} 触发 VT_2 管导通迫使 VT_6 受反压而关断，负载电流从 VT_6 换到 VT_2，因此 $\omega t_2 \sim \omega t_3$ 期间电流经 U 相经 VT_1—负载—VT_2 流回 W 相，负载上得到 u_{UW} 线电压。依此类推，$\omega t_3 \sim \omega t_4$ 期间 V、W 相供电 VT_2、VT_3 导通，$\omega t_4 \sim \omega t_5$ 期间 V、U 相供电 VT_3、VT_4 导通，负载电压波形 u_d 如图 1-11（b）所示，为共阴极输出电压波形（三相相电压正半周包络线）与共阳极输出电压波形（三相相电压负半周包络线）之和，也就是三相线电压波形正半周的包络线。

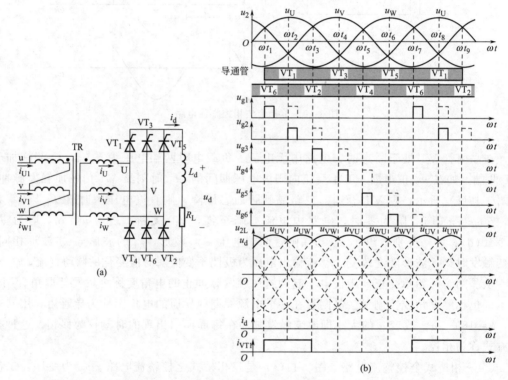

图 1-11　三相桥式全控整流电路与波形（$\alpha = 0°$）

直流电压平均值：

$$U_d = \frac{1}{\pi/3} \int_{\frac{\pi}{3}+\alpha}^{\frac{2\pi}{3}+\alpha} \sqrt{6} U_2 \sin\omega t\, d(\omega t) = \frac{3\sqrt{6}}{\pi} U_2 \cos\alpha = 2.34 U_2 \cos\alpha$$

负载电流平均值：

$$I_d = \frac{U_d}{R_d} = 2.34 \frac{U_2}{R_d} \cos\alpha$$

流过晶闸管的电流平均值和有效值：

$$I_{dT} = \frac{\theta_T}{2\pi} I_d = \frac{120°}{360°} I_d = \frac{1}{3} I_d$$

$$I_\mathrm{T}=\sqrt{\frac{\theta_\mathrm{T}}{2\pi}}I_\mathrm{d}=\sqrt{\frac{1}{3}}I_\mathrm{d}=0.577I_\mathrm{d}$$

流进变压器次级的电流有效值：

$$I_2=\sqrt{\frac{1}{2\pi}\int_0^{\frac{2\pi}{3}}I_\mathrm{d}^2\mathrm{d}(\omega t)+\frac{1}{2\pi}\int_\pi^{\frac{5\pi}{3}}(-I_\mathrm{d})^2\mathrm{d}(\omega t)}=\sqrt{\frac{2}{3}}I_\mathrm{d}=0.816I_\mathrm{d}$$

晶闸管承受的最大电压为$\sqrt6 U_2$。

当控制角$\alpha\leqslant60°$时，u_d波形为正值；当$60°<\alpha<90°$时，由于L_d自感电动势的作用，u_d波形瞬时值出现负值，但正面积大于负面积，平均电压u_d仍为正值。当$\alpha=90°$时，正负面积相等，$u_\mathrm{d}=0$，当$\alpha>90°$时，u_d波形断续，由于u_d接近零，i_d太小，晶闸管无法导通，负载两端出现不规则杂乱波形。

三相桥式全控整流电路的特点如下。

a. 每个时刻均需2个不同组的晶闸管同时导通，形成向负载供电的回路，其中共阴极组和共阳极组各1个，且不能为同一相器件。

b. 对触发脉冲的要求：按VT_1—VT_2—VT_3—VT_4—VT_5—VT_6的顺序，相位依次差$60°$。共阴极组VT_1、VT_3、VT_5的脉冲依次差$120°$，共阳极组VT_4、VT_6、VT_2也依次差$120°$。同一相的上下两个桥臂，即VT_1与VT_4，VT_3与VT_6，VT_5与VT_2，脉冲相差$180°$。

c. u_d一周期脉动6次，每次脉动的波形都一样，故该电路为6脉波整流电路。

d. 需保证同时导通的2个晶闸管均有脉冲，可采用两种方法：一种是宽脉冲触发，脉冲宽度应大于$60°$，小于$120°$，一般取$90°$；另一种是双脉冲触发（常用）。

晶闸管整流电路还有单相桥式整流电路、三相半波整流电路等形式，读者可自行分析其电路原理，输出电压、输出电流的波形。

（3）晶闸管触发电路

为保证整流电路的正常工作，很重要的一点是应保证按触发角α的大小在正确的时刻向电路中的晶闸管施加有效的触发脉冲。对于相控电路这样使用晶闸管的场合，也习惯称为触发控制，相应的电路习惯称为触发电路。

大、中功率的变流器对触发电路的精度要求较高，对输出的触发功率要求较大，常用触发电路有晶体管触发电路、同步信号为锯齿波的触发电路。现在逐渐被集成触发电路取代。

① 对晶闸管触发电路的要求

a. 触发信号应有足够的功率（触发电压和触发电流）。

b. 触发脉冲应有一定的宽度，脉冲的前沿尽可能陡，以使元件在触发导通后，阳极电流能迅速上升超过擎住电流而维持导通。

c. 触发脉冲必须与晶闸管的阳极电压同步，脉冲移相范围必须满足电路要求。

② 单结晶体管触发电路　单结晶体管称基极二极管（简称UJT），它是一种只有一个PN结和两个电阻接触电极的半导体器件，它的基片为条状的高阻N型硅片，两端分别用欧姆接触引出两个基极B_1和B_2。在硅片中间略偏B_2一侧用合金法制作一个P区作为发射极E。其外形、结构、图形符号和等效电路如图1-12所示。

在小功率的晶闸管可控整流电路中，常采用单结晶体管触发电路，如图1-13（a）所示。在可控整流电路中，要求触发电路加到晶闸管上的触发脉冲必须与交流电源同步，即

1-5　单结晶体管触发电路

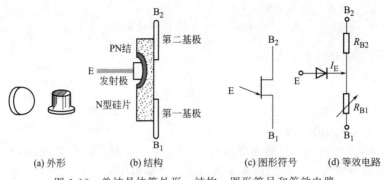

(a) 外形　　　　(b) 结构　　　　(c) 图形符号　　(d) 等效电路

图 1-12　单结晶体管外形、结构、图形符号和等效电路

交流电压每次过零后，送到晶闸管控制极的第一个触发脉冲的时刻应该相同。因此图 1-13 中电路由单结晶体管自激振荡电路和梯形波同步电压形成环节组成。

经 $VD_1 \sim VD_4$ 整流后的直流电源，一路经 R_2、R_1 加在单结晶体管两个基极 B_1、B_2 之间；另一路通过 R_c 对电容 C 充电、通过单结晶体管放电。控制 V 的导通、截止；在电容上形成锯齿波振荡电压，在 R_1 上得到一系列前沿很陡的触发尖脉冲 u_g，如图 1-13(b) 所示。

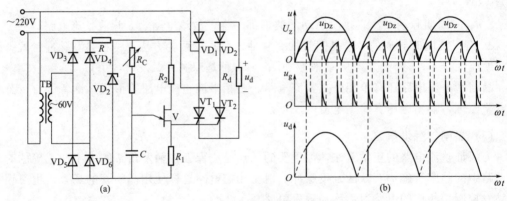

图 1-13　单结晶体管触发电路及波形

除单结晶体管触发电路外，还有锯齿波同步移相触发电路、各种集成触发电路。

1.2.3　直流斩波器

直流斩波器又称直流调压器，是利用开关器件来实现通断控制，将直流电源电压断续加到负载上，通过通断时间的变化来改变负载上的直流电压平均值，将固定电压的直流电源变成平均值可调的直流电源，亦称直流-直流变换器。它具有效率高、体积小、重量轻、成本低等优点，现广泛应用于地铁、电力机车、城市无轨电车以及电瓶搬运车等电力牵引设备的变速拖动中。

(1) 直流斩波器的工作原理

图 1-14 为直流斩波器的原理电路和输出电压波形，图中 S 代表开关器件。当开关 S 接通时，电源电压 U_s 加到电动机上；当 S 断开时，直流电源与电动机断开，电动机电枢

端电压为零。如此反复，得电枢端电压波形如图 1-14（b）所示。

这样，电动机电枢端电压的平均值为

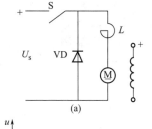

$$U_d = \frac{t_{on}}{T} U_s = \rho U_s \qquad (1\text{-}10)$$

式中　　T——开关器件的通断周期；

$\quad\quad t_{on}$——开关器件的导通时间；

$\quad\quad \rho$——占空比。

$$\rho = \frac{t_{on}}{T} = t_{on} f \qquad (1\text{-}11)$$

式中　　f——开关频率。

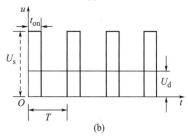

图 1-14　直流斩波器原理
电路及输出电压波形

由式(1-10) 可知，直流斩波器的输出电压平均值 U_d 可以通过改变占空比 ρ，即通过改变开关器件导通或关断时间来调节，常用的改变输出平均电压的调制方法有以下三种。

① 脉冲宽度调制（Pulse Width Modulation，简称 PWM）。开关器件的通断周期 T 保持不变，只改变器件每次导通的时间 t_{on}，也就是脉冲周期不变，只改变脉冲的宽度，即定频调宽。

② 脉冲频率调制（Pulse Frequency Modulation，简称 PFW）。开关器件每次导通的时间 t_{on} 不变，只改变通断周期 T 或开关频率 f，也就是只改变开关的关断时间，即定宽调频，称为调频。

③ 两点式控制。开关器件的通断周期 T 和导通时间 t_{on} 均可变，即调宽调频，亦可称为混合调制。当负载电流或电压低于某一最小值时，使开关器件导通；当电流或电压高于某一最大值时，使开关器件关断。导通和关断的时间以及通断周期都是不确定的。

为了节能，并实行无触点控制，现在多用电力电子开关器件，如快速晶闸管、GTO、IGBT 等。

采用简单的单管控制时，称作直流斩波器，后来逐渐发展成采用各种脉冲宽度调制开关的电路、脉宽调制变换器（参看任务 1.6）。

（2）直流斩波器的开关器件

构成直流斩波器的开关器件过去用得较多的是普通晶闸管和逆导晶闸管，它们本身没有自关断的能力，必须有附加的关断电路，增加了装置的体积和复杂性，增加了损耗，而且由它们组成的斩波器开关频率低，输出电流脉动较大，调速范围有限。自 20 世纪 70 年代以来，电力电子器件迅速发展，出现了多种既能控制其导通又能控制其关断的全控型器件，如门极可关断晶闸管（GTO）、电力晶体管（GTR）、功率场效应晶体管（P-MOS-FET）、绝缘栅双极型晶体管（IGBT）等。

① 电力晶体管（Giant Transistor，GTR）　与普通的双极结型晶体管基本原理是一样的，GTR 有 PNP 和 NPN 两种。其结构和电气符号如图 1-15 所示。

GTR 主要特性是耐压高、电流大、开关特性好。20 世纪 80 年代以来，GTR 在中小功率范围内取代晶闸管，但目前又大多被 IGBT 和电力 MOSFET 取代。GTR 主要应用于交流电动机调速、不间断电源、家用电器等中小容量的变流装置中。

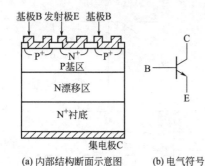

(a) 内部结构断面示意图　　　(b) 电气符号

图 1-15　电力晶体管

② 可关断晶闸管（GTO）　晶闸管的一种派生器件，可以通过在门极施加负的脉冲电流使其关断；GTO 的电压、电流容量较大，与普通晶闸管接近，GTO 广泛应用于电力机车的逆变器、电网动态无功补偿和大功率直流斩波调速等领域。GTO 结构原理与普通晶闸管的相似，为 PNPN 四层半导体器件，其电气符号如图 1-16 所示。

③ 功率场效应晶体管　功率场效应晶体管简称电力 MOSFET（Power MOSFET）。其结构和电气符号如图 1-17 所示。

功率场效应晶体管特点是：用栅极电压来控制漏极电流，驱动电路简单，需要的驱动功率小；开关速度快，工作频率高；热稳定性优于 GTR；电流容量小，耐压低，一般只适用于功率不超过 10kW 的电力电子装置。

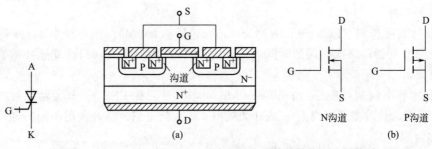

图 1-16　GTO 电气符号　　　　图 1-17　功率场效应晶体管结构和电气符号

④ 绝缘栅双极晶体管　绝缘栅双极晶体管（Insulated-gate Bipolar Transistor，IG-BT），其结构和电气符号如图 1-18 所示。

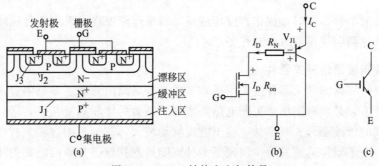

图 1-18　IGBT 结构和电气符号

IGBT 三个管脚分别是：栅极 G、集电极 C 和发射极 E。IGBT 自 1986 年投入市场后，取代了 GTR 和一部分 MOSFET 的地位，成为中小功率电力电子设备的主导器件。如果继续提高电压和电流容量，有望再取代 GTO 的地位。

这些全控型器件性能优良，由它们构成的脉宽调制直流调速系统（简称 PWM 调速系统）近年来在中小功率直流传动中得到了迅猛的发展。

【任务工单】

工作任务单			编号：1-2	
工作任务	直流调速用可控直流电源操作		建议学时	6
班级		学员姓名	工作日期	
任务目标	1. 掌握电力电子器件的结构和原理； 2. 掌握单相整流电路的工作原理； 3 掌握三相整流电路的工作原理； 4. 能实现单相整流电路的实训电路分析及数据测试； 5. 能实现三相整流电路的实训电路分析及数据测试。			
工作设备 及材料	1. DJDK-1 型电力电子技术及电机控制实训装置； 2. DJK01、DJK02、DJK02-1、DJK03-1、DJK06、DJK10、D42； 3. 双踪示波器； 4. 万用表； 5. 导线。			
任务要求	1. 会看图进行正确的线路连接； 2. 会正确使用万用表； 3. 会正确选择及使用电压表、电流表； 4. 会正确使用示波器。			
提交成果	1. 工作总结； 2. 操作记录； 3. 排故记录。			
小组成员 任务分工	项目负责人全面负责任务分配、组员协调，使小组成员分工明确，并在教师的指导下完成以下任务：总方案设计、系统安装、工具管理、任务记录、环境与安全等。			
任务 1 单相半 波整流 电路 分析	学习 信息	1. 晶闸管的导通关断条件是什么？ 2. 晶闸管的型号规格为 KP200-8D，此型号规格代表什么意义？ 3. 单相半波整流电路中，试分析下属三种情况下负载两端电压 u_d 和晶闸管两端电压 u_t 的波形。 　　①晶闸管门极不加触发脉冲；②晶闸管内部短路；③晶闸管内部断开；④晶闸管加正弦波电压，控制角为 30°。		
	工作 过程	1. 单结晶体管触发电路的观测 　　将 DJK01 电源控制屏的电源选择开关打到"直流调速"侧，使输出线电压为 200V（不能打到"交流调速"侧工作，因为 DJK03-1 的正常工作电源电压为 220V ±10％，而"交流调速"侧输出的线电压为 240V。如果输入电压超出其标准工作范围，挂件的使用寿命将减少，甚至会导致挂件的损坏。在"DZSZ-1 型电机及自动控制实验装置"上使用时，通过操作控制屏左侧的自耦调压器，将输出的线电压调到 220V 左右，然后才能将电源接入挂件），用两根导线将 200V 交流电压接到 DJK03-1 的"外接 220V"端，按下"启动"按钮，打开 DJK03-1 电源开关，这时挂件中所有的触发电路都开始工作，用双踪示波器观察单结晶体管触发电路，如图 1-19 所示。经半波整流后"1"点的波形，经稳压管削波得到"2"点的波形，调节移相电位器 RP1，观察"4"点锯齿波的周期变化及"5"点的触发脉冲波形；最后观测输出的"G、K"触发电压波形，其能否在 30°～170°范围内移相？ 　　当 α＝30°、60°、90°、120°时，将单结晶体管触发电路的各观测点波形描绘下来，记录如下。		

| 任务 1 单相半 波整流 电路 分析 | 工作 过程 | 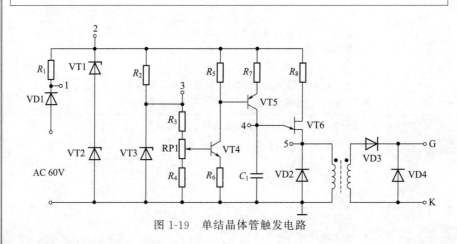图 1-19　单结晶体管触发电路 |

2. 单相半波可控整流电路接电阻性负载

触发电路调试正常后，按图 1-20 电路图接线。将电阻器调在最大阻值位置，按下"启动"按钮，用示波器观察负载电压 u_d、晶闸管 VT 两端电压 u_{VT} 的波形，调节电位器 RP1，观察 $\alpha=30°$、$60°$、$90°$、$120°$、$150°$ 时 u_d、u_{VT} 的波形，并测量直流输出电压 U_d 和电源电压 U_2，记录于表 1-4 中。

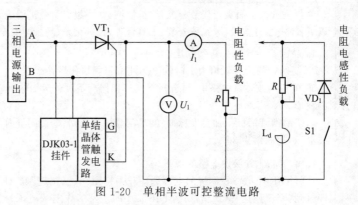
图 1-20　单相半波可控整流电路

表 1-4　电压记录表（单相半波可控）

α	$0°$	$60°$	$90°$	$120°$	$150°$
U_2					
U_d（记录值）					
U_d/U_2					
U_d（记录值）					
计算值 $U_d=0.45U_2(1+\cos\alpha)/2$					

任务2 单相桥式全控整流电路分析	学习信息	1. 单相桥式全控整流的工作原理; 2. 工程应用中,有哪些负载属于阻性负载、感性负载和电动势负载? 3. 单相桥式全控整流电路给电阻性负载和大电感负载供电,在流过负载电流平均值相同的情况下,哪一种负载的晶闸管额定电流应选择大一些?
	工作过程	图 1-21 为单相桥式整流带电阻电感性负载,其输出负载 R 用 D42 三相可调电阻器,将两个 900Ω 接成并联形式,电抗 L_d 用 DJK02 面板上的 700mH,直流电压、电流表均在 DJK02 面板上。触发电路采用 DJK03-1 组件挂箱上的锯齿波同步移相触发电路"Ⅰ"和"Ⅱ"。 　1. 触发电路的调试 　将 DJK01 电源控制屏的电源选择开关打到"直流调速"侧,使输出线电压为 200V,用两根导线将 200V 交流电压接到 DJK03-1 的"外接 220V"端,按下"启动"按钮,打开 DJK03-1 电源开关,用示波器观察锯齿波同步触发电路各观察孔的电压波形。 　将控制电压 U_{ct} 调至零(将电位器 RP2 顺时针旋到底),观察同步电压信号和"6"点 U_6 的波形,调节偏移电压 U_b(即调 RP3 电位器),使 $\alpha=180°$。将锯齿波触发电路的输出脉冲端分别接至全控桥中相应晶闸管的门极和阴极,注意不要把相序接反了,否则无法进行整流和逆变。将 DJK02 上的正桥和反桥触发脉冲开关都打到"断"的位置,并使 U_{lf} 和 U_{lr} 悬空,确保晶闸管不被误触发。 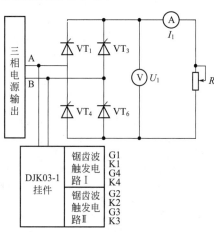 图 1-21　单相桥式整流实训原理图

2. 单相桥式全控整流分析

按图 1-21 接线,将电阻器放在最大阻值处,按下"启动"按钮,保持 U_b 偏移电压不变(即 RP3 固定),逐渐增加 U_{ct}(调节 RP2),在 $\alpha=0°$、$30°$、$60°$、$90°$、$120°$ 时,用示波器观察、记录整流电压 U_d 和晶闸管两端电压 U_{vt} 的波形,并记录电源电压 U_2 和负载电压 U_d 的数值于表 1-5 中。

表 1-5　电压记录表(单相桥式全控)

α	$30°$	$60°$	$90°$	$120°$
U_2				
U_d(记录值)				
U_d(计算值)				

计算值:$U_d=0.9U_2(1+\cos\alpha)/2$

任务3 三相桥式全控整流电路分析	学习信息	1. 三相桥式全控整流电路的工作原理; 2. 三相桥式全控整流电路的晶闸管导通角范围; 3. 三相桥式全控整流电路有何特点?其触发脉冲有何要求?
	工作过程	三相桥式全控整流电路如图 1-22 所示。 　图 1-22 中的 R 用 D42 三相可调电阻,将两个 900Ω 接成并联形式,电感 L_d 在 DJK02 面板上,选用 700mH,直流电压、电流表由 DJK02 获得。 　1. DJK02 和 DJK02-1 上的"触发电路"调试 　① 打开 DJK01 总电源开关,操作"电源控制屏"上的"三相电网电压指示"开关,观察输出的三相电网电压是否平衡; 　② 将 DJK01"电源控制屏"上"调速电源选择开关"拨至"直流调速"侧;

续表

| 任务 3 三相桥式全控整流电路分析 | 工作过程 | ③ 用 10 芯的扁平电缆，将 DJK02 的"三相同步信号输出"端和 DJK02-1"三相同步信号输入"端相连，打开 DJK02-1 电源开关，拨动"触发脉冲指示"钮子开关，使"窄"的发光管亮；

④ 观察 A、B、C 三相的锯齿波，并调节 A、B、C 三相锯齿波斜率调节电位器（在各观测孔左侧），使三相锯齿波斜率尽可能一致；

⑤ 将 DJK06 上的"给定"输出 U_g 直接与 DJK02-1 上的移相控制电压 U_{ct} 相接，将给定开关 S2 拨到接地位置（即 $U_{ct}=0$），调节 DJK02-1 上的偏移电压电位器，用双踪示波器观察 A 相同步电压信号和"双脉冲观察孔"VT1 的输出波形，使 $\alpha=150°$；

⑥ 适当增加给定 U_g 的正电压输出，观测 DJK02-1 上"脉冲观察孔"的波形，此时应观测到单窄脉冲和双窄脉冲； |
图 1-22　三相桥式全控整流电路 |

⑦ 用 8 芯的扁平电缆，将 DJK02-1 面板上"触发脉冲输出"和"触发脉冲输入"相连，使得触发脉冲加到正反桥功放的输入端；

⑧ 将 DJK02-1 面板上的 U_{lf} 端接地，用 20 芯的扁平电缆，将 DJK02-1 的"正桥触发脉冲输出"端和 DJK02"正桥触发脉冲输入"端相连，并将 DJK02"正桥触发脉冲"的六个开关拨到"通"，观察正桥 VT1～VT6 晶闸管门极和阴极之间的触发脉冲是否正常。

2. 三相桥式全控整流电路

按图 1-22 接线，将 DJK06 上的"给定"输出调到零（逆时针旋到底），使电阻器放在最大阻值处，按下"启动"按钮，调节给定电位器，增加移相电压，使 α 角在 30°～150°范围内调节，同时，根据需要不断调整负载电阻 R，使得负载电流 I_d 保持在 0.6A 左右（注意 I_d 不得超过 0.65A）。用示波器观察并记录 $\alpha=30°$、60°及 90°时的整流电压 U_d 和晶闸管两端电压 U_{VT} 的波形，并记录相应的 U_d 数值于表 1-6 中。

表 1-6　电压记录表（三相桥式全控）

α	30°	60°	90°
U_2			
U_d（记录值）			
U_d（计算值）			

计算值：$U_d=2.34U_2\cos\alpha$（阻感性负载）

| 检查评价 | 1. 工作过程遇到的问题及处理方法：＿＿＿＿＿＿＿＿＿＿＿＿＿＿＿＿＿＿＿＿＿
＿＿＿＿＿＿＿＿＿＿＿＿＿＿＿＿＿＿＿＿＿＿＿＿＿＿＿＿＿＿＿＿＿＿＿＿＿

2. 评价
自评：□优秀　□良好　□合格
同组人员评价：□优秀　□良好　□合格
教师评价：□优秀　□良好　□合格
3. 工作建议：＿＿＿＿＿＿＿＿＿＿＿＿＿＿＿＿＿＿＿＿＿＿＿＿＿＿＿＿＿
＿＿＿＿＿＿＿＿＿＿＿＿＿＿＿＿＿＿＿＿＿＿＿＿＿＿＿＿＿＿＿＿＿＿＿＿＿ |

任务 1.3 单闭环直流调速系统调试

【任务描述】

在 V-M 系统和 PWM 系统中，只通过改变触发或驱动电路的控制电压来改变功率变换电路的输出平均电压，达到调节电动机转速的目的，它们都属于开环控制的调速系统，称为开环调速系统。在开环调速系统中，控制电压与输出转速之间只有顺向作用而无反向联系，即控制是单方向进行的，输出转速并不影响控制电压，控制电压直接由给定电压产生。如果生产机械对静差率要求不高，开环调速系统也能实现一定范围内的无级调速，而且开环调速系统结构简单。但是，在实际中许多需要无级调速的生产机械常常对静差率提出较严格的要求，不能允许很大的静差。以下计算实例可以更清楚地说明开环系统存在的问题。

【例 1-1】 某电源-电动机直流调速系统，已知电动机的额定转速为 $n=1000\text{r/min}$，额定电流 $I_N=305\text{A}$，主回路电阻 $R=0.18\Omega$，$C_e\Phi_N=0.2$，若要求电动机调速范围 $D=20$，$S_n<5\%$，则该调速系统是否能满足要求？

解： 如果要满足 $D=20$，$S_n<5\%$ 的要求，则其在额定条件下的转速降为

$$\Delta n=\frac{n_N S}{D(1-S)}=\frac{1000\times 0.05}{20(1-0.05)}=2.63(\text{r/min})$$

而由已知条件且假设系统电流连续，则其额定转速下的转速降为

$$\Delta n=\frac{I_N R}{C_e\Phi_N}=\frac{305\times 0.18}{0.2}=274.5(\text{r/min})$$

而静差率为

$$S=\frac{\Delta n}{n_0+\Delta n}=\frac{275}{1000+275}=21.5\%$$

由此例不难发现，像这样的电源-电动机所组成的开环调速系统，是没有能力完成其调速指标的。要把额定负载下的转速降从开环系统中的 274.5r/min 降低到满足要求的 2.63r/min 就必须采用负反馈，这也就构成了所谓的闭环直流调速系统——转速负反馈直流调速系统。

【相关知识】

1.3.1 速度负反馈单闭环调速系统的组成及特性

(1) 单闭环调速系统的组成

对于调速系统来说，输出量是转速，通常引入转速负反馈构成闭环调速系统。在电动机轴上安装一台测速发电机 TG，引出与输出量转速成正比的负反馈电压 U_n，与转速给定电压 U_n^* 进行比较，得到偏差电压，经过放大器 A，产生驱动或触发装置的控制电压 U_c，去控制电动机的转速，这就组成了反馈控制的闭环调速系统。图 1-23 所示为采用晶闸管

整流器供电的闭环调速系统，因为只有一个转速反馈环，所以称为单闭环调速系统。由图 1-23 可见，该系统由电压比较环节、放大器、晶闸管整流器与触发装置、直流电动机和测速发电机等部分组成。

（2）单闭环调速系统的静特性

下面分析闭环调速系统的静特性。为突出主要矛盾，先作如下假定：

① 忽略各种非线性因素，各环节的输入输出关系都是线性的；

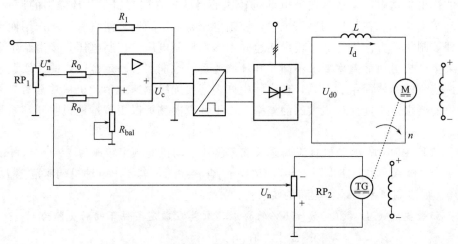

图 1-23　单闭环调速系统

② 工作在 V-M 系统开环机械特性的连续段；

③ 忽略直流电源和电位器的等效电阻。

这样，图 1-23 所示单闭环调速系统中各环节的静态关系为

电压比较环节：
$$\Delta U_n = U_n^* - U_n$$

放大器：
$$U_c = K_p \Delta U_n$$

晶闸管整流器与触发装置：
$$U_{d0} = K_s U_c$$

V-M 系统开环机械特性：
$$n = \frac{U_{d0} - I_d R}{C_e}$$

测速发电机：
$$U_n = \alpha n$$

式中　K_p——放大器的电压放大系数；

　　　K_s——晶闸管整流器与触发装置的等效电压放大倍数；

　　　α——转速反馈系数，单位为 V·min/r；

　　　C_e——电动机反电势系数。

根据上述各环节的静态关系可以画出图 1-23 所示系统的静态结构图，如图 1-24 所示。图中各方块中的符号代表该环节的放大系数，或称传递系数。运用结构图的计算方法，可以推导出转速负反馈单闭环调速系统的静特性方程式：

$$n = \frac{K_p K_s U_n^*}{C_e(1+K)} - \frac{R I_d}{C_e(1+K)} \tag{1-12}$$

式中　$K = K_p K_s \alpha / C_e$——闭环系统的开环放大系（倍）数。

　　闭环调速系统的静特性表示闭环系统电动机转速与负载电流（或转矩）的稳态关系，它在形式上与开环机械特性相似，但本质上却有很大不同，因此称为"静特性"，以示区别。

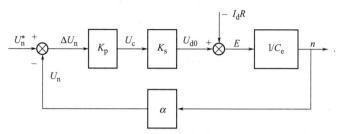

图 1-24　转速负反馈单闭环调速系统静态结构图

（3）开环系统机械特性与闭环系统静特性的比较

　　比较开环系统机械特性和闭环系统静特性，可以看出闭环控制的优越性。如果断开图 1-24 的反馈回路，可得上述系统的开环机械特性为

1-6 开环系统机械特性和闭环系统静特性比较

$$n = \frac{K_p K_s U_n^*}{C_e} - \frac{R I_d}{C_e} = n_{0op} - \Delta n_{op} \qquad (1\text{-}13)$$

　　闭环时的静特性可以写为

$$n = \frac{K_p K_s U_n^*}{C_e(1+K)} - \frac{R I_d}{C_e(1+K)} = n_{0cl} - \Delta n_{cl} \qquad (1\text{-}14)$$

式中　n_{0op}——开环系统的理想空载转速；

　　　　n_{0cl}——闭环系统的理想空载转速；

　　　　Δn_{op}——开环系统的稳态速降；

　　　　Δn_{cl}——闭环系统的稳态速降。

比较式(1-13)、式(1-14) 可以得到以下结论。

　　① 闭环系统静特性比开环系统机械特性的硬度大大提高。在相同负载下两者的转速降分别为

$$\Delta n_{op} = \frac{R I_d}{C_e}, \Delta n_{cl} = \frac{R I_d}{C_e(1+K)}$$

它们的关系是

$$\Delta n_{cl} = \frac{\Delta n_{op}}{1+K} \qquad (1\text{-}15)$$

　　显然，当开环放大系数 K 很大时，Δn_{cl} 要比 Δn_{op} 小得多，即闭环系统的特性要硬得多。

　　② 当理想空载转速相同，即 $n_{0op} = n_{0cl}$ 时，闭环系统的静差率要小得多。闭环系统的静差率和开环系统的静差率分别为

$$S_{cl} = \frac{\Delta n_{cl}}{n_{0cl}}, \ S_{op} = \frac{\Delta n_{op}}{n_{0op}}$$

由于 $n_{0op} = n_{0cl}$，在相同负载下，S_{cl} 和 S_{op} 之间的关系为

$$S_{cl} = \frac{S_{op}}{1+K} \qquad (1\text{-}16)$$

③ 当要求的静差率一定时，闭环系统的调速范围可以大大提高。假如电动机的最高转速 $n_{max}=n_N$，对静差率的要求也相同，那么，根据式(1-7)，开环时为

$$D_{op}=\frac{n_N S}{\Delta n_{op}(1-S)}$$

闭环时为

$$D_{cl}=\frac{n_N S}{\Delta n_{cl}(1-S)}$$

再根据式(1-15)，得

$$D_{cl}=(1+K)D_{op} \tag{1-17}$$

④ 当给定电压相同时，闭环系统的理想空载转速为

$$n_{0cl}=\frac{K_p K_s U_n^*}{C_e(1+K)}$$

开环系统的理想空载转速为

$$n_{0op}=\frac{K_p K_s U_n^*}{C_e}$$

两者的关系为

$$n_{0cl}=\frac{n_{0op}}{1+K} \tag{1-18}$$

闭环系统的理想空载转速大大降低。如果要维持系统的运行速度不变，使 $n_{0op}=n_{0cl}$，闭环系统所需要的 U_n^* 要为开环系统的 $(1+K)$ 倍。因此，如果开环和闭环系统使用同样水平的给定电压 U_n^*，又要使运行速度基本相同，闭环系统必须设置放大器。因为在闭环系统中，由于引入了转速反馈电压 U_n，偏差电压 $\Delta U_n=U_n^*-U_n$ 必须经放大器放大后才能产生足够的控制电压 U_c。开环系统中，U_n^* 和 U_c 属于同一数量级的电压，可以不必设置放大器。而且，上面提到闭环调速系统的三项优点，都是 K 越大越好，也必须设置放大器。

综合以上四条特点，可知闭环系统可以获得比开环系统好得多的稳态特性，在保证一定静差率的要求下，大大提高调速范围。但是构成闭环系统必须设置检测装置和电压放大器。

调速系统之所以产生稳态速降，其根本原因是由负载电流引起的电枢回路的电阻压降，闭环系统静态速降减少，静特性变硬，并不是闭环后能使电枢回路电阻减小，而是闭环系统具有自动调节作用。在开环调速系统中，当负载电流增大时，电枢电流 I_d 在电枢回路电阻 R 上的压降也增大，转速只能老老实实地降落，没有办法挽救。闭环调速系统引入了反馈检测装置，转速稍有降落，反馈电压 U_n 就感觉出来了。尽管给定电压 U_n^* 并未发生变化，但是偏差电压 $\Delta U_n=U_n^*-U_n$ 增大了，通过电压放大，使控制电压 U_c 变大，从而使晶闸管整流器的输出电压 U_{d0} 提高，使系统工作在一条新的机械特性上，因而转速有所回升。由于整流输出电压 U_{d0} 的增量 ΔU_{d0} 补偿回路电阻上压降 $I_d R$ 的增量 $\Delta I_d R$，使最终的稳态速降就比开环调速系统小得多。如图 1-25 所示，设系统的原始工作点为 A，负载电流为 I_{d1}；当负载电流为 I_{d2} 时，开环系统的转速必然沿机械特性 A 点降落到 A' 点对应的数值。而在闭环系统中，由于自动调节作用，电压由 U_{d1} 升到 U_{d2}，使工作点变成机械特性的 B 点。这样，在闭环系统中，每增加（或者减小）一点负载电流，就相应地提高（或降低）一点整流输出电压，因而就改变一条机械特性。所以闭环系统的静特性是在多条开环机械特性上各取一个相应的工作点集合而成的。

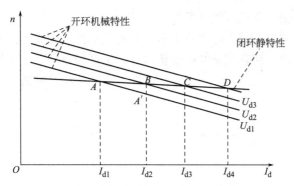

图 1-25 闭环系统静特性与开环系统机械特性的关系

由此看来，闭环系统能够减少稳态速降的实质在于闭环系统的自动调节作用，在于它能随着负载的变化相应地改变整流器输出电压。

(4) 单闭环调速系统的动态分析

单闭环调系统的稳态性能通过引入转速负反馈并且有了足够大的放大倍数 K 后，就可以减少稳态速降，满足系统的稳态要求。但是，放大系数过大可能引起闭环系统动态性能变差，甚至造成系统不稳定，必须采取适当校正措施才能使系统正常工作并满足动态性能要求。为了进行系统的动态分析，必须搞清楚组成系统各环节的特性，建立各环节的传递函数，最终建立起整个系统的动态数学模型——系统的传递函数。

① 单闭环调系统的动态结构和传递函数 转速负反馈单闭环调速系统的动态结构图如图 1-26 所示。

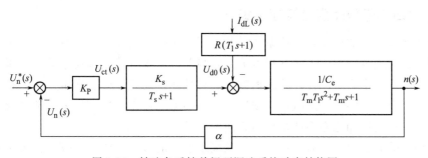

图 1-26 转速负反馈单闭环调速系统动态结构图

利用结构图的计算方法，可以求出转速负反馈单闭环调速系统的传递函数为

$$W_{cl}(s) = \frac{K_p K_s / C_e}{(T_s s + 1)(T_m T_1 s^2 + T_m s + 1) + K}$$

$$= \frac{\dfrac{K_p K_s}{C_e(1+K)}}{\dfrac{T_m T_1 T_s}{1+K} s^3 + \dfrac{T_m(T_1+T)_s}{1+K} s^2 + \dfrac{T_m+T_s}{1+K} s + 1} \tag{1-19}$$

式中 $K = K_p K_s \alpha / C_e$ ——闭环控制系统的开环放大倍数。

式(1-19)表明，将晶闸管触发和整流装置按一阶惯性环节近似处理后，得比例放大器的单闭环调速系统是一个三阶线性系统。

上面所述单闭环调速系统，电动机电枢的供电电源是晶闸管整流装置的输出电压。当电动机电枢的供电电源采用直流 PWM 变换器时，也可以得到完全相仿的系统传递函数。

② 单闭环调速系统的稳定条件　由式(1-13)可知，反馈控制闭环直流调速系统的特征方程为

$$\frac{T_m T_1 T_s}{1+K}s^3 + \frac{T_m(T_1+T_s)}{1+K}s^2 + \frac{T_m+T_s}{1+K}s + 1 = 0 \tag{1-20}$$

它的一般表达式为

$$a_0 s^3 + a_1 s^2 + a_2 s + a_3 = 0$$

根据三阶系统的劳斯-古尔维茨判据，系统稳定的充分必要条件是

$$a_0 > 0, \ a_1 > 0, \ a_2 > 0, \ a_3 > 0, \ a_1 a_2 - a_0 a_3 > 0$$

式(1-20)的各项系数显然都是大于零的，因此稳定条件就只是

$$\frac{T_m(T_1+T_s)}{1+K} \times \frac{T_m+T_s}{1+K} - \frac{T_m T_1 T_s}{1+K} > 0$$

或

$$(T_1+T_s)(T_m+T_s) > (1+K)T_1 T_s$$

整理后得

$$K < \frac{T_m(T_1+T_s) + T_s^2}{T_1 T_s} \tag{1-21}$$

式(1-21)右边称作系统的临界放大系数 K_{cr}，当 $K \geqslant K_{cr}$ 时，系统将不稳定。对于一个自动控制系统来说，稳定性是它能否正常工作的首要条件，是必须保证的。

1.3.2　单闭环无静差直流调速系统

采用比例调节器的单闭环调速系统，其控制作用需要用偏差来维持，属于有静差调速系统，只能设法减少静差，无法从根本上消除静差。对于有静差调速系统，如果根据稳态性能指标要求计算出系统的开环放大倍数，动态性能可能较差，或根本达不到稳态，也就谈不上是否满足稳态要求。这时，必须选择合适的动态校正装置，用来改造系统，使它能同时满足动态稳定性和稳态性能指标两方面的要求。

动态校正的方法很多，而且对于一个系统来说，能够符合要求的校正方案也不是唯一的。在电力拖动自动控制系统中，最常用的是串联校正和反馈校正。串联校正比较简单也容易实现。对于带电力电子变换器的直流闭环调速系统，由于其传递函数的阶次较低，一般采用 PID 调节器的串联校正方案就能完成动态校正的任务。

PID 调节器中有比例微分（PD）、比例积分（PI）和比例积分微分（PID）三种类型。由 PD 调节器构成的超前校正，可提高系统的稳定裕度，并获得足够的快速性，但稳态精度可能受到影响；由 PI 调节器构成的滞后校正，可以保证稳态精度，却是以对快速性的限制来换取系统稳定的；用 PID 调节器实现的滞后-超前校正则兼有二者的优点，可以全面提高系统的控制性能，但具体实现与调试要复杂一些。一般调速系统的要求以动态稳定性和稳态精度为主，对快速性的要求可以差一些，所以主要采用 PI 调节器；在随动系统中，快速性是主要要求，须用 PD 或 PID 调节器。图 1-27 给出了采用 PI 调节器的单闭环无静差调速系统。

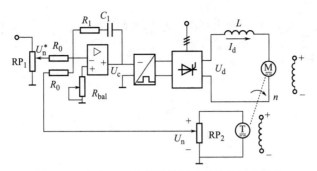

图 1-27 采用 PI 调节器的单闭环无静差调速系统

(1) 稳态抗扰误差分析

单闭环调速系统的动态结构图如图 1-28(a) 所示。图中 A 表示调节器,视调节器不同有不同的传递函数。当 $U_n^* = 0$ 时,只有扰动输入量 I_{dL},这时的输出量就是负载扰动引起的转速偏差(即速降)Δn,可将动态结构图改画成图 1-28(b) 的形式。

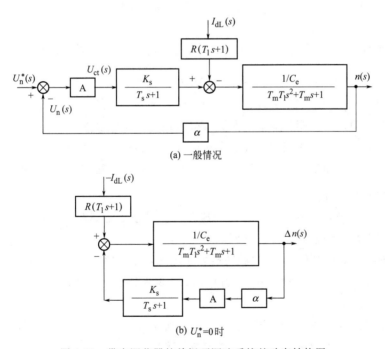

(a) 一般情况

(b) $U_n^* = 0$ 时

图 1-28 带有调节器的单闭环调速系统的动态结构图

利用结构图的运算法则,可以得到采用不同调节器时,输出量 Δn 与扰动量 I_{dL} 之间的关系如下。

① 当采用比例调节器时,比例放大系数为 K_p,这时系统的开环放大系数 $K = K_p K_s \alpha / C_e$,有

$$\Delta n(s) = \frac{-I_{dL}(s)\dfrac{R}{C_e}(T_s s + 1)(T_1 s + 1)}{(T_s + 1)(T_m T_1 s^2 + T_m s + 1) + K} \tag{1-22}$$

突加负载 $I_{dL}(s) = \dfrac{I_{dL}}{s}$ 时，利用拉氏变换的终值定理可以求出负载扰动引起的稳态速度偏差（即稳态速降）为

$$\Delta n = \lim_{s \to 0} s \Delta n(s)$$

$$= \lim_{s \to 0} s \frac{-\dfrac{I_{dL}}{s} \dfrac{R}{C_e}(T_s s + 1)(T_1 s + 1)}{(T_s s + 1)(T_m T_1 s^2 + T_m s + 1) + K} \qquad (1\text{-}23)$$

$$= -\frac{I_{dL} R}{C_e(1 + K)}$$

② 当采用比例积分调节器时，调节器的传递函数分别为 $\dfrac{1}{\tau s}$ 和 $\dfrac{K_{PI}(\tau s + 1)}{\tau s}$，按照上面的方法可以得到转速偏差 Δn 的拉氏变换表达式：

$$\Delta n(s) = \frac{-I_{dL}(s) \dfrac{R}{C_e} \tau s (T_s s + 1)(T_1 s + 1)}{\tau s (T_s s + 1)(T_m T_1 s^2 + T_m s + 1) + \dfrac{\alpha K_s K_{PI}}{C_e}(\tau s + 1)} \qquad (1\text{-}24)$$

突加负载 $I_{dL}(s) = \dfrac{I_{dL}}{s}$ 时，利用拉氏变换的终值定理可以求出负载扰动引起的稳态误差是

$$\Delta n = \lim_{s \to 0} s \Delta n(s) = 0$$

因此，积分控制和比例积分控制的调速系统，都是无静差的。

上述分析表明，只要调节器上有积分成分，系统就是无静差的，或者说，只要在控制系统的前向通道上的扰动作用点以前含有积分环节，当这个扰动为突加阶跃扰动时，它便不会引起稳态误差。如果积分环节出现在扰动作用点以后，它对消除静差是无能为力的。

(2) 动态速降（升）

采用比例积分控制的单闭环无静差调速系统，只是在稳态时无差，动态还是有差的。下面来看一下无静差调速系统的抗扰调节过程。

设系统的给定电压为 U_{n1}^*，当负载转矩为 T_{L1} 时，系统稳定运行于转速 n_1，对应的晶闸管整流输出电压为 U_{d01}，速度反馈电压为 U_{n1}，PI调节器输入偏差电压 $\Delta U_n = U_{n1}^* - U_{c1} = 0$，系统处于稳定运行状态。

当电动机负载在 t_1 时刻，突然由 T_{L1} 增加到 T_{L2}，如图 1-29(a) 所示，电动机轴上转矩失去平衡，电动机转速开始下降，偏离 n_1 而产生转速偏差 Δn。通过测速发电机反馈到输入端产生偏差电压 $\Delta U_n = U_{n1}^* - U_{c1} > 0$，这个偏差电压 ΔU_n 加在 PI 调节器的输入端，于是开始了消除偏差的调节过程。这一调节过程可以分作比例调节过程和积分调节过程。

比例调节过程：在 ΔU_n 的作用下，PI 调节器立即输出比例调节部分 $\Delta U_{ctp} = K_{PI} \Delta U_n$，晶闸管整流输出电压增加为 ΔU_{d0}，如图 1-29(c) 曲线①所示。这个电压使电动机转速迅速回升，其大小与偏差电压 ΔU_n 成正比，ΔU_n 越大，ΔU_{d0} 也越大，调节作用也就越强，电动机转速回升也就越快，升到原来的转速 n_1 以后，ΔU_{d0} 也减到零。这表明与偏差成比例的调节作用与偏差共存亡，偏差不存在，比例调节作用便因此结束。

积分调节过程：PI 调节器积分部分的调节作用主要是在调节过程的后一段。积分部分的

输出电压正比于偏差电压的积分，即 $\Delta U_{ct1} = \dfrac{K_{PI}}{\tau} \int \Delta U_n \mathrm{d}t$，

它使晶闸管整流输出电压变为 ΔU_{d01}，因而 ΔU_{d01} 正比于 ΔU_n 的积分。或者说，积分作用使晶闸管整流输出电压增量 ΔU_{d01} 增长的速度与偏差电压 ΔU_n 成正比。开始阶段，Δn 较小，ΔU_n 也较小，ΔU_{d01} 增长得十分缓慢；当 Δn 最大时，ΔU_{d01} 增长得最快；在调节过程的末段，电动机转速开始回升，Δn 减小，ΔU_{d01} 的增长也变慢，当 Δn 完全等于零时，ΔU_{d01} 便停止增长，之后就一直保持这个数值不变，如图 1-29（c）曲线②所示。积分调节作用虽不再增长，但它却记住了以往积累的调节结果。正因为如此，整流输出电压在最后被保持在比原来数值 ΔU_{d01} 高出 ΔU_{d0} 的新的数值 ΔU_{d02} 上。ΔU_{d0} 是比例调节和积分调节的综合效果，示于图 1-29（c）中的曲线③，ΔU 的变化如图 1-29（d）所示，图 1-29（b）为转速 n 的变化过程。

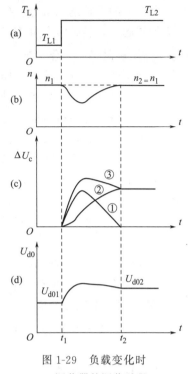

图 1-29　负载变化时
PI 调节器的调节过程

可以看出，不管负载怎样变化，积分调节作用一定要把负载变化的影响完全补偿掉，使转速回升到原来的转速，这就是无静差调节过程。

从以上分析可以看出，电压 U_{d0} 的增长速度与偏差电压一一对应，只要有偏差，整流输出电压 U_{d0} 就要增长，而且 U_{d0} 的增长是积累的。因此可以说，偏差存在的时间越久，电压增长量 ΔU_{d0} 就越大。调节过程结束后的新电压稳态值 U_{d02} 不但取决于偏差的大小，还取决于偏差存在的时间。增长的那一部分电压 U_{d0}，正好补偿由于负载增加引起的那部分主回路电阻 R 上的压降 $\Delta I_{dL}R$。

在整个调节过程中，比例部分在开始和中间阶段起主要作用，由于 ΔU_{d0p} 的出现，阻止转速 n 的继续下降，帮助转速的顺利回升，随着转速接近稳态值，比例部分作用变小。积分部分在调节过程的后期起主要作用，而且依靠它最后消除转速偏差。在动态过程中最大的转速降落 Δn_{max} 叫作动态速降（如果突减负载，则为动态速升），这是一个重要的动态性能指标，它表明了系统抗扰的动态性能。

总之，采用 PI 调节器的单闭调速系统，在稳定运行时，只要 U_n^* 不变，转速 n 的数值也保持不变，与负载的大小无关；但是在动态调节过程中，任何扰动都会引起动态速度变化。因此系统是转速无静差系统。需要指出，"无静差"只是理论上的，因为积分或比例积分调节器在稳态时电容器 C 两端电压不变，相当于开路，运算放大器的放大系数理论上为无穷大，才能达到输入偏差电压 $\Delta U_n = 0$，输出电压 U_{ct} 为任意所需值。实际上，这时的放大系数是运算放大器的开环放大系数，其数值很大，但仍是有限的，因此仍然存在着很小的 Δn，只是在一般精度要求下可以忽略不计而已。

1.3.3　带电流截止负反馈的单闭环转速负反馈调速系统

直流电动机全电压启动时，如果没有采取专门的限流措施，会产生很大的冲击电流，这不仅对电动机换向不利，对于过载能力低的晶闸管等电力电子器件来说，更是不允许的。采用转速负反馈的单闭环调速系统（不管是比例控制的有静差调速系统，还是比例积

分控制的无静差调速系统），当突然加给定电压 U_n^* 时，由于系统存在的惯性，电动机不会立即转起来，转速反馈电压 U_n 仍为零。因此加在调节器输入端的偏差电压，$\Delta U_n = U_n^*$，差不多是稳态工作值的（$1+K$）倍。这时由于放大器和触发驱动装置的惯性都很小，使功率变换装置的输出电压迅速达到最大值 U_{dmax}，对电动机来说相当于全电压启动，通常是不允许的。对于要求快速启制动的生产机械，给定信号多半采用突加方式。另外，有些生产机械的电动机可能会遇到堵转的情况，例如挖土机、轧钢机等，闭环系统特性很硬，若无限流措施，电流会大大超过允许值。如果依靠过电流继电器或快速熔断器进行限流保护，一过载就跳闸或烧断熔断器，将无法保证系统的正常工作。

为了解决反馈控制单闭环调速系统启动和堵转时电流过大的问题，系统中必须设有自动限制电枢电流的环节。所以，引入电流负反馈能够保持电流不变，使它不超过允许值。但是，电流负反馈的引入会使系统的静特性变得很软，不能满足一般调速系统的要求，电流负反馈的限流作用只应在启动和堵转时存在，在正常运行时必须去掉，使电流能自由地随着负载增减。这种当电流大到一定程度时才起作用的电流负反馈叫作电流截止负反馈。

图 1-30 给出了带电流截止负反馈的转速负反馈调速系统的原理框图。图中控制器采用 PI 调节器，电流反馈信号来自交流电流检测装置，与主电路电流 I_d 成正比，反馈系数为 β，临界截止电流为 I_{dcr}，稳压管的击穿电压为 U_{br}，于是有

$$\beta I_{dcr} = U_{br} \tag{1-25}$$

静特性如图 1-31 所示。

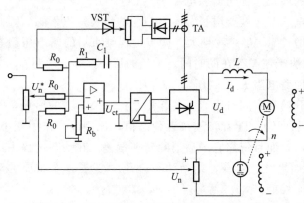

图 1-30 带电流截止负反馈的单闭环调速系统

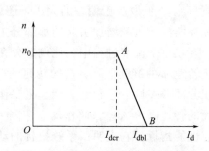

图 1-31 带电流截止负反馈的转速
负反馈闭环调速系统的静特性

显然，在 $I_d \leqslant I_{dcr}$ 时，系统的转速是无静差的，静特性是平直的（图中的 n_0-A）段；当 $I_d > I_{dcr}$ 时，A-B 段的静特性则很陡，静态速降很大。这种两段式的特性常被称为下垂特性或挖土机特性，因为挖土机在运行中如果遇到坚硬的石块而过载时，电动机停下，这时的电流称为堵转电流 I_{dbl}。电动机堵转时，$n=0$，将其代入式(1-20)，得

$$I_{dbl} = \frac{U_n^* + U_{br}}{\beta} \tag{1-26}$$

I_{dbl} 应小于电动机的允许最大电流（$1.5 \sim 2.5$）I_N，另一方面，从正常运行特性 n_0-A 这一段看，希望有足够的运行范围，截止电流 I_{dcr} 应大于电动机的额定电流，例如取 $I_{dcr} \geqslant (1.1 \sim 1.2)I_N$。这些就是设计电流截止负反馈环节参数的依据。

【任务工单】

工作任务单			编号:1-3
工作任务	单闭环直流调速系统调试	建议学时	2
班级		学员姓名	工作日期
任务目标	1. 熟悉直流调整系统主要单元部件的工作原理及调速系统对其提出的要求; 2. 掌握直流调速系统主要单元部件的调试步骤和方法。		
工作设备 及材料	1. DJDK-1 型电力电子技术及电机控制实训装置; 2. DJK04、DJK04-1、DJK06、DJK08 等挂箱; 3. 双踪示波器; 4. 万用表; 5. 导线。		
任务要求	1. 会看图进行正确的线路连接; 2. 会正确使用万用表; 3. 会正确选择及使用示波器; 4. 会调节器Ⅰ、Ⅱ的调试。		
提交成果	1. 工作总结; 2. 操作记录; 3. 排故记录。		
小组成员 任务分工	项目负责人全面负责任务分配、组员协调,使小组成员分工明确,并在教师的指导下完成以下任务、总方案设计、系统安装、工具管理、任务记录、环境与安全等。		
学习信息	1. 转速单闭环调速系统有哪些特点?改变给定电压能否改变电动机的转速?为什么?如果给定电压不变,调节测速反馈电压的分压比是否能改变转速?为什么?如果测速发电机的励磁发生了变化,系统有无克服这种干扰的能力? 2. 为什么用积分控制的调速系统是无静差的?在转速单闭环调速系统中,当积分调节器的输入偏差电压 $\Delta U = 0$ 时,调节器的输出电压是多少?它取决于哪些因素? 3. 在无静差转速单闭环调速系统中,转速的稳态精度是否还受给定电源和测速发电机精度的影响?试说明理由。		
工作过程	将 DJK04 挂件上的 10 芯电源线、DJK04-1 和 DJK06 挂件上的蓝色 3 芯电源线与控制屏相应电源插座连接,打开挂件上的电源开关,就可以开始实验。 1. 调节器Ⅰ(一般作为速度调节器使用)的调试 　(1)调节器调零 　将 DJK04 中"调节器Ⅰ"所有输入端接地,再将 DJK08 中的可调电阻 120kΩ 接到"调节器Ⅰ"的"4""5"两端,用导线将"5""6"端短接,使"调节器Ⅰ"成为 P(比例)调节器。用万用表的毫伏挡测量"调节器Ⅰ"的"7"端的输出,调节面板上的调零电位器 RP3,使之输出电压尽可能接近于零。 　(2)调整输出正、负限幅值 　将"5""6"短接线去掉,将 DJK08 中的可调电容 0.47μF 接入"5""6"两端,使调节器成为 PI(比例积分)调节器,将"调节器Ⅰ"的所有输入端上的接地线去掉,将 DJK04 的给定输出端接到"调节器Ⅰ"的"3"端,当加+5V 的正给定电压时,调整负限幅电位器 RP2,观察调节器负电压输出的变化规律;当调节器输入端加−5V 的负给定电压时,调整正限幅电位器 RP1,观察调节器正电压输出的变化规律并记录如下。		

续表

工作过程	（3）测定输入、输出特性 再将反馈网络中的电容短接（将"5""6"端短接），使"调节器Ⅰ"为P（比例）调节器，同时将正负限幅电位器RP1和RP2均顺时针旋到底，在调节器的输入端分别逐渐加入正负电压，测出相应的输出电压变化，直至输出限幅值，并画出对应的曲线。 （4）观察PI特性 拆除"5""6"短接线，给调节器输入端突加给定电压，用慢扫描示波器观察输出电压的变化规律。改变调节器的外接电阻和电容值（改变放大倍数和积分时间），观察输出电压的变化并记录如下。 2.调节器Ⅱ（一般作为电流调节器使用）的调试 （1）调节器的调零 将DJK04中"调节器Ⅱ"所有输入端接地，再将DJK08中的可调电阻13kΩ接"调节器Ⅱ"的"8""9"两端，用导线将"9""10"短接，使"调节器Ⅱ"成为P（比例）调节器。用万用表的毫伏挡测量调节器Ⅱ的"11"端的输出，调节面板上的调零电位器RP3，使之输出电压尽可能接近于零。

工作过程

（2）调整输出正、负限幅值

把"9""10"短接线去掉，将 DJK08 中的可调电容 $0.47\mu F$ 接入"9""10"两端，使调节器成为 PI（比例积分）调节器，将"调节器 II"的所有输入端上的接地线去掉，将 DJK04 的给定输出端接到调节器 II 的"4"端，当加 $+5V$ 的正给定电压时，调整负限幅电位器 RP2，观察调节器负电压输出的变化规律；当调节器输入端加 $-5V$ 的负给定电压时，调整正限幅电位器 RP1，观察调节器正电压输出的变化规律并记录如下。

（3）测定输入、输出特性

再将反馈网络中的电容短接（将"9""10"端短接），使"调节器 II"为 P 调节器，同时将正负限幅电位器 RP1 和 RP2 均顺时针旋到底，在调节器的输入端分别逐渐加入正负电压，测出相应的输出电压变化，直至输出限幅值，并画出对应的曲线。

工作过程	（4）观察 PI 特性 　　拆除"9""10"短接线，突加给定电压，用慢扫描示波器观察输出电压的变化规律。改变调节器的外接电阻和电容值（改变放大倍数和积分时间），观察输出电压的变化并记录如下。 　　3. 反号器的调试 　　测定输入输出的比例，将反号器输入端"1"接"给定"的输出，调节"给定"输出为 5V 电压，用万用表测量"2"端输出是否等于－5V 电压，如果两者不等，则通过调节 RP1 使输出等于负的输入，再调节"给定"电压使输出为－5V 电压，观测反号器输出是否为 5V。 　　4. 画各控制单元的调试连线图。
检查评价	1. 工作过程遇到的问题及处理方法： 2. 评价 自评：□优秀　□良好　□合格 同组人员评价：□优秀　□良好　□合格 教师评价：□优秀　□良好　□合格 3. 工作建议：

任务 1.4 转速、电流双闭环直流调速系统组成及特性认知

【任务描述】

在工业部门中，有许多生产机械，例如龙门刨床、可逆轧钢机等，由于生产的需要及加工工艺特点，经常处于启动、制动、反转的过渡过程中，启动和制动过程的时间在很大程度上决定了生产机械的生产率，如何缩短这一部分时间，以充分发挥生产机械效能、提高生产率，是转速控制系统首先要解决的问题。

【相关知识】

在电动机最大电流（转矩）受限制的约束条件下，希望充分发挥电动机的过载能力，在过渡过程中始终保持电流（转矩）为允许的最大值，使电力拖动系统尽可能用最大的加速度启动，在电动机启动到稳态转速后，又让电流（转矩）立即降下来，使转矩与负载转矩相平衡，从而转入稳态运行。这样的理想启动过程如图 1-32 所示，启动电流呈方形波，转速是线性增长的。这种在最大电流（转矩）受限制条件下调速系统能得到最快启动过程的控制策略称为"最短时间控制"或"时间最优控制"。

为了实现在允许条件下最快启动，关键是要获得一段使电流保持为最大值 I_{dm} 的恒流过程。按照反馈控制规律，采用某个物理量的负反馈可以保持该量基本不变，因此采用电流负反馈应该能得到近似的恒流过程。前面讨论的电流截止负反馈调速系统，在启动过程中具有限流作用，使启动电流不超过电动机的最大允许电流值，但并不能保证在整个启动过程中以恒定电流启动。带电流截止负反馈单闭环调速系统的启动过程如图 1-33 所示。显然，它与理想启动过程区别较大，要慢得多。原因是这种系统的转速反馈信号和电流反馈信号在一点进行综合，加到一个调节器的输入端，在启动过程中两种反馈都起作用；正常负载时实现速度调节，电流超过临界值时进行电流调节，达到最大电流后马上又降下来，使电动机转矩也随之减小，因此加速过程必然加长。再者，一个调节器同时要完成两种调节任务，调节器的动态参数也无法保证两种调节过程同时具有良好的动态品质。

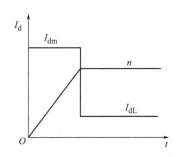

图 1-32 调速系统理想启动过程

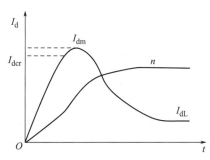

图 1-33 带电流截止负反馈单闭环
调速系统的启动过程

为了在启动过程中只有电流负反馈起作用以保证最大允许恒定电流，不应让它和转速

负反馈同时加到一个调节器的输入端；到达稳态转速后希望能使转速恒定，静差尽可能小，应只要转速负反馈，不再靠电流负反馈发挥主要作用。转速、电流双闭环调速系统能够做到既有转速和电流两种负反馈作用，又使它们只能分别在不同的阶段起主要作用。

1.4.1 转速、电流双闭环调速系统的组成

图 1-34 所示为转速、电流双闭环调速系统的原理框图。为了使转速和电流两种负反馈分别起作用，在系统中设置了两个调节器，分别调节转速和电流，二者之间实行串联连接。把转速调节器 ASR 的输出作为电流调节器 ACR 的输入，用电流调节器的输出去控制晶闸管整流的触发器。从闭环结构上看，电流调节环在里面，是内环；转速调节环在外面，叫作外环。

为了获得良好的静、动态性能，双闭环调速系统的两个调节器通常都采用 PI 调节器。在图 1-34 中，标出了两个调节器输入输出电压的实际极性，它们是按照触发器 GT 的控制电压 U_c 为正电压的情况标出的，而且考虑运算放大器的反相作用。通常，转速电流两个调节器的输出值是带限幅的，转速调节器的输出限幅电压为 U_{im}^*，它决定了电流调节器给定电压的最大值；电流调节器的输出限幅电压是 U_{ctm}，它限制了晶闸管整流装置输出电压的最大值。

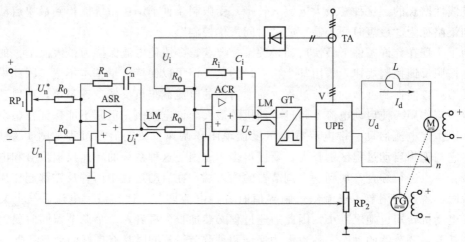

图 1-34 转速、电流双闭环调速系统的原理框图

1-8 双闭环直流调速系统静特性

1.4.2 转速、电流双闭环调速系统的静特性

根据图 1-34 的原理图，可以很容易地画出双闭环调速系统的静态结构图，如图 1-35 所示。其中 PI 调节器用带限幅的输出特性表示，这种 PI 调节器在工作中一般存在饱和与不饱和两种状况。饱和时输出达到限幅值；不饱和时输出未达到限幅值，这样的稳态特征是分析双闭环调速系统的关键。当调节器饱和时，输出为恒值，输入量的变化不再影响输出，除非输入信号反向使调节器所在的闭环成为开环。当调节器不饱和时，PI 调节器的积分（I）作用使输入偏差电压 ΔU 在稳态时总是等于零。

实际上，双闭环调速系统在正常运行时，电流调节器是不会达到饱和状态的，对于静特性来说，只有转速调节器存在饱和与不饱和两种情况。

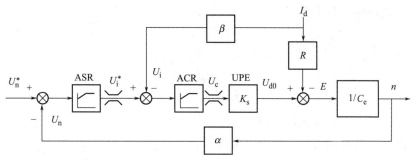

图 1-35　双闭环调速系统静态结构图

(1) 转速调节器不饱和

在正常负载情况下,转速调节器不饱和,电流调节器也不饱和,稳态时,依靠调节器的调节作用,它们的输入偏差电压都是零。因此系统具有绝对硬的静特性(无静差),即

$$U_n^* = U_n = \alpha n \tag{1-27}$$

$$U_i^* = U_i = \beta I_d \tag{1-28}$$

由式(1-27)可得

$$n = \frac{U_n^*}{\alpha} = n_0 \tag{1-29}$$

从而得到图 1-36 静特性的 n_0-A 段。由于转速调节器不饱和,$U_i^* < U_{im}^*$,所以 $I_d < I_{dm}$。这表明,n_0-A 段静特性从理想空载状态($I_d = 0$)一直延续到电流最大值 I_{dm},而 I_{dm} 一般都大于电动机的额定电流 I_N。这是系统静特性的正常运行段。

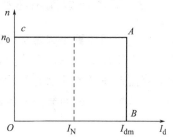

图 1-36　双闭环调速系统的静特性

(2) 转速调节器饱和

当电动机的负载电流上升时,转速调节器的输出 U_i^* 也将上升,当 I_d 上升到某一数值(I_{dm})时,转速调节器输出达到限幅值 U_{im}^*,转速环失去调节作用,呈开环状态,转速的变化对系统不再产生影响。此时只剩下电流环起作用,双闭环调系统由转速无静差系统变成一个电流无静差的单闭环恒流调节系统。稳态时

$$U_{im}^* = U_{im} = \beta I_{dm} \tag{1-30}$$

因而

$$I_{dm} = \frac{U_{im}^*}{\beta} \tag{1-31}$$

I_{dm} 是 U_{im}^* 所对应的电枢电流最大值,由设计者根据电动机的容许过载能力和拖动系统允许的最大加速度选定。这时的静特性为图 1-36 中的 A-B 段,呈现很陡的下垂特性。由以上分析可知,双闭环调速系统的静特性在负载电流 $I_d < I_{dm}$ 时表现为转速无静差,这时 ASR 起主要调节作用;当负载电流达到 I_{dm} 之后,ASR 饱和,ACR 起主要调节作用,系统表现为电流无静差,得到过电流的自动保护。这就是采用了两个 PI 调节器分别形成内、外两个闭环的效果,这样的静特性显然比带电流截止负反馈的单闭环调速系统的静特性要强得多。

综合以上分析结果可以看出,双闭环调速系统在稳态工作中,当两个调节器都不饱和

时，系统变量之间存在如下关系：

$$U_n^* = U_n = \alpha n = \alpha n_0 \tag{1-32}$$

$$U_i^* = U_i = \beta I_d = \beta I_{dL} \tag{1-33}$$

$$U_c = \frac{U_{d0}}{K_s} = \frac{C_e n + I_d R}{K_s} = \frac{C_e U_n^* / \alpha + I_{dL} R}{K_s} \tag{1-34}$$

上述关系表明，双闭环调速系统在稳态工作点上，转速 n 是由给定电压 U_n^* 和转速反馈系数 α 决定的，转速调节器的输出电压即电流环给定电压 U_i^* 是由负载电流 I_{dL} 和电流反馈系数 β 决定的，而控制电压即电流调节器的输出电压 U_c 则同时取决于转速 n 和电流 I_d，或者说同时取决于 U_n^* 和 I_{dL}。这些关系反映了 PI 调节器不同于 P 调节器的特点：比例调节器的输出量总是正比于输入量，而 PI 调节器的稳态输出量与输入量无关，而是由其后面环节的需要所决定，后面需要 PI 调节提供多大的输出量，它就能提供多少，但这要在调节器不饱和的情况下。

采用转速、电流双闭环调速系统后，由于增加了电流内环，而电网电压扰动被包围在电流环里，当电网电压发生波动时，可以通过电流反馈得到及时调节，不必等它影响到转速后，再由转速调节器作出反应。因此，在双闭环调速系统中，由电网电压扰动所引起的动态速度变化要比在单态环调速系统中小得多。

1.4.3 双闭环直流调速系统的数学模型和动态性能分析

(1) 双闭环直流调速系统的动态数学模型

在单闭环直流调速系统动态数学模型的基础上，考虑双闭环控制的结构，即可绘出双闭环直流调速系统的动态结构图，如图 1-37 所示。图中 $W_{ASR}(s)$ 和 $W_{ACR}(s)$ 分别表示转速调节器和电流调节器的传递函数。

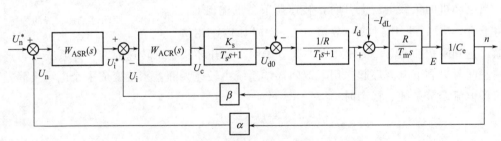

图 1-37 双闭环直流调速系统的动态结构图

(2) 启动过程分析

前已指出，设置双闭环控制的一个重要目的就是要获得接近理想启动过程，因此在分析双闭环调速系统的动态性能时，有必要首先探讨它的启动过程。双闭环直流调速系统突加给定电压 U_n^* 由静止状态启动时，转速和电流的动态过程如图 1-38 所示。

由于在启动过程中转速调节器 ASR 经历了不饱和、饱和、退饱和三种情况，整个动态过程就分成图中标明的Ⅰ、Ⅱ、Ⅲ三个阶段。

① 第Ⅰ阶段电流上升阶段（$0\sim t_1$） 突加给定电压 U_n^* 后，I_d 上升，当 I_d 小于负载电流 I_{dL} 时，电动机还不能转动。当 $I_d \geqslant I_{dL}$ 后，电动机开始启动，由于机电惯性作用，转速不会

很快增长，因而转速调节器 ASR 的输入偏差电压 $\Delta U_n = U_n^* - U_n$ 的数值仍较大，其输出电压保持限幅值 U_{im}^*，强迫电枢电流 I_d 迅速上升。直到 $I_d \approx I_{dm}$，$U_i \approx U_{im}^*$，电流调节器很快就压制了 I_d 的增长，标志着这一阶段的结束。在这一阶段中，ASR 很快进入并保持饱和状态，而 ACR 一般不饱和。

② 第 Ⅱ 阶段恒流升速阶段（$t_1 \sim t_2$）　恒流升速阶段是启动过程中的主要阶段。在这个阶段中，ASR 始终是饱和的，转速环相当于开环，系统成为在恒值电流给定 U_{im}^* 下的电流调节系统，基本上保持电流 I_d 恒定，因而系统的加速度恒定，转速呈线性增长。与此同时，电动机的反电动势 E 也按线性增长，对电流调节系统来说，E 是一个线性渐增的扰动量，为了克服它的扰动，U_{d0} 和 U_c 也必须基

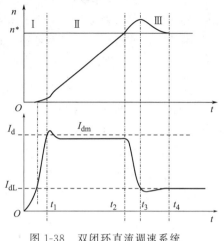

图 1-38　双闭环直流调速系统
启动时的转速和电流波形

本上按线性增长，才能保持 I_d 恒定。当 ACR 采用 PI 调节器时，要使其输出量按线性增长，其输入偏差电压 $\Delta U_i = U_{im}^* - U_i$ 必须维持一定的恒值，也就是说，I_d 应略低于 I_{dm}。为了保证电流环的主要调节作用，在启动过程中 ACR 是不应饱和的，电力电子装置 UPS 的最大输出电压也须留有余地，这些都是设计时必须注意的。

③ 第 Ⅲ 阶段转速调节阶段（t_2 以后）　当转速上升到给定值时，转速调节器 ASR 的输入偏差减少到零，但其输出却由于积分作用还维持在限幅值 U_{im}^*，所以电动机仍在加速，使转速超调。转速超调后，ASR 输入偏差电压变负，使它开始退出饱和状态，U_i^* 和 I_d 很快下降。但是，只要 I_d 仍大于负载电流 I_{dL}，转速就继续上升。直到 $I_d = I_{dL}$ 时，转矩 $T_e = T_L$，则 $dn/dt = 0$，转速 n 才到达峰值（$t = t_3$ 时）。此后，电动机开始在负载的阻力下减速，与此相应，在一小段时间内（$t_3 \sim t_4$），$I_d < I_{dL}$，直到稳定，如果调节器参数整定得不够好，也会有一些振荡过程。在这最后的转速调节阶段内，ASR 和 ACR 都不饱和，ASR 起主导的转速调节作用，而 ACR 则力图使 I_d 尽快地跟随其给定值 U_i^*，或者说，电流内环是一个电流随动子系统。

综上所述，双闭环直流调速系统的启动过程有以下三个特点。

① 饱和非线性控制　根据 ASR 的饱和与不饱和，整个系统处于完全不同的两种状态：当 ASR 饱和时，转速环开环，系统表现为恒值电流调节的单闭环系统；当 ASR 不饱和时，转速环闭环，整个系统是一个无静差调速系统，而电流内环表现为电流随动系统。

② 转速超调　由于 ASR 采用了饱和非线性控制，启动过程结束进入转速调节阶段后，必须使转速超调，ASR 的输入偏差电压 ΔU_n 为负值，才能使 ASR 退出饱和。这样，采用 PI 调节器的双闭环调速系统的转速响应必然有超调。转速略有超调一般是允许的，对于完全不允许超调的情况，应采用其他控制方法来抑制超调。

③ 准时间最优控制　在设备允许条件下实现最短时间的控制称为"时间最优控制"，对于电力拖动系统，在电动机允许过载能力限制下的恒流启动，就是时间最优控制。但由于在启动过程 Ⅰ、Ⅲ 两个阶段中电流不能突变，实际启动过程与理想启动过程相比还有一些差距，不过这两段时间只占全部启动时间中很小的成分，无伤大局，可称作"准时间最

优控制"。采用饱和非线性控制的方法实现准时间最优控制是一种很有使用价值的控制策略，在各种多环控制系统中普遍地得到应用。

最后，应该指出，对于不可逆的电力电子变换器，双闭环控制只能保证良好的启动性能，却不能产生回馈制动，在制动时，当电流下降到零以后，只好自由停车。必须加快制动时，只能采用电阻能耗制动或电磁抱闸。必须回馈制动时，可采用可逆的电力电子变换器。

（3）动态抗扰性能分析

一般来说，双闭环调速系统具有比较满意的动态性能。对于调速系统，最重要的动态性能是抗扰性能，主要是抗负载扰动和抗电网电压扰动的性能。

① 抗负载扰动　由动态结构图 1-39 可以看出，负载扰动作用在电流环之后，因此只能靠转速调节器 ASR 来产生抗负载扰动的作用。在设计 ASR 时，应要求有较好的抗扰性能指标。

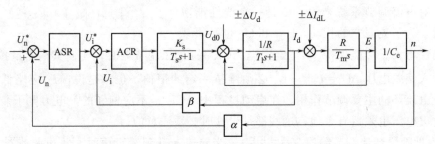

图 1-39　直流调速系统的动态抗扰作用结构图

② 抗电网电压扰动　在单闭环调速系统中，电网电压扰动的作用点离被调量较远，调节作用受到多个环节的延滞，因此单闭环调速系统抵抗电压扰动的性能要差一些。双闭环系统中，由于增设了电流内环，电压波动可以通过电流反馈得到比较及时的调节，不必等它影响到转速以后才能反馈回来，抗扰性能大有改善。因此，在双闭环系统中，由电网电压波动引起的转速动态变化会比单闭环系统小得多。

（4）转速和电流两个调节器的作用

综上所述，转速调节器和电流调节器在双闭环直流调速系统中的作用可以分别归纳如下。

① 转速调节器的作用

a. 转速调节器是调速系统的主导调节器，它使转速 n 很快地跟随给定电压变化，稳态时可减小转速误差，如果采用 PI 调节器，则可实现无静差。

b. 对负载变化起抗扰作用。

c. 其输出限幅值决定电动机允许的最大电流。

② 电流调节器的作用

a. 作为内环的调节器，在外环转速的调节过程中，它的作用是使电流紧紧跟随其给定电压（即外环调节器的输出量）变化。

b. 对电网电压的波动起及时抗扰的作用。

c. 在转速动态过程中，保证获得电动机允许的最大电流，从而加快动态过程。

d. 当电动机过载甚至堵转时，限制电枢电流的最大值，起快速的自动保护作用。一旦故障消失，系统立即自动恢复正常。这个作用对系统的可靠运行来说是十分重要的。

【任务工单】

工作任务单		编号：1-4
工作任务	转速、电流双闭环直流调速系统组成及特性认知　建议学时	2
班级	学员姓名	工作日期

任务目标	1. 了解闭环不可逆直流调速系统的原理、组成及各主要单元部件的原理； 2. 掌握双闭环不可逆直流调速系统的调试步骤、方法及参数的整定； 3. 研究调节器参数对系统动态性能的影响。
工作设备 及材料	1. DJDK-1 型电力电子技术及电机控制实训装置； 2. DJK02、DJK02-1、DJK04、DJK08、DJ13-1、DJ15、D42 等挂箱； 3. 双踪示波器； 4. 万用表； 5. 导线。
任务要求	1. 会看图进行正确的线路连接； 2. 会正确使用万用表； 3. 会正确选择及使用电压表、电流表； 4. 会根据实验数据画出特性曲线； 5. 会分析系统动态波形，讨论系统参数的变化对系统动、静态性能的影响。
提交成果	1. 工作总结； 2. 操作记录； 3. 排故记录。
小组成员 任务分工	项目负责人全面负责任务分配、组员协调，使小组成员分工明确，并在教师的指导下完成以下任务：总方案设计、系统安装、工具管理、任务记录、环境与安全等。
学习信息	1. 在转速、电流双闭环调速系统中，若要改变电动机的转速，应调节什么参数？若要改变电动机的堵转电流，应调节系统中的什么参数？ 2. 试从下述五个方面来比较转速、电流双闭环调速系统和带电流截止环节的转速单闭环调速系统：　①调速系统的静态特性；②动态限流性能；③启动的快速性；④抗负载扰动的性能；⑤抗电源电压波动的性能。
工作过程	1. DJK02 和 DJK02-1 上的"触发电路"调试 　　① 打开 DJK01 总电源开关，操作"电源控制屏"上的"三相电网电压指示"开关，观察输入的三相电网电压是否平衡。 　　② 将 DJK01"电源控制屏"上"调速电源选择开关"拨至"直流调速"侧。 　　③ 用 10 芯的扁平电缆，将 DJK02 的"三相同步信号输出"端和 DJK02-1"三相同步信号输入"端相连，打开 DJK02-1 电源开关，拨动"触发脉冲指示"钮子开关，使"窄"的发光管亮。 　　④ 观察 A、B、C 三相的锯齿波，并调节 A、B、C 三相锯齿波斜率调节电位器（在各观测孔左侧），使三相锯齿波斜率尽可能一致。 　　⑤ 将 DJK04 上的"给定"输出 U_g 直接与 DJK02-1 上的移相控制电压 U_{ct} 相接，将给定开关 S2 拨到接地位置（即 $U_{ct}=0$），调节 DJK02-1 上的偏移电压电位器，用双踪示波器观察 A 相同步电压信号和"双脉冲观察孔"VT1 的输出波形，使 $\alpha=150°$（注意：此处的 α 表示三相晶闸管电路中的移相角，它的 0° 是从自然换流点开始计算，而单相晶闸管电路的 0° 移相角表示从同步信号过零点开始计算，两者存在相位差，前者比后者滞后 30°）。 　　⑥ 适当增加给定 U_g 的正电压输出，观测 DJK02-1 上"脉冲观察孔"的波形，此时应观测到单窄脉冲和双窄脉冲。 　　⑦ 用 8 芯的扁平电缆，将 DJK02-1 面板上"触发脉冲输出"和"触发脉冲输入"相连，使得触发脉冲加到正反桥功放的输入端。

| 工作过程 | ⑧ 将 DJK02-1 面板上的 U_{lf} 端接地,用 20 芯的扁平电缆,将 DJK02-1 的"正桥触发脉冲输出"端和 DJK02"正桥触发脉冲输入"端相连,并将 DJK02"正桥触发脉冲"的六个开关拨至"通",观察正桥 VT1～VT6 晶闸管门极和阴极之间的触发脉冲是否正常。

2. 控制单元调试
　① 移相控制电压 U_{ct} 调节范围的确定。直接将 DJK04"给定"电压 U_g 接入 DJK02-1 移相控制电压 U_{ct} 的输入端,"三相全控整流"输出接电阻负载 R,用示波器观察 U_d 的波形。当给定电压 U_g 由零调大时,U_d 将随给定电压的增大而增大,当 U_g 超过某一数值时,此时 U_d 接近为输出最高电压值 U'_d,一般可确定"三相全控整流"输出允许范围的最大值为 $U_{dmax}=0.9U'_d$,调节 U_g 使得"三相全控整流"输出等于 U_{dmax},此时将对应的 U'_g 的电压值记录下来,$U_{ctmax}=U'_g$,即 U_g 的允许调节范围为 $0～U_{ctmax}$。如果把输出限幅定为 U_{ctmax} 的话,则"三相全控整流"输出范围就被限定,不会工作到极限值状态,可保证六个晶闸管可靠工作。记录 U'_g 于表 1-7 中。

 表 1-7　记录 U'_g 值
<table><tr><td>U'_d</td><td></td></tr><tr><td>$U_{dmax}=0.9U'_d$</td><td></td></tr><tr><td>$U_{ctmax}=U'_g$</td><td></td></tr></table>
将给定退到零,再按"停止"按钮,结束步骤。
　② 调节器的调零。将 DJK04 中"调节器Ⅰ"所有输入端接地,再将 DJK08 中的可调电阻 120K 接到"调节器Ⅰ"的"4""5"两端,用导线将"5""6"短接,使"调节器Ⅰ"成为 P(比例)调节器。用万用表的毫伏挡测量调节器Ⅰ的"7"端的输出,调节面板上的调零电位器 RP3,使之电压尽可能接近于零。
　将 DJK04 中"调节器Ⅱ"所有输入端接地,再将 DJK08 中的可调电阻 13K 接到"调节器Ⅱ"的"8""9"两端,用导线将"9""10"短接,使"调节器Ⅱ"成为 P(比例)调节器。用万用表的毫伏挡测量调节器Ⅱ的"11"端,调节面板上的调零电位器 RP3,使之输出电压尽可能接近于零。
　③ 调节器正、负限幅值的调整。把"调节器Ⅰ"的"5""6"短接线去掉,将 DJK08 中的可调电容 $0.47\mu F$ 接入"5""6"两端,使调节器成为 PI(比例积分)调节器,将"调节器Ⅰ"所有输入端的接地线去掉,将 DJK04 的给定输出端接到调节器Ⅰ的"3"端,当加 $+5V$ 的正给定电压时,调整负限幅电位器 RP2,使之输出电压为 $-6V$,当调节器输入端加 $-5V$ 的负给定电压时,调整正限幅电位器 RP1,使之输出电压尽可能接近于零。
　把"调节器Ⅱ"的"9""10"短接线去掉,将 DJK08 中的可调电容 $0.47\mu F$ 接入"9""10"两端,使调节器成为 PI(比例积分)调节器,将"调节器Ⅱ"的所有输入端的接地线去掉,将 DJK04 的给定输出端接到调节器Ⅱ的"4"端。当加 $+5V$ 的正给定电压时,调整负限幅电位器 RP2,使之输出电压尽可能接近于零;当调节器输入端加 $-5V$ 的负给定电压时,调整正限幅电位器 RP1,使调节器Ⅰ的输出正限幅为 U_{ctmax}。
　④ 电流反馈系数的整定。直接将"给定"电压 U_g 接入 DJK02-1 移相控制电压 U_{ct} 的输入端,整流桥输出接电阻负载 R,负载电阻放在最大值,输出给定调到零。
　按下启动按钮,从零增加给定,使输出电压升高,当 $U_d=220V$ 时,减小负载的阻值,调节"电流反馈与过流保护"上的电流反馈电位器 RP1,使得负载电流 $I_d=1.3A$ 时,"2"端 I_f 的电流反馈电压 $U_i=6V$,这时的电流反馈系数 $\beta=U_i/I_d=4.615V/A$。
　⑤转速反馈系数的整定。直接将"给定"电压 U_g 接 DJK02-1 上的移相控制电压 U_{ct} 的输入端,"三相全控整流"电路接直流电动机负载,L_d 用 DJK02 上的 200mH,输出给定调到零。
　按下启动按钮,接通励磁电源,从零逐渐增加给定,使电动机提速到 $n=1500r/min$ 时,调节"转速变换"上转速反馈电位器 RP1,使得该转速时反馈电压 $U_n=-6V$,这时的转速反馈系数 $\alpha=U_n/n=0.004V/(r/min)$。
　3. 开环外特性的测定
　① DJK02-1 控制电压 U_{ct} 由 DJK04 上的给定输出 U_g 直接接入,"三相全控整流"电 |

续表

工作过程	路接电动机，L_d 用 DJK02 上的 200mH，直流发电机接负载电阻 R，负载电阻放在最大值，输出给定调到零。 　　② 按下启动按钮，先接通励磁电源，然后从零开始逐渐增加"给定"电压 U_g，使电机启动升速，转速到达 1200r/min。 　　③ 增大负载（即减小负载电阻 R 阻值），使得电动机电流 $I_d = I_{ed}$，可测出该系统的开环外特性 $n = f(I_d)$，记录于表 1-8 中。

表 1-8　记录 n 与 I_d 的值（开环特性）

$n/(\text{r/min})$							
I_d/A							

将给定退到零，断开励磁电源，按下停止按钮，结束实验。
根据实验数据，画出系统开环机械特性 $n = f(I_d)$。

4. 系统静特性测试

　　① DJK04 的给定电压 U_g 输出为正给定，转速反馈电压为负电压，直流发电机接负载电阻 R，L_d 用 DJK02 上的 200mH，负载电阻放在最大值，给定的输出调到零。将"调节器Ⅰ""调节器Ⅱ"都接成 P（比例）调节器后，接入系统，形成双闭环不可逆系统，按下启动按钮，接通励磁电源，增加给定，观察系统能否正常运行，确认整个系统的接线正确无误后，将"调节器Ⅰ""调节器Ⅱ"均恢复成 PI（比例积分）调节器，构成实验系统。

　　② 机械特性 $n = f(I_d)$ 的测定。

　　a. 发电机先空载，从零开始逐渐调大给定电压 U_g，使电动机转速接近 $n = 1200\text{r/min}$，然后接入发电机负载电阻 R，逐渐改变负载电阻，直至 $I_d = I_N$，即可测出系统静态特性曲线 $n = f(I_d)$，并记录于表 1-9 中。

表 1-9　记录 n 与 I_d 的值（机械特性，$n = 1200\text{r/min}$）

$n/(\text{r/min})$						
I_d/A						

　　b. 降低 U_g，再测试 $n = 800\text{r/min}$ 时的静态特性曲线，并记录于表 1-10 中。

表 1-10　记录 n 与 I_d 的值（机械特性，$n = 800\text{r/min}$）

$n/(\text{r/min})$						
I_d/A						

根据实验数据，画出两种转速时的闭环机械特性 $n = f(I_d)$。

续表

| 工作过程 | 曲线1：　　　　　　　　　　　　曲线2： |

c. 闭环控制系统 $n = f(U_g)$ 的测定。

调节 U_g 及 R，使 $I_d = I_N$、$n = 1200\text{r/min}$，逐渐降低 U_g，记录 U_g 和 n 于表1-11中，即可测出闭环控制特性 $n = f(U_g)$。

表1-11　记录 n 与 U_g 的值

$n/(\text{r/min})$							
U_g/V							

根据实验数据，画出闭环控制特性曲线 $n = f(U_g)$。

5. 系统动态特性的观察

用慢扫描示波器观察动态波形。在不同的系统参数下（"调节器Ⅰ"的增益和积分电容、"调节器Ⅱ"的增益和积分电容、"转速变换"的滤波电容），用示波器观察、记录下列动态波形。

① 突加给定 U_g，电动机启动时的电枢电流 I_d（"电流反馈与过流保护"的"2"端）波形和转速 n（"转速变换"的"3"端）波形。

② 突加额定负载（$20\%I_N \Rightarrow 100\%I_N$）时电动机电枢电流波形和转速波形。

③ 突降负载（$100\%I_N \Rightarrow 20\%I_N$）时电动机的电枢电流波形和转速波形。

检查评价

1. 工作过程遇到的问题及处理方法：....................................

....

....

2. 评价

自评：□优秀　□良好　□合格

同组人员评价：□优秀　□良好　□合格

教师评价：□优秀　□良好　□合格

3. 工作建议：..

....

....

任务 1.5　可逆调速系统调试

【任务描述】

有许多生产机械要求电动机既能正转，又能反转，而且常常还需要快速地启动和制动，这就需要电力拖动系统具有四象限运行的特性，也就是说，需要可逆的调速系统。

改变电枢电压的极性，或者改变励磁磁通的方向，都能够改变直流电动机的旋转方向，这本来是很简单的事。然而当电动机采用电力电子装置供电时，由于电力电子器件的单向导电性，问题就变得复杂起来了，需要专用的可逆电力电子装置和自动控制系统。

【相关知识】

1.5.1　两组晶闸管装置反并联线路与可逆 V-M 系统的四象限运行

较大功率的可逆直流调速系统多采用晶闸管-电动机系统。由于晶闸管的单向导电性，需要可逆运行时经常采用两组晶闸管可控整流装置反并联的可逆线路，如图 1-40 所示。

1-10 两组晶闸管反并可逆调速系统

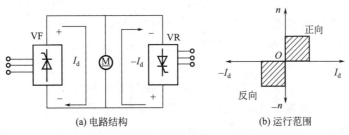

(a) 电路结构　　　　(b) 运行范围

图 1-40　两组晶闸管可控整流装置反并联可逆线路

两组晶闸管装置可逆运行模式，电动机正转时，由正组晶闸管装置 VF 供电；反转时，由反组晶闸管装置 VR 供电。两组晶闸管分别由两套触发装置控制，都能灵活地控制电动机的启动、制动和升速、降速。但是，不允许让两组晶闸管同时处于整流状态，否则将造成电源短路，因此对控制电路提出了严格的要求。

(1) 晶闸管装置的整流和逆变状态

逆变就是把直流电转变成交流电，是整流的逆过程。在两组晶闸管反并联线路的 V-M 系统中，晶闸管装置可以工作在整流或有源逆变状态。在电流连续的条件下，晶闸管装置的平均理想空载输出电压为

$$U_{d0} = \frac{m}{\pi} U_m \sin \frac{\pi}{m} \cos\alpha = U_{d0max} \cos\alpha \qquad (1-35)$$

当控制角 $\alpha < 90°$ 时，晶闸管装置处于整流状态；当控制角 $\alpha > 90°$ 时，晶闸管装置处于逆变状态。因此在整流状态中，U_{d0} 为正值；在逆变状态中，U_{d0} 为负值。为了方便起见，定义逆变角 $\beta = 180° - \alpha$，则逆变电压公式可改写为

$$U_{d0} = -U_{d0\max}\cos\beta \tag{1-36}$$

（2）单组晶闸管装置的有源逆变

单组晶闸管装置供电的 V-M 系统在拖动起重机类型的负载时也可能出现整流和有源逆变状态，如图 1-41 所示。

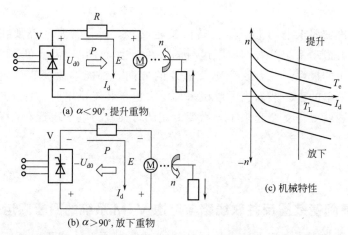

(a) $\alpha<90°$, 提升重物

(b) $\alpha>90°$, 放下重物

(c) 机械特性

图 1-41　单组 V-M 系统带起重机类型负载时的整流和逆变状态

在图 1-41(a) 中，当 $\alpha<90°$时，平均整流电压 U_d 为正，且理想空载值 $U_{d0}>E$（为电动机反电动势），所以输出整流电流 I_d，使电动机产生电磁转矩 T_e 做电动运行，提升重物。这时电能从交流电网经晶闸管装置 V 传送给电动机，V 处于整流状态，V-M 系统运行于第一象限，见图 1-41(c)。

在图 1-41(b) 中，当 $\alpha>90°$时，U_d 为负，晶闸管装置本身不能输出电流，电动机不能产生转矩提升重物，只有靠重物本身的重量下降，迫使电动机反转，感生反向的电动势 $-E$，图中标明了它的极性。当 $|E|>|U_{d0}|$ 时，可以产生与图 1-40(a) 中同方向的电流，因而产生与提升重物同方向的转矩，起制动作用，阻止重物下得太快。这时电动机处于带位能性负载反转制动状态，成为受重物拖动的发电机，将重物的位能转化为电能，通过晶闸管装置 V 回馈给电网，V 则工作于逆变状态，V-M 系统运行于第四象限，见图 1-41(c)。

（3）两组晶闸管装置反并联的整流和逆变

两组晶闸管装置反并联可逆线路的整流和逆变状态原理与此相同，只是出现逆变状态的具体条件不一样。现以正组晶闸管装置整流和反组晶闸管装置逆变为例，说明两组晶闸管装置反并联可逆线路的工作原理，如图 1-42 所示。

正组晶闸管装置 VF 给电动机供电，VF 处于整流状态，输出理想空载电压 U_{d0f}，极性如图 1-42(a) 所示，电动机从电网输入能量做电动运行，V-M 系统工作在第一象限，如图 1-42(c) 所示，和上述图 1-41(a) 的整流状态完全一样。当电动机需要回馈制动时，由于电动机反电动势的极性未变，要回馈电能必须产生反向电流，而反向电流是不可能通过 VF 流通的。这时，可以利用控制电路切换到反组晶闸管装置 VR，并使它工作在逆变状态，产生图 1-42(b) 中所示极性的逆变电压 U_{d0r}，当 $E>|U_{d0r}|$ 时，反向电流 $-I_d$ 便通过 VR 流通，电动机输出电能实现回馈制动，V-M 系统工作在第二象限，如图 1-42(c) 所示，和图 1-41 中的逆变就不一样了。

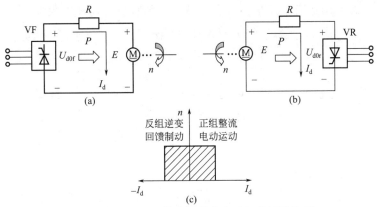

图 1-42　正组晶闸管装置整流和反组晶闸管装置

（4）V-M 系统的四象限运行

在可逆调速系统中，正转运行时可利用反组晶闸管实现回馈制动，反转运行时同样可以利用正组晶闸管实现回馈制动。这样，采用两组晶闸管装置的反并联，就可实现电动机的四象限运行。

归纳起来，可将可逆线路正反转时晶闸管装置和电动机的工作状态列于表 1-12 中。

表 1-12　V-M 系统反并联可逆线路的工作状态

项目	V-M 系统的工作状态			
	正向运行	正向制动	反向运行	反向制动
电枢端电压极性	+	+	—	—
电枢电流极性	+	—	—	+
电动机旋转方向	+	+	—	—
电动机运行状态	电动	回馈发电	电动	回馈发电
晶闸管工作的组别和状态	正组整流	反组逆变	反组整流	正组逆变
机械特性所在象限	一	二	三	四

即使是不可逆的调速系统，只要是需要快速的回馈制动，常常也采用两组反并联的晶闸管装置，由正组提供电动机运行所需的整流供电，反组只提供逆变制动。这时，两组晶闸管装置的容量大小可以不同，反组只在短时间内给电动机提供制动电流，并不提供稳态运行的电流，实际采用的容量可以小一些。

1.5.2　α = β 配合控制的有环流可逆 V-M 系统

采用两组晶闸管反并联的可逆 V-M 系统解决了电动机的正、反转运行和回馈制动问题，但是，如果两组装置的整流电压同时出现，便会产生不流过负载而直接在两组晶闸管之间流通的短路电流，称作环流。

在两组晶闸管反并联的可逆 V-M 系统中，如果让正组 VF 和反组 VR 都处于整流状态，两组的直流平均电压正负相连，必然产生较大的直流平均环流。为了防止直流平均环流的产生，需要采取必要的措施，比如：采用封锁触发脉冲的方法，在任何时候，只允许一组晶闸管装置工作；采用配合控制的策略，使一组晶闸管装置工作在整流状态，另一组

则工作在逆变状态。用逆变电压把整流电压顶住，则直流平均环流为零，于是有

$$U_{d0r} = -U_{d0f} \tag{1-37}$$

$$U_{d0f} = U_{d0max} \cos\alpha_f \tag{1-38}$$

$$U_{d0r} = U_{d0max} \cos\alpha_r \tag{1-39}$$

其中，α_f 和 α_r 分别为 VF 和 VR 的控制角。由于两组晶闸管装置相同，两组的最大输出电压 U_{d0max} 是一样的，因此，当直流平均环流为零时，应有

$$\cos\alpha_r = -\cos\alpha_f$$

或

$$\alpha_r + \alpha_f = 180° \tag{1-40}$$

如果反组的控制用逆变角 β_r 表示，则

$$\alpha_f = \beta_r \tag{1-41}$$

由此可见，按照式（1-41）来控制就可以消除直流平均环流，这称作 $\alpha = \beta$ 配合控制。为了更可靠地消除直流平均环流，可采用 $\alpha_f \geqslant \beta_r$。

$\alpha = \beta$ 配合控制的有环流可逆直流调速系统如图 1-43 所示。主电路采用两组三相桥式晶闸管装置反并联的可逆线路，控制电路采用典型的转速、电流双闭环系统。转速调节器 ASR 控制转速，设置双向输出限幅电路，以限制最大启制动电流；电流调节器 ACR 控制电流，设置双向输出限幅电路，以限制最小控制角 α_{min} 与最小逆变角 β_{min}。根据可逆系统正反向运行的需要，给定电压、转速反馈电压、电流反馈电压都应该能够反映正和负的极性。由于电流反馈应能否反映极性是需要注意的，因此图中的电流互感器需采用直流电流互感器或霍尔变换器，以满足这一要求。

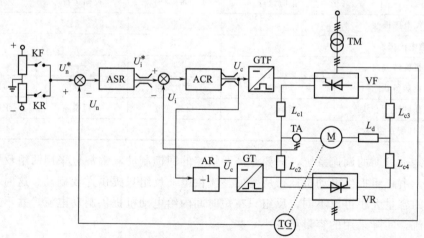

图 1-43 $\alpha = \beta$ 配合控制的有环流可逆 V-M 系统原理框图

采用 $\alpha = \beta$ 配合控制已经消除了直流平均环流，但是，由于晶闸管装置的输出电压是脉动的，造成整流与逆变电压波形上的差异，仍会出现瞬时电压的情况，从而仍能产生瞬时的脉动环流。这个瞬时脉动环流是自然存在的，因此 $\alpha = \beta$ 配合控制有环流可逆系统又称作自然环流系统。瞬时电压差和瞬时脉动环流的大小因控制角的不同而异。

直流平均环流可以用配合控制消除，而瞬时脉动环流却是自然存在的。为了抑制瞬时脉动环流，可在环流回路中串入电抗器，叫作环流电抗器，或称均衡电抗器，环流电抗的大小可以按照把瞬时环流的直流分量限制在负载额定电流的 5%～10% 来设计。

【任务工单】

工作任务单			编号:1-5
工作任务	可逆调速系统调试	建议学时	2
班级		学员姓名		工作日期	
任务目标	1. 了解可逆直流调速系统的原理和组成; 2. 掌握各控制单元的原理、作用及调试方法; 3. 掌握可逆直流调速系统的调试步骤和方法; 4. 了解可逆直流调速系统的静态特性和动态特性。
工作设备 及材料	1. DJDK-1型电力电子技术及电机控制实训装置; 2. DJK02、DJK02-1、DJK04、DJK04-1、DJK08等挂箱; 3. 双踪示波器; 4. 万用表; 5. 导线。
任务要求	1. 会看图进行正确的线路连接; 2. 会正确使用万用表; 3. 会正确选择及使用电压表、电流表; 4. 会分析调节器Ⅰ、调节器Ⅱ参数变化对系统动态过程的影响; 5. 会分析电动机从正转切换到反转过程中,电动机经历的工作状态、系统能量转换情况。
提交成果	1. 工作总结; 2. 操作记录; 3. 排故记录。
小组成员 任务分工	项目负责人全面负责任务分配、组员协调,使小组成员分工明确,并在教师的指导下完成以下任务:总方案设计、系统安装、工具管理、任务记录、环境与安全等。
学习信息	1. 熟悉采用单组晶闸管装置供电的V-M系统在整流和逆变状态下的机械特性,并分析这种机械特性适合于何种性质的负载。 2. 熟悉配合控制的有环流可逆系统反向启动和制动的过程。分析各参变量的动态波形,并说明在每个阶段中ASR和ACR各起什么作用? VF和VR各处于什么状态?
工作过程	1. DJK02和DJK02-1上的"触发电路"调试 ① 打开DJK01总电源开关,操作"电源控制屏"上的"三相电网电压指示"开关,观察输入的三相电网电压是否平衡。 ② 将DJK01"电源控制屏"上"调速电源选择开关"拨至"直流调速"侧。 ③ 用10芯的扁平电缆,将DJK02的"三相同步信号输出"端和DJK02-1"三相同步信号输入"端相连,打开DJK02-1电源开关,拨动"触发脉冲指示"钮子开关,使"窄"的发光管亮。 ④ 观察A、B、C三相的锯齿波,并调节A、B、C三相锯齿波斜率调节电位器(在各观测孔左侧),使三相锯齿波斜率尽可能一致。 ⑤ 将DJK04上的"给定"输出U_g直接与DJK02-1上的移相控制电压U_{ct}相接,将给定开关S2拨到接地位置(即$U_{ct}=0$),调节DJK02-1上的偏移电压电位器,用双踪示波器

| 工作过程 | 观察 A 相同步电压信号和"双脉冲观察孔"VT1 的输出波形，使 $\alpha=150°$（注意：此处的 α 表示三相晶闸管电路中的移相角，它的 0° 是从自然换流点开始计算的，而单相晶闸管电路的 0° 移相角表示从同步信号过零点开始计算的，两者存在相位差，前者比后者滞后 30°）。

⑥ 适当增加给定 U_g 的正电压输出，观测 DJK02-1 上"脉冲观察孔"的波形，此时应观测到单窄脉冲和双窄脉冲。

⑦ 用 8 芯的扁平电缆，将 DJK02-1 面板上"触发脉冲输出"和"触发脉冲输入"相连，使得触发脉冲加到正反桥功放的输入端。

⑧ 将 DJK02-1 面板上的 U_{lf} 接地，用 20 芯的扁平电缆，将 DJK02-1 的"正、反桥触发脉冲输出"端和 DJK02"正、反桥触发脉冲输入"端相连，分别将 DJK02 正桥和反桥触发脉冲的六个开关拨至"通"，观察正桥 VT1～VT6 和反桥 VT1′～VT6′的晶闸管的门极和阴极之间的触发脉冲是否正常。

2. 控制单元调试

① 移相控制电压 U_{ct} 调节范围的确定。直接将 DJK04"给定"电压 U_g 接入 DJK02-1 移相控制电压 U_{ct} 的输入端，"三相全控整流"输出接电阻负载 R，用示波器观察 U_d 的波形。当给定电压 U_g 由零调大时，U_d 将随给定电压的增大而增大，当 U_g 超过某一数值时，此时 U_d 接近为输出最高电压值 U_d'，一般可确定"三相全控整流"输出允许范围的最大值为 $U_{dmax}=0.9U_d'$，调节 U_g 使得"三相全控整流"输出等于 U_{dmax}，此时将对应的 U_g' 的电压值记录下来，$U_{ctmax}=U_g'$，即 U_g 的允许调节范围为 $0～U_{ctmax}$。如果我们把输出限幅定为 U_{ctmax} 的话，则"三相全控整流"输出范围就被限定，不会工作到极限值状态，保证六个晶闸管可靠工作。记录 U_d' 于表 1-13 中。

表 1-13　U_d' 记录

U_d'	
$U_{dmax}=0.9U_d'$	
$U_{ctmax}=U_g'$	

将给定退到零，再按"停止"按钮，结束步骤。

② 调节器的调零。将 DJK04 中"调节器Ⅰ"所有输入端接地，再将 DJK08 中的可调电阻 120K 接到"调节器Ⅰ"的"4""5"两端，用导线将"5""6"短接，使"调节器Ⅰ"成为 P（比例）调节器。用万用表的毫伏挡测量调节器Ⅱ"7"端的输出，调节面板上的调零电位器 RP3，使之输出电压尽可能接近于零。

将 DJK04 中"调节器Ⅱ"所有输入端接地，再将 DJK08 中的可调电阻 13K 接到"调节器Ⅱ"的"8""9"两端，用导线将"9""10"短接，使"调节器Ⅱ"成为 P（比例）调节器。用万用表的毫伏挡测量调节器Ⅱ的"11"端，调节面板上的调零电位器 RP3，使之输出电压尽可能接近于零。

③ 调节器正、负限幅值的调整。把"调节器Ⅰ"的"5""6"短接线去掉，将 DJK08 中的可调电容 0.47μF 接入"5""6"两端，使调节器成为 PI（比例积分）调节器，再将"调节器Ⅰ"的所有输入端的接地线去掉，将 DJK04 的给定输出端接到调节器Ⅰ的"3"端，当加 +5V 的正给定电压时，调整负限幅电位器 RP2，使之输出电压为 −6V；当调节器输入端加 −5V 的负给定电压时，调整正限幅电位器 RP1，使之输出电压为 +6V。

把"调节器Ⅱ"的"9""10"短接线去掉，将 DJK08 中的可调电容 0.47μF 接入"9""10"两端，使调节器成为 PI（比例积分）调节器，将"调节器Ⅱ"的所有输入端的接地线去掉，将 DJK04 的给定输出端接到调节器Ⅱ的"4"端。当加 +5V 的正给定电压时，调整负限幅电位器 RP2，使之输出电压尽可能接近于零；当调节器输入端加 −5V 的负给定电压时，调整正限幅电位器 RP1，使调节器的输出正限幅为 U_{ctmax}。 |

续表

④ "转矩极性鉴别"的调试。"转矩极性鉴别"的输出有下列要求：

电动机正转,输出 U_M 为"1"态;电动机反转,输出 U_M 为"0"态。

将 DJK04 中的给定输出端接至 DJK04-1 的"转矩极性鉴别"的输入端,同时在输入端接上万用表以监视输入电压的大小,示波器探头接至"转矩极性鉴别"的输出端,观察其输出高、低电平的变化。

⑤ "零电平检测"的调试。其输出应有下列要求：

主回路电流接近零,输出 U_I 为"1"态;主回路有电流,输出 U_I 为"0"态。

其调整方法与"转矩极性鉴别"的调整方法相同。

⑥ "反号器"的调试。

a. 调零(在出厂前反号器已调零,如果零漂比较大的话,用户可自行将挂件打开调零),将反号器输入端"1"接地,用万用表的毫伏挡测量"2"端,观察输出是否为零,如果不为零,则调节线路板上的电位器使之为最小值。

b. 测定输入输出的比例,将反号器输入端"1"接"给定",调节"给定"输出为 5V 电压,用万用表测量"2"端,输出是否等于 $-5V$ 电压,如果两者不等,则通过调节 RP1 使输出等于负的输入。再调节"给定"电压使输出为 $-5V$ 电压,观测反号器输出是否为 5V。

⑦ "逻辑控制"的调试。测试逻辑功能,列出真值表,真值表应符合表 1-14。

表 1-14 真值表

输入	U_M	1	1	0	0	0	1
	U_I	1	0	0	1	0	0
输出	$U_Z(U_{lf})$	0	0	0	1	1	1
	$U_F(U_{lr})$	1	1	1	0	0	0

调试方法：

a. 首先将"零电平检测""转矩极性鉴别"调节到位,符合其特性曲线。给定接"转矩极性鉴别"的输入端,输出端接"逻辑控制"的 U_m。"零电平检测"的输出端接"逻辑控制"的 U_I,输入端接地。

b. 将给定的 RP1、RP2 电位器顺时针转到底,将 S2 打到运行侧。

c. 将 S1 打到正给定侧,用万用表测量"逻辑控制"的"3""6"和"4""7"端,"3""6"端输出应为高电平,"4""7"端输出应为低电平,此时将 DJK04 中给定部分 S1 开关从正给定打到负给定侧,则"3""6"端输出从高电平跳变为低电平,"4""7"端输出也从低电平跳变为高电平。在跳变的过程中的"5",此时用示波器观测应出现脉冲信号。

d. 将"零电平检测"的输入端接高电平,此时将 DJK04 中给定部分 S1 开关来回扳动,"逻辑控制"的输出应无变化。

⑧ 转速反馈系数 α 和电流反馈系数 β 的整定。直接将给定电压 U_g 接入 DJK02-1 上的移相控制电压 U_{ct} 的输入端,整流桥接电阻负载,测量负载电流和电流反馈电压,调节"电流反馈与过流保护"上的电流反馈电位器 RP1,使得负载电流 $I_d = 1.3A$ 时,"电流反馈与过流保护"的"2"端电流反馈电压 $U_i = 6V$,这时的电流反馈系数 $\beta = U_i/I_d = 4.615V/A$。

直接将"给定"电压 U_g 接入 DJK02-1 移相控制电压 U_{ct} 的输入端,"三相全控整流"电路接直流电动机作负载,测量直流电动机的转速和转速反馈电压值,调节"转速变换"上的转速反馈电位器 RP1,使得 $n = 1500r/min$ 时,转速反馈电压 $U_n = -6V$,这时的转速反馈系数 $\alpha = U_n/n = 0.004V/(r/min)$。

工作过程

3. 系统调试

　　根据图 1-44 接线，组成逻辑无环流可逆直流调速实验系统，首先将控制电路接成开环（即 DJK02-1 的移相控制电压 U_{ct} 由 DJK04 的"给定"直接提供），要注意的是 U_{lf}、U_{lr} 不可同时接地，因为正桥和反桥首尾相连，加上给定电压时，正桥和反桥的整流电路会同时开始工作，造成两个整流电路直接发生短路，电流迅速增大，要么 DJK04 上的过流保护报警跳闸，要么烧毁保护晶闸管的保险丝，甚至还有可能会烧坏晶闸管。所以较好的方法是对正桥和反桥分别进行测试：先将 DJK02-1 的 U_{lf} 接地，U_{lr} 悬空，慢慢增加 DJK04 的"给定"值，使电机开始提速，观测"三相全控整流"的输出电压是否能达到 250V 左右（注意：这段时间一定要短，以防止电动机转速过高导致电刷损坏）；正桥测试好后将 DJK02-1 的 U_{lr} 接地，U_{lf} 悬空，同样慢慢增加 DJK04 的给定电压值，使电机开始提速，观测整流桥的输出电压是否能达到 250V 左右。

工作过程

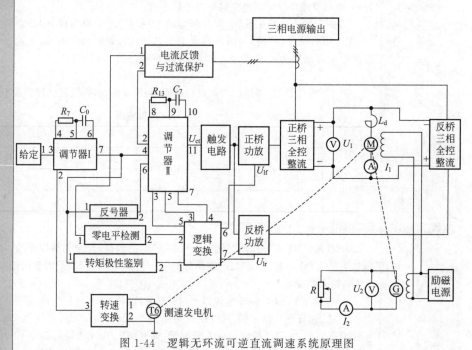

图 1-44　逻辑无环流可逆直流调速系统原理图

　　开环测试好后，开始测试双闭环，U_{lf} 和 U_{lr} 同样不可同时接地。DJK02-1 的移相控制电压 U_{ct} 由 DJK04"调节器Ⅱ"的"11"端提供，先将 DJK02-1 的 U_{lf} 接地，U_{lr} 悬空，慢慢增加 DJK04 的给定电压值，观测电动机是否受控制（速度随给定的电压变化而变化）。正桥测试好，将 DJK02-1 的 U_{lr} 接地，U_{lf} 悬空，观测电动机是否受控制（注意：转速反馈的极性必须互换一下，否则造成速度正反馈，电动机会失控）。开环和闭环中正反两桥都测试好后，就可以开始逻辑无环流的实验。

4. 机械特性 $n=f(I_d)$ 的测定

　　当系统正常运行后，改变给定电压，测出并记录当 n 分别为 1200r/min、800r/min 时的正、反转机械特性 $n=f(I_d)$，方法与双闭环实验相同。实验时，将发电机的负载 R 逐渐增加（减小电阻 R 的阻值），使电动机负载从轻载增加到直流并励电动机的额定负载 $I_d=1.1A$。记录实验数据于表 1-15 中。

表 1-15 实验数据记录(机械特性)

正转	$n/(\text{r/min})$	1200						
	I_d/A							
	$n/(\text{r/min})$	800						
	I_d/A							
反转	$n/(\text{r/min})$	1200						
	I_d/A							
	$n/(\text{r/min})$	800						
	I_d/A							

5. 闭环控制特性 $n=f(U_g)$ 的测定

从正转开始逐步增加正给定电压,记录实验数据;从反转开始逐步增加负给定电压,记录实验数据。结果记录于表 1-16 中。

表 1-16 实验数据记录(闭环控制特性)

正转	$n/(\text{r/min})$						
	U_g/V						
反转	$n/(\text{r/min})$						
	U_g/V						

工作过程

6. 系统动态波形的观察

用双踪慢扫描示波器观察电动机电枢电流 I_d 和转速 n 的动态波形,两个探头分别接至"电流反馈与过流保护"的"2"端和"转速变换"的"3"端。

① 给定值阶跃变化(正向启动→正向停车→反向启动→反向切换到正向→正向切换到反向→反向停车)时,观察 I_d、n 的动态波形。

② 改变调节器 I 和调节器 II 的参数,观察动态波形的变化。

7. 曲线绘制

① 根据测试结果,画出正、反转闭环控制特性曲线 $n=f(U_g)$。

工作过程	② 根据测试结果，画出两种转速时的正、反转闭环机械特性 $n=f(I_{\mathrm{d}})$，并计算静差率。
检查评价	1. 工作过程遇到的问题及处理方法： 2. 评价 自评：□优秀　□良好　□合格 同组人员评价：□优秀　□良好　□合格 教师评价：□优秀　□良好　□合格 3. 工作建议：

任务 1.6　脉宽调制 (PWM)调速控制系统调试

【任务描述】

与 V-M 系统相比，PWM 系统在很多方面具有较大的优越性：①主电路线路简单，需要的功率元件少；②开关频率高，电流容易连续，谐波少，电动机损耗和发热都较小；③低速性能好，稳速精度高，调速范围宽；④系统频带宽，快速响应性能好，动态抗干扰能力强；⑤主电路元件工作在开关状态，导通损耗小，装置效率高；⑥直流电源采用不控三相整流时，电网功率因数高。

脉宽调速系统和 V-M 系统之间的主要区别在于主电路和 PWM 控制电路，至于闭环系统以及静、动态分析和设计，基本上都是一样的，不必重复讨论。因此，本节仅就 PWM 调速系统的几个特有问题进行简单介绍和讨论。

【相关知识】

1.6.1　脉宽调制变换器

脉宽调速系统的主要电路采用脉宽调制式变换器，简称 PWM 变换器。PWM 变换器有不可逆和可逆两类，可逆变换器又有双极式、单极式和受限单极式等多种电路。

(1) 不可逆 PWM 变换器

不可逆 PWM 变换器分为无制动作用和有制动作用两种。图 1-45(a) 所示为无制动作用的简单不可逆 PWM 变换器主电路原理图，其开关器件采用全控型的电力电子器件（图中为电力晶体管，也可以是 MOSFET 或 IGBT 等）。电源电压 U_s 一般由交流电网经不可控整流电路提供。电容 C 的作用是滤波，二极管 VD 在电力晶体管 VT 关断时为电动机电枢回路提供释放电能的续流回路。

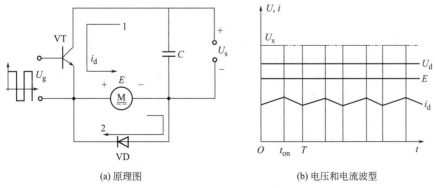

(a) 原理图　　　　　　　　　(b) 电压和电流波型

图 1-45　简单的不可逆 PWM 变换器电路

电力晶体管 VT 的基极由频率为 f，脉冲宽度可调的脉冲电压 U_g 驱动。在一个开关

周期 T 内，当 $0 \leqslant t < t_{\text{on}}$ 时，U_g 为正，VT 饱和导通，电源电压通过 VT 加到电动机电枢两端；当 $t_{\text{on}} \leqslant t \leqslant T$ 时，U_g 为负，VT 截止，电枢失去电源，经二极管 VD 续流。电动机电枢两端的平均电压为

$$U_{\text{d}} = \frac{t_{\text{on}}}{T} U_{\text{s}} = \rho U_{\text{s}} \tag{1-42}$$

式中，$\rho = U_{\text{d}}/U_{\text{s}} = t_{\text{on}}/T$ 为 PWM 电压的占空比，又称负载电压系数。ρ 的变化范围在 $0 \sim 1$ 之间，改变 ρ 即可实现对电动机转速的调节。若令 $\gamma = U_{\text{d}}/U_{\text{s}}$ 为 PWM 电压系数，则不可逆 PWM 变换器 $\gamma = \rho$。

图 1-45(b)绘出了稳态时电动机电枢平均电压 U_{d} 和电枢电流 i_{d} 的波形。由图可见，电流 i_{d} 是脉动的。

PWM 调速系统的开关频率都较高，至少是 $1 \sim 4\text{kHz}$，因此电流的脉动幅值不会很大，再影响到转速 n 和反电动势 E 的波动就更小，在分析时可以忽略不计，视 n 和 E 为恒值。

这种简单不可逆 PWM 电路中电动机的电枢电流 i_{d} 不能反向，因此系统没有制动作用，只能做单向限运行，这种电路又称为"受限式"不可逆 PWM 电路。这种 PWM 调速系统，空载或轻载下可能出现电流断续现象，系统的静、动态性能均较差。

图 1-46(a)所示为具有制动作用的不可逆 PWM 变换电路，该电路设置了两个电力晶

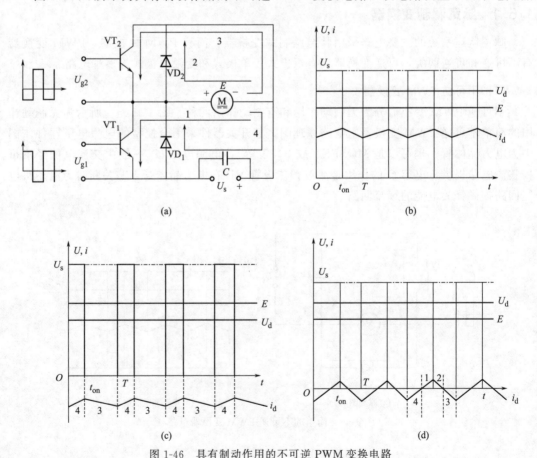

图 1-46 具有制动作用的不可逆 PWM 变换电路

体管 VT_1 和 VT_2，形成两者交替开关的电路，提供了反向电流 $-i_d$ 的通路。这种电路组成的 PWM 调速系统可在第Ⅰ、Ⅱ两个象限中运行。

VT_1 和 VT_2 的基极驱动信号电压大小相等，极性相反，即 $U_{g1} = -U_{g2}$。当电动机工作在电动状态时，在一个周期内平均电流就为正值，电流 i_d 分为两段变化。在 $0 \leqslant t < t_{on}$ 期间，U_{g1} 为正，VT_1 饱和导通；U_{g2} 为负，VT_2 截止。此时，电源电压 U_s 加到电动机电枢两端，电流 i_d 沿图中的回路 1 流通。在 $t_{on} \leqslant t < T$ 期间，U_{g1} 和 U_{g2} 改变极性，VT_1 截止，原方向的电流 i_d 沿回路 2 经二极管 VD_2 续流，在 VD_2 两端产生的压降给 VT_2 施加反压，使 VT_2 不可能导通。因此，电动机工作在电动状态时，一般情况下实际上是电力晶体管 VT_1 和续流二极管 VD_2 交替导通，而 VT_2 则始终不导通，其电压、电流波形如图 1-46(b) 所示，与图 1-45 没有 VT_2 的情况完全一样。

如果电动机在电动运行中要降低转速，可将控制电压减小，使 U_{g1} 的正脉冲变窄，负脉冲变宽，从而使电动机电枢两端的平均电压 U_d 降低。但是由于惯性，电动机的转速 n 和反电动势 E 来不及立刻变化，因而出现 $U_d < E$ 的情况。这时电力晶体管 VT_2 能在电动机制动中起作用。在 $t_{on} \leqslant t < T$ 期间，VT_2 在正的 U_{g2} 和反电动势 E 的作用下饱和导通，由 $E - U_d$ 产生的反向电流 $-i_d$ 沿回路 3 通过 VT_2 流通，产生能耗制动，一部分能量消耗在回路电阻上，一部分转化为磁场能存储在回路电感中，直到 $t = T$ 为止。在 $0 \leqslant t < t_{on}$ 期间，因 U_{g2} 变负，VT_2 截止，$-i_d$ 只能沿回路 4 经二极管 VD_1 续流，对电源回馈制动，同时在 VD_1 上产生的压降使 VT_1 承受反压而不能导通。在整个制动状态中，VT_2 和 VD_1 轮流导通，VT_1 始终截止，此时电动机处于发电状态，电压和电流波形见图 1-46(c)。反向电流的制动作用使电动机转速下降，直到新的稳态。最后，应该指出，当直流电源采用不可控的半导体整流装置时，在回馈制动阶段电能不可能通过它送回电网，只能对滤波电容器充电而造成瞬时的电压升高，称作"泵升电压"，必须采取措施加以限制，以免损坏电力晶体管和整流二极管。

这种电路构成的调速系统还存在一种特殊情况，即在电动机的轻载电动状态中，负载电流很小，在 VT_1 关断后（即 $t_{on} \leqslant t < T$ 期间）沿回路 2 经 VD_2 的续流电流 i_d 很快衰减到零，如图 1-46(d) 中的 $t_{on} \sim T$ 期间的 2 时刻。这时 VD_2 两端的压降也降为零，而此时由于 U_{g2} 为正，使没有了反向电压的 VT_2 得以导通，反电动势 E 经 VT_2 沿回路 3 流过反向电流 i_d，产生局部时间的能耗制动作用。到了 $0 \leqslant t < t_{on}$ 期间，VT_2 关断，$-i_d$ 又沿回路 4 经 VD_1 续流，到 $t = t_4$ 时，$-i_d$ 衰减到零，VT_1 在 U_{g1} 作用下因不存在反压而导通，电枢电流再次改变方向为 i_d 沿回路 1 经 VT_1 流通。在一个开关周期内，VT_1、VD_1、VT_2、VD_2 四个电力电子开关器件轮流导通，其电流波形见图 1-46(d)。

综上所述，具有制动作用的不可逆 PWM 变换器构成的调速系统，电动机电枢回路中的电流始终是连续的。而且，由于电流可以反向，系统可以实现二象限运行，有较好的静、动态性能。

(2) 可逆 PWM 变换器

可逆 PWM 变换器主电路的结构形式有 T 型和 H 型两种，其基本电路如图 1-47 所示，图 1-47(a) 为 T 型 PWM 变换器电路，图 1-47(b) 为 H 型 PWM 变换器电路。

T 型电路由两个可控电力电子器件和与两个续流二极管组成，所用元件少，线路简单，构成系统时便于引出反馈，适用于作为电压低于 50V 的电动机的可控电压源；但是 T 型电路需要正负对称的双极性直流电源，电路中的电力电子器件要求承受两倍的电源电压，在相同的直流电源电压下，其输出电压的幅值为 H 型电路的一半。H 型电路是实际上广泛应用的可逆 PWM 变换器电路，它是由四个可控电力电子器件（以下以电力晶体管为例）和四个续流二极管组成的桥式电路，这种电路只需要单极性电源，所需电力电子器件的耐压相对较低。

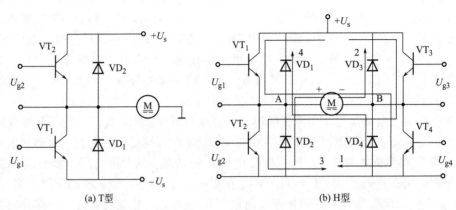

(a) T型   (b) H型

图 1-47　可逆 PWM 变换器电路

　　H 型变换器电路在控制方式上分为双极式、单极式和受限单极式三种。以下具体介绍前两种。

　　① 双极式可逆 PWM 变换器　双极式可逆 PWM 变换器的主电路如图 1-47（b）所示。四个电力晶体管分为两组，VT_1 和 VT_4 为一组，VT_2 和 VT_3 为一组。同一组中两个电力晶体管的基极驱动电压波形相同，即 $U_{g1}=U_{g4}$，VT_1 和 VT_4 同时导通和关断；$U_{g2}=U_{g3}$，VT_2 和 VT_3 同时导通和关断。而且 U_{g1}、U_{g4} 和 U_{g2}、U_{g3} 相位相反，在一个开关周期内 VT_1、VT_4 和 VT_2、VT_3 两组晶体管交替地导通和关断，变换器输出电压 U_{AB} 在一个周期内有正负极性变化，这是双极式 PWM 变换器的特征，也是"双极性"名称的由来。

　　由于电压 U_{AB} 极性的变化，使得电枢回路电流的变化存在两种情况，其电压、电流波形如图 1-48 所示。

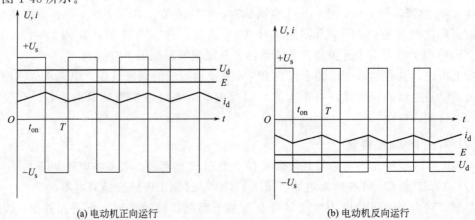

(a) 电动机正向运行   (b) 电动机反向运行

图 1-48　双极式 PWM 变换器电压和电流波形

电动机正向运行时，在 $0 \leqslant t < t_{on}$ 时，U_{g1} 和 U_{g4} 为正，VT_1 和 VT_4 饱和导通；而 U_{g2} 和 U_{g3} 为负，VT_2 和 VT_3 截止。这时，$+U_s$ 加在电枢 AB 两端，$U_{AB} = +U_s$，电枢电流 i_d 沿回路 1 流通 [见图 1-47(b)]，电动机处于电动状态。在 $t_{on} \leqslant t < T$ 时，U_{g1} 和 U_{g4} 为负，VT_1 和 VT_4 截止；U_{g2} 和 U_{g3} 为正，在电枢电感释放储能的作用下，电枢电流经二极管 VD_2 和 VD_3 续流，在 VD_2 和 VD_3 上的正向压降使 VT_2 和 VT_3 承受反压而不能导通，$U_{AB} = -U_s$，电枢电流 i_d 沿回路 2 流通，电动机仍处于电动状态。有关参量波形图示于图 1-48(a)。

电动机反向运行时，在 $0 \leqslant t < t_{on}$ 期间，U_{g2} 和 U_{g3} 为负，VT_2、VT_3 截止，VD_1、VD_4 续流，并钳位使 VT_1、VT_4 截止，电流 $-i_d$ 沿回路 4 流通，电动机 M 两端电压 $U_{AB} = +U_s$；在 $t_{on} \leqslant t \leqslant T$ 期间，U_{g2}、U_{g3} 为正，VT_2、VT_3 导通，U_{g1}、U_{g4} 为负，使 VT_1、VT_4 保持截止，电流 $-i_d$ 沿回路 3 流通，电动机 M 两端电压 $U_{AB} = -U_s$。有关参量的波形图示于图 1-48(b)。

双极式可逆 PWM 变换器电动机电枢两端的平均电压为

$$U_d = \frac{t_{on}}{T} U_s - \frac{T - t_{on}}{T} U_s = \left(\frac{2t_{on}}{T} - 1 \right) U_s \tag{1-43}$$

若仍以 $\rho = U_d / U_s$ 来定义 PWM 电压的占空比，则双极式 PWM 变换器的电压占空比为

$$\rho = \frac{U_d}{U_s} = \frac{2t_{on}}{T} - 1 \tag{1-44}$$

如果占空比和电压系数的定义与不可逆变换器中相同，则在双极式控制的可逆变换器中

$$\gamma = 2\rho - 1 \tag{1-45}$$

这里 γ 的计算公式与不可逆变换器中的公式就不一样了。

改变 ρ 即可调速，ρ 的变化范围为 $-1 \leqslant \rho \leqslant 1$。$\rho$ 为正值，电动机正转；ρ 为负值，电动机反转；$\rho = 0$，电动机停止运转。在 $\rho = 0$ 时，电动机虽然不动，但电枢两端的瞬时电压和流过电枢的瞬时电流都不为零，而是交变的。这个交变电流的平均值为零，不产生平均转矩，徒然增加了电动机的损耗，当然是不利的。但是这个交变电流使电动机产生高频微振，可以消除电动机正、反向切换时的静摩擦死区，起着所谓"动力润滑"的作用，有利于快速切换。双极式可逆 PWM 变换器的优点是：电流一定连续，可以使电动机实现四象限运行；电动机停止时的微振交变电流可以消除静摩擦死区；低速时由于每个电力电子器件的驱动脉冲仍较宽而有利于可靠导通；低速平稳性好，可达到很宽的调速范围。双极式可逆 PWM 变换器存在如下缺点：在工作过程中，四个电力电子器件都处于开关状态，开关损耗大，而且容易发生上、下两只电力电子器件直通的事故，降低了设备的可靠性。

② 单极式可逆 PWM 变换器 单极式可逆 PWM 变换器和双极式变换器在电路构成上完全一样，不同之处在于驱动信号不一样。如图 1-47(b) 中，左边两个电力电子器件的驱动信号 $U_{g1} = -U_{g2}$，具有和双极式一样的正、负交替的脉冲波形，使 VT_1 和 VT_2 交替导通。右边两个器件 VT_3、VT_4 的驱动信号则按电动机的转向施加不同的控制信号：电动机正转时，使 U_{g3} 恒为负，U_{g4} 恒为正，VT_3 截止，VT_4 导通；电动机反转时，则使 U_{g3} 恒为正，U_{g4} 恒为负，VT_3 导通，VT_4 截止。这种驱动信号的变化显然会使不同阶段各电力电子器件的开关情况和电流流通的回路与双极式变换器相比有不同。当电动机负载较重

时，电流方向连续不变；负载较轻时，电流在一个开关周期内也会变向。

1.6.2　脉宽调速系统的控制电路

由全控型电力电子器件构成的 PWM 变换器是一种理想的直流功率变换装置，它省去了晶闸管变流器所需的换流电路，具有比晶闸管变流器更为优越的性能，PWM 直流调速系统在中小容量的高精度控制系统中得到了广泛的应用。PWM 变换器是调速系统的主电路，对已有的 PWM 波形的电压信号的产生、分配则是 PWM 变换器控制电路的功能，控制电路主要包括脉冲宽度调制器 UPW、调制波发生器 GM、逻辑延时环节 DLD 和电力电子器件的驱动保护电路 GD。

(1)　脉冲宽度调制器

脉冲宽度调制器是控制电路中最关键的部分，是一个电压-脉冲变换装置，用于产生 PWM 变换器所需的脉冲信号——PWM 波形电压信号。脉冲宽度调制器的输出脉冲宽度与控制电压 U_c 成正比，常用的脉冲宽度调制器有以下几种。

① 用锯齿波作调制信号的脉冲宽度调制器——锯齿波脉宽调制器；

② 用三角波作调制信号的三角波脉宽调制器；

③ 用多谐振荡器和单稳态角触发器组成的脉宽调制器；

④ 集成可调脉宽调制器和数字脉宽调制器。

(2)　调制波发生器

调制波发生器是脉宽调制器中信号的发源地，调制信号通常采用锯齿波或三角波，其频率是主电路所需要的开关频率。数字式脉冲宽度调制器则不需要专门的调制波发生器，直接由微处理器产生 PWM 电压信号。

(3)　逻辑延时环节

在 H 型可逆 PWM 变换器中，跨越在电源的上、下两个电力电子器件［见图 1-47 (b)］中的元件 VT_1 和 VT_2，VT_3 和 VT_4 经常交替工作。由于电力电子器件的动态过程中有一个关断时间 t_{off}，在这段时间内应当关断的元件并未完全关断。如果在此时间内与之相串联的另一个元件已经导通，则将造成上、下两个元件直通，从而使直流电源短路。为了避免这种情况，可以设置逻辑延时环节 DLD，保证在对一个元件发出关断信号后，延迟足够时间再发出对另一个元件的开通信号。由于电力电子的器件的导通时也存在开通时间 t_{on}，因此延迟时间通常大于元件的关断时间。

(4)　驱动保护电路

驱动电路的作用是将脉宽调制器输出的脉冲信号经过逻辑延时后，进行功率放大。驱动电路的具体要求亦有区别，因此，不同的电力电子器件其驱动电路也是不相同的。但是，无论什么样的电力电子器件，其驱动电路的设计都要考虑保护和隔离等问题。驱动电路的形式各种各样，根据主电路的结构与工作特点以及它和驱动电路的连接关系，可以有直接驱动和隔离驱动两种方式。设计一个适宜的驱动电路通常不是一件简单的事情，现在已有各种电力电子器件专用的驱动、保护集成电路，例如用来驱动电力晶体管的 UAA4002、用来驱动 IGBT 的 EXB 系列专用驱动集成电路 EXB840、EXB841、EXB850、EXB851 等。

1.6.3 直流脉宽调速系统的机械特性

严格地说，即使在稳态情况下，脉宽调速系统的转矩和转速也都是脉动的。所谓稳态，是指电动机的平均电磁转矩与负载转矩相平衡的状态，机械特性是平均转速与平均转矩（电流）的关系。

采用不同形式的 PWM 变换器，系统的机械特性也不一样。对于带制动电流通路的不可逆电路和双极式控制的可逆电路，电流的方向是可逆的，无论是重载还是轻载，电流波形都是连续的，因而机械特性关系式比较简单。

对于带制动电流通路的不可逆电路，电压平衡方程式分两个阶段：

$$U_s = Ri_d + L\frac{di_d}{dt} + E \qquad (0 \leqslant t < t_{on}) \tag{1-46}$$

$$0 = Ri_d + L\frac{di_d}{dt} + E \qquad (t_{on} \leqslant t < T) \tag{1-47}$$

式中 R、L——电枢电路的电阻和电感。

对于双极式控制的可逆电路，只在第二个方程中电源电压由 0 改为 $-U_s$，其他均不变。于是，电压方程为

$$U_s = Ri_d + L\frac{di_d}{dt} + E \qquad (0 \leqslant t < t_{on}) \tag{1-48}$$

$$-U_s = Ri_d + L\frac{di_d}{dt} + E \qquad (t_{on} \leqslant t < T) \tag{1-49}$$

按电压方程求一个周期内的平均值，即可导出机械特性方程式。无论是上述哪一种情况，电枢两端在一个周期内的平均电压都是 $U_d = \gamma U_s$，只是 γ 与占空比 ρ 的关系不同，平均电流和转矩分别用 I_d 和 T_e 表示，平均转速 $n = E/C_e$，而电枢电感压降的平均值 Ldi_d/dt 在稳态时应为零。

于是，无论是上述哪一组电压方程，其平均值方程都可写成

$$\gamma U_s = RI_d + E = RI_d + C_e n \tag{1-50}$$

$$n = \frac{\gamma U_s}{C_e} - \frac{R}{C_e}I_d = n_0 - \frac{R}{C_e}I_d \tag{1-51}$$

或用转矩表示为

$$n = \frac{\gamma U_s}{C_e} - \frac{R}{C_e C_m}T_e = n_0 - \frac{R}{C_e C_m}T_e \tag{1-52}$$

式中 $C_m = K_m\Phi_N$——电动机在额定磁通下的转矩系数；

$n_0 = \gamma U_s/C_e$——理想空载转速，与电压系数成正比。

脉宽调速系统的机械特性曲线如图 1-49 所示。

图 1-49 中仅绘出了第一、二象限的机械特性，它适用于带制动作用的不可逆电路，双极式控制可逆电路的机械特性与此相仿，只是扩展到第三、四象限了。对于电动机在同一方向旋转时电流不能反向的电路，轻载时会出现电流断续现象，把平均电压抬高，在理想空载时，$I_d = 0$，理想空载转速会翘到 $n_{0s} = U_s/C_e$。

目前，在中、小容量的脉宽调速系统中，由于 IGBT 已经得到普遍的应用，其开关频率一般在 10kHz 左右，这时，最大电流脉动量在额定电流的 5% 以下，转速脉动量不到额

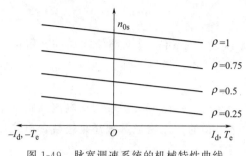

图 1-49　脉宽调速系统的机械特性曲线

定空载转速的万分之一，可以忽略不计。

1.6.4　脉宽调速系统的特殊问题

直流脉宽调速系统和相位控制的晶体管-直流电动机调速相比，只是主电路和控制（驱动、触发）电路不同，其反馈控制方案和系统结构都是一样的，因此静、动态分析与设计方法也都是相同的，不再重述。下面着重讨论脉宽调速系统中的几个特殊问题。

(1) 泵升电压问题

当脉宽调速系统的电动机转速由高变低时（减速或者停车），储存在电动机和负载转动部分的动能将变成电能，并通过 PWM 变换器回馈给直流电源。当直流电源功率二极管整流器供电时，不能将这部分能量回馈给电网，只能对整流器输出端的滤波电容器充电而使电源电压升高，称作"泵升电压"。过高的泵升电压会损坏元器件，因此必须采取预防措施，防止过高的泵升电压出现。可以采用由分流电阻 R_b 和开关元件（电力电子器件）VT_b 组成的泵升电压限制电路，如图 1-50 所示。

当滤波电容器 C 两端的电压超过规定的泵升电压允许数值时，VT_b 导通，将回馈能量的一部分消耗在分流电阻 R_b 上。这种办法简单实用，但能量有损失，且会使分流电阻 R_b 发热，因此对于功率较大的系统，为了提高效率，可以在分流电路中接入逆变，把一部分能量回馈到电网中去。但这样系统就比较复杂了。

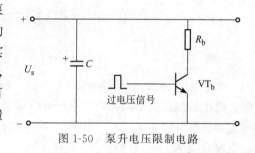

图 1-50　泵升电压限制电路

(2) 开关频率 f 的选择

脉宽调制器的开关频率 $f=1/T$，其大小将多方面影响系统的性能，选择时应考虑下列因素。

① 开关频率应当足够高，使电动机的电抗在选定频率下尽量大，使得 $2\pi fL \gg R$，这样才能将电枢电流的脉动量 Δi_d 限制到希望的最小值内，确保电流连续，降低电动机附加损耗。

② 开关频率应高于调速系统的最高工作频率（通频带）f_c，一般希望 $f>10f_c$。这样，PWM 变换器的延迟时间 $T(=1/f)$ 对系统动态性能的影响可以忽略不计。

③ 开关频率 f 还应当高于系统中所有回路的谐振频率，防止引起共振。

④ 开关频率 f 的上限受电力电子器件的开关损耗和开关时间的限制。

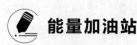 能量加油站

项目1【拓展阅读】

【任务工单】

工作任务单			编号:1-6	
工作任务	脉宽调制(PWM)调速控制系统调试		建议学时	2
班级		学员姓名	工作日期	
任务目标	1. 了解单闭环直流调速系统的原理、组成及各主要单元部件的原理; 2. 掌握晶闸管直流调速系统的一般调试过程; 3. 认识闭环反馈控制系统的基本特性。			
工作设备 及材料	1. DJDK-1型电力电子技术及电机控制实训装置; 2. DJK01、DJK02、DJK02-1、DJK04、DJK08等挂箱; 3. 双踪示波器; 4. 万用表; 5. 导线。			
任务要求	1. 会看图进行正确的线路连接; 2. 会正确使用万用表; 3. 会正确选择及使用电压表、电流表; 4. 会根据实验数据,画出特性曲线; 5. 会分析系统动态波形,讨论系统参数的变化对系统动、静态性能的影响。			
提交成果	1. 工作总结; 2. 操作记录; 3. 排故记录。			
小组成员 任务分工	项目负责人全面负责任务分配、组员协调,使小组成员分工明确,并在教师的指导下完成以下任务:总方案设计、系统安装、工具管理、任务记录、环境与安全等。			
学习信息	1. 为什么PWM-电动机系统比晶闸管-电动机系统能够获得更好的动态性能? 2. 试分析有制动通路的不可逆PWM变换器进行制动时,两个VT是如何工作的?			
工作过程	转速单闭环系统框图如图1-51所示。 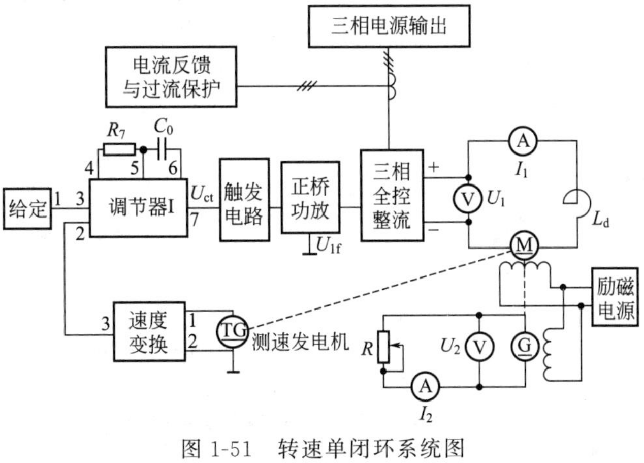 图 1-51　转速单闭环系统图 1. DJK02和DJK02-1上的"触发电路"调试 　① 打开DJK01总电源开关,操作"电源控制屏"上的"三相电网电压指示"开关,观察输入的三相电网电压是否平衡。 　② 将DJK01"电源控制屏"上"调速电源选择开关"拨至"直流调速"侧。			

工作过程	③ 用 10 芯的扁平电缆,将 DJK02 的"三相同步信号输出"端和 DJK02-1"三相同步信号输入"端相连,打开 DJK02-1 电源开关,拨动"触发脉冲指示"钮子开关,使"窄"的发光管亮。

③ 用 10 芯的扁平电缆,将 DJK02 的"三相同步信号输出"端和 DJK02-1"三相同步信号输入"端相连,打开 DJK02-1 电源开关,拨动"触发脉冲指示"钮子开关,使"窄"的发光管亮。

④ 观察 A、B、C 三相的锯齿波,并调节 A、B、C 三相锯齿波斜率调节电位器(在各观测孔左侧),使三相锯齿波斜率尽可能一致。

⑤ 将 DJK04 上的"给定"输出 U_g 直接与 DJK02-1 上的移相控制电压 U_{ct} 相接,将给定开关 S2 拨到接地位置(即 $U_{ct}=0$),调节 DJK02-1 上的偏移电压电位器,用双踪示波器观察 A 相同步电压信号和"双脉冲观察孔"VT1 的输出波形,使 $\alpha=120°$(注意:此处的 α 表示三相晶闸管电路中的移相角,它的 0°是从自然换流点开始计算的,而单相晶闸管电路的 0°移相角表示从同步信号过零点开始计算,两者存在相位差,前者比后者滞后 30°)。

⑥ 适当增加给定 U_g 的正电压输出,观测 DJK02-1 上"脉冲观察孔"的波形,此时应观测到单窄脉冲和双窄脉冲。

⑦ 用 8 芯的扁平电缆,将 DJK02-1 面板上"触发脉冲输出"和"触发脉冲输入"相连,使得触发脉冲加到正反桥功放的输入端。

⑧ 将 DJK02-1 面板上的 U_{lf} 端接地,用 20 芯的扁平电缆,将 DJK02-1 的"正桥触发脉冲输出"端和 DJK02"正桥触发脉冲输入"端相连,并将 DJK02"正桥触发脉冲"的六个开关拨至"通",观察正桥 VT1～VT6 晶闸管门极和阴极之间的触发脉冲是否正常。

2. U_{ct} 不变时的直流电动机开环外特性的测定

① 按图 1-51 的接线图接线,断开速度负反馈。DJK02-1 上的移相控制电压 U_{ct} 由 DJK04 上的"给定"输出 U_g 直接接入,直流发电机接负载电阻 R,L_d 用 DJK02 上 200mH,将给定的输出调到零。

② 先闭合励磁电源开关,按下 DJK01"电源控制屏"启动按钮,使主电路输出三相交流电源,然后从零开始逐渐增加"给定"电压 U_g,使电动机慢慢启动并使转速 n 达到 1200r/min。

③ 改变负载电阻 R 的阻值,使电动机的电枢电流从空载直至 I_N,即可测出在 U_{ct} 不变时的直流电动机开环外特性 $n=f(I_d)$,测量并记录数据于表 1-17 中。

表 1-17　测量数据记录(U_{ct} 不变)

$n/(r/min)$								
I_d/A								

根据测得的数据,画出 U_{ct} 不变时直流电动机开环机械特性曲线。

3. U_d 不变时直流电动机开环外特性的测定

①控制电压 U_{ct} 由 DJK04 的"给定"U_g 直接接入,直流发电机接负载电阻 R,L_d 用 DJK02 上 200mH,将给定的输出调到零。

②按下 DJK01"电源控制屏"启动按钮,然后从零开始逐渐增加给定电压 U_g,使电动机启动并达到 1200r/min。

③改变负载电阻 R,使电动机的电枢电流从空载直至 I_N。用电压表监视三相全控整流输出的直流电压 U_d,在实验中始终保持 U_d 不变(通过不断的调节 DJK04 上"给定"电压 U_g 来实现),测出在 U_d 不变时直流电动机的开环外特性 $n=f(I_d)$,并记录于下表 1-18 中。

表 1-18 测量数据记录(U_g 不变)

$n/(\text{r/min})$						
I_d/A						

根据测得的数据，画出 U_d 不变时直流电动机开环机械特性曲线。

4. 基本单元部件调试

（1）移相控制电压 U_{ct} 调节范围的确定

直接将 DJK04"给定"电压 U_g 接入 DJK02-1 移相控制电压 U_{ct} 的输入端，"三相全控整流"输出接电阻负载 R，用示波器观察 U_d 的波形。当给定电压 U_g 由零调大时，U_d 将随给定电压的增大而增大，当 U_g 超过某一数值时，此时 U_d 接近于输出最高电压值 U_d'，一般可确定"三相全控整流"输出允许范围的最大值为 $U_{dmax}=0.9U_d'$，调节 U_g 使得"三相全控整流"输出等于 U_{dmax}，此时将对应的 U_g' 的电压值记录下来，$U_{ctmax}=U_g'$，即 U_g 的允许调节范围为 $0\sim U_{ctmax}$。如果把输出限幅定为 U_{ctmax} 的话，则"三相全控整流"输出范围就被限定，不会工作到极限值状态，可保证六个晶闸管可靠工作。记录 U_d' 于表 1-19 中。

表 1-19 U_d' 记录

U_d'	
$U_{dmax}=0.9U_d'$	
$U_{ctmax}=U_g'$	

将给定退到零，再按"停止"按钮，结束步骤。

（2）调节器的调整

① 调节器的调零。将 DJK04 中"调节器 Ⅰ"所有输入端接地，再将 DJK08 中的可调电阻 40kΩ 接到"调节器 Ⅰ"的"4""5"两端，用导线将"5""6"短接，使"调节器 Ⅰ"成为 P（比例）调节器。用万用表的毫伏挡测量"调节器 Ⅰ"的"7"端的输出，调节面板上的调零电位器 RP3，使之输出电压尽可能接近于零。

将 DJK04 中"调节器 Ⅱ"所有输入端接地，再将 DJK08 中的可调电阻 13K 接到"调节器 Ⅱ"的"8""9"两端，用导线将"9""10"短接，使"调节器 Ⅱ"成为 P（比例）调节器。用万用表的毫伏挡测量调节器 Ⅱ 的"11"端的输出，调节面板上的调零电位器 RP3，使之输出电压尽可能接近于零。

② 正负限幅值的调整。把"调节器 Ⅰ"的"5""6"短接线去掉，将 DJK08 中的可调电容 0.47μF 接入"5""6"两端，使调节器 Ⅰ 成为 PI（比例积分）调节器，将"调节器 Ⅰ"的所有输入端的接地线去掉，将 DJK04 的给定输出端接到调节器 Ⅰ 的"3"端。当加 +5V 的正给定电压时，调整负限幅电位器 RP2，使之输出电压尽可能接近于零；当调节器输入端加 −5V 的负给定电压时，调整正限幅电位器 RP1，使调节器 Ⅰ 的输出正限幅为 U_{ctmax}。

把"调节器 Ⅱ"的"9""10"短接线去掉，将 DJK08 中的可调电容 0.47μF 接入"9""10"两端，使调节器成为 PI（比例积分）调节器，将"调节器 Ⅱ"所有输入端的接地线去掉，将 DJK04 的给定输出端接到调节器 Ⅱ 的"4"端，当加 +5V 的正给定电压时，调整负限幅电位器 RP2，使之输出电压尽可能接近于零。当调节器输入端加 −5V 的负给定电压时，调整正限幅电位器 RP1，使调节器 Ⅱ 的输出正限幅为 U_{ctmax}。

工作过程

续表

工作过程	③ 电流反馈系数的整定。直接将"给定"电压 U_g 接入 DJK02-1 移相控制电压 U_{ct} 的输入端，整流桥输出接电阻负载 R，负载电阻放在最大值，输出给定调到零。 按下启动按钮，从零增加给定，使输出电压升高，当 $U_d = 220V$ 时，减小负载的阻值，调节"电流反馈与过流保护"上的电流反馈电位器 RP1，使得负载电流 $I_d = 1.3A$ 时，"2"端 I_f 的电流反馈电压 $U_i = 6V$，这时的电流反馈系数 $\beta = U_i / I_d = 4.615V/A$。 ④ 转速反馈系数的整定。直接将"给定"电压 U_g 接 DJK02-1 上的移相控制电压 U_{ct} 的输入端，"三相全控整流"电路接直流电动机负载，L_d 用 DJK02 上的 200mH，输出给定调到零。 按下启动按钮，接通励磁电源，从零逐渐增加给定，使电机提速到 $n = 1500r/min$ 时，调节"转速变换"上转速反馈电位器 RP1，使得该转速时反馈电压 $U_n = -6V$，这时的转速反馈系数 $\alpha = U_n / n = 0.004V/(r/min)$。 ⑤ 电压反馈系数的整定。直接将控制屏上的励磁电压接到电压隔离器的"1、2"端，用直流电压表测量电压隔离器的输入电压 U_d，根据电压反馈系数 $\gamma = 6V/220V = 0.0273$，调节电位器 RP1 使电压隔离器的输出电压恰好为 $U_n = U_d \gamma$。 5. 转速单闭环直流调速系统 ① 按图 1-51 接线，在本实验中，DJK04 的"给定"电压 U_g 为负给定，转速反馈为正电压，将"调节器 I"接成 P（比例）调节器或 PI（比例积分）调节器。直流发电机接负载电阻 R，L_d 用 DJK02 上 200mH，给定输出调到零。 ② 直流发电机先轻载，从零开始逐渐调大"给定"电压 U_g，使电动机的转速接近 $n = 1200r/min$。 ③ 由小到大调节直流发电机负载 R，测出电动机的电枢电流 I_d 和电动机的转速 n，记录于表 1-20 中，直至 $I_d = I_N$，即可测出系统静态特性曲线 $n = f(I_d)$。 **表 1-20　n 与 I_d 记录** | $n/(r/min)$								
I_d/A								| 根据测得的数据，画出转速单闭环直流调速系统的机械特性曲线。
检查评价	1. 工作过程遇到的问题及处理方法： 2. 评价 自评:□优秀　□良好　□合格 同组人员评价:□优秀　□良好　□合格 教师评价:□优秀　□良好　□合格 3. 工作建议：

项目2

交流变频调速基础认知

任务 2.1　三相异步电动机的调速方法选择

【任务描述】

直流电动机拖动和交流电动机拖动先后诞生于 19 世纪，但是，由于技术上的原因，在很长一段时期内，占整个电力拖动系统 80% 左右的不变速拖动系统中采用的是交流电动机（包括异步电动机和同步电动机），而在需要进行调速控制的拖动系统中则基本上采用的是直流电动机。

直至 20 世纪 70 年代中期，随着电力电子技术、微电子技术和控制理论的发展，电力半导体器件和微处理器的性能不断提高，使得交流调速技术得到了迅速发展，其设备容量不断扩大，性能指标及可靠性不断提高，高性能交流调速系统应用的比例逐年上升，在各工业部门中，使得交流调速系统逐步取代直流调速系统，以达到节能、缩小体积、降低成本的目的。

【相关知识】

根据三相异步电动机的转速公式为

$$n = \frac{60f_1}{p}(1-s) = n_1(1-s) \tag{2-1}$$

式中，f_1 为异步电动机的定子电压供电频率；p 为异步电动机的极对数；s 为异步电动机的转差率。

所以调节三相异步电动机的转速有以下三种方案。

① 转差率调速　改变转差率的方法很多，常用的方案有改变异步电动机的定子电压调速，采用电磁转差（或滑差）离合器调速，转子回路串电阻调速以及串极调速。前两种方法适用于笼型异步电动机，后者适合于绕线式异步电动机。这些方案都能使异步电动机实现平滑调速，但共同的缺点是在调速过程中存在转差损耗，即在调节过程中转子绕组均产生大量的钢损耗（又称转差功率），使转子发热，系统效率降低。

② 变极调速　通过改变定子绕组的连接方式来实现。变极调速是改变异步电动机的同步转速

$$n_1 = \frac{60f_1}{p} \tag{2-2}$$

所以一般称变极调速的电动机为多速异步电动机。

③ 变频调速　通过改变定子绕组的电压供电频率 f_1 来实现。当转差率 s 一定时，电动机的转速 n 基本上正比于 f_1。很明显，只要有输出频率可平滑调节的变频电源，就能平滑、无极地调节异步电动机的转速。

2.1.1　转差率调速

(1) 三相异步电动机的降定子电压调速

根据三相异步电动机降低定子电源电压的人为机械特性，在同步转速 n_1 不变的条件下，电磁转矩 $T \propto U_1^2$。降低电源电压可以降低转速，定子电压为 U_N、U_2、U_1（且 $U_N > U_2 > U_1$）时的机械特性如图 2-1 所示。对于恒转矩负载，在不同电压下的稳定运行点为 A、B、C；对于泵类负载，在不同电压下的稳定运行点为 A'、B'、C'。可见，当定子电压低时，稳定运行时的转速将降低（$n_A > n_B > n_C$ 或 $n_A' > n_B' > n_C'$），从而实现了转速的调节。

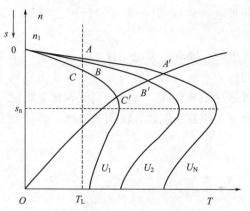

图 2-1　异步电动机降压调速机械特性

(2) 绕线式异步电动机转子回路串电阻调速

绕线式异步电动机转子回路串电阻调速机械特性如图 2-2 所示，在同步转速 n_1 和最大转矩 T_m 不变的条件下，临界转差率 s_m 与转子回路串电阻值 $r_2 + R$ 成正比，即 $s_m \propto r_2 + R$，改变转子回路串入的电阻值 R，可以改变临界转差率，即调整了转速。对于恒转矩负载 T_L 一定时，转子回路串入电阻 R（$R_1 < R_2 < R_3$）越大，临界转差率越大（$s_{m1} < s_{m2} < s_{m3}$），则转速越低（$n_A < n_B < n_C < n_D$），从而实现了转速的调节。

(3) 电磁转差离合器调速

电磁转差离合器是一个笼型异步电动机与负载之间的互相连接的电气设备，如图 2-3 所示。

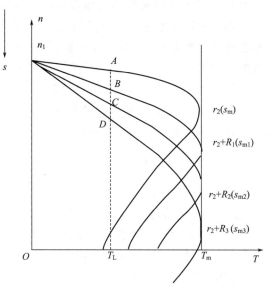

图 2-2　串电阻调速的机械特性

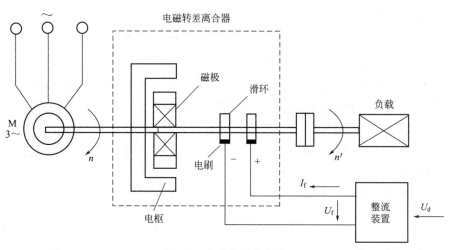

图 2-3　电磁转差离合器

　　电磁转差离合器主要由电枢和磁极两个旋转部分组成，电枢部分与三相异步电动机相连是主动部分。电枢部分相当于由无穷多单元导体组成的笼型转子，其中流过的涡流类似于笼型异步电动机的电枢电流。磁极部分与负载连接，是从动部分，磁极上励磁绕组通过滑环，电刷与整流装置连接，由整流装置提供励磁电流。电磁转差离合器的工作原理与异步电动机的相似。当异步电动机运行时，电枢部分随异步电动机的转子同速旋转，转速为 n，转向设为逆时针方向。若磁极部分的励磁绕组通入的励磁电流 $I_f = 0$ 时，磁极的磁场为零，电枢与磁极二者之间既无电的联系又无磁的联系，无电磁转矩产生，磁极及关联的负载是不会转动的，这时负载相当于与电动机"离开"。若磁极部分的励磁绕组通入的励磁电流 $I_f \neq 0$ 时，磁极部分则产生磁场，磁极与电枢二者之间就有了磁的联系。由于电枢与磁极之间有相对运动，电枢载流导体受磁极的磁场作用产生电磁转矩，在它的作用下，磁极部分的负载跟随电枢转动，此时负载相当于被"合上"，而且负载转速始终小于电动机转速 n，即电枢与磁极之间一定要有转差 Δn。这种基于电磁适应原理，使电枢与磁极之间产生转差的设备称为电磁转差离合器。

由于异步电动机的固有机械特性较硬，可以认为电枢的转速 n 是恒定不变的，而磁极的转速取决于磁极绕组的电流 I_f 的大小。只要改变磁极电流 I_f 的大小，就可以改变磁场的强弱，则磁极和负载转速就不同，从而达到调速的目的。

2.1.2　变极调速

由式(2-2)可知：改变异步电动机的定子绕组的极对数 p，可以改变磁通势的同步转速 n_1，例如，磁极增加一倍，旋转磁场转速（同步转速）就下降一半。因为异步电动机磁极对数只能成倍改变，因此变极调速是有级调速而不是平滑无级调速。

改变磁极对数有两种方法，一种是在定子上装两套各具有不同级数的独立绕组，另一种是在一个绕组上用改变绕组的连接来改变磁极对数。

变极调速中，当定子绕组的连接方式改变的同时，还需要改变定子绕组的相序，即倒换定子电流的相序，以保证变极调速前后电动机的转向不变，即要求磁通旋转方向不变。

2.1.3　变频调速

改变异步电动机定子绕组供电电源的频率 f_1，可以改变同步转速 n，从而改变转速。如果频率 f_1 连续可调，则可平滑地调节转速。

2-2 变频调速

在进行电动机调速时，常需考虑的一个重要因素就是：希望保持电动机中每极磁通量为额定值不变。如果磁通太弱，没有充分利用电动机的铁芯，是一种浪费；如果过分增大磁通，又会使铁芯饱和，从而导致过大的励磁电流，严重时会因绕组过热而损坏电动机。在交流异步电动机中，磁通是由定子和转子磁动势合成产生的，需要采取一定的控制方式才能保持磁通恒定。

三相异步电动机运行时，若忽略定子阻抗压降，定子每相电压为

$$U_1 \approx E_1 = 4.44 f_1 N_1 K_{W1} \Phi_m \tag{2-3}$$

式中，E_1 为气隙磁通在定子每相中的感应电动势；f_1 为定子电源频率；N_1 为定子每相绕组匝数；K_{W1} 为基波绕组系数；Φ_m 为每极气隙磁通量。

由式(2-3)可知，只要控制好 E_1 和 f_1（或 U_1 和 f_1），便可达到控制磁通 Φ_m 的目的，对此，需要考虑基频（额定频率）以下和基频以上两种情况。

(1) 基频以下变频调速

为了防止磁路的饱和，当降低定子电源频率 f_1 时，保持 U_1/f_1 为常数，使气隙每极磁通 Φ_m 为常数，应使电压和频率按比例配合调节。这时，电动机的电磁转矩为

$$T = \frac{m_1 p U_1^2 \dfrac{r_2'}{s}}{2\pi f_1 \left[\left(r_1 + \dfrac{r_2'}{s} \right)^2 + (x_1 + x_2')^2 \right]} = \frac{m_1 p}{2\pi} \left(\frac{U_1}{f_1} \right)^2 \frac{f_1 \dfrac{r_2'}{s}}{\left(r_1 + \dfrac{r_2'}{s} \right)^2 + (x_1 + x_2')^2} \tag{2-4}$$

式中，r_1 为定子每相绕组电阻；r_2' 为折算到定子侧的转子电阻；x_1 为定子每相绕组漏抗；x_2' 为折算到定子侧的转子漏抗；m_1 为定子相数；p 为磁极对数。

式(2-4) 对 s 求导，令 $\dfrac{\mathrm{d}T}{\mathrm{d}s}=0$，有最大转矩和临界转差率为

$$T_{\mathrm{m}}=0.5\,\frac{m_1pU_1^2}{2\pi f_1\left(r_1+\sqrt{r_1^2+(x_1+x_2')^2}\right)}$$

$$=0.5\,\frac{m_1p}{2\pi}\Big(\frac{U_1}{f_1}\Big)^2\,\frac{f_1}{r_1+\sqrt{r_1^2+(x_1+x_2')^2}} \tag{2-5}$$

$$s_{\mathrm{m}}=\frac{r_2'}{\sqrt{r_1^2+(x_1+x_2')^2}} \tag{2-6}$$

由式(2-5) 可知：当 U_1/f_1 = 常数时，在 f_1 较高时，即接近额定频率时，$r_1\ll(x_1+x_2')$，随着 f_1 的降低，T_{m} 减小得不多；当 f_1 较低时，(x_1+x_2') 较小，r_1 相对变大，则随着 f_1 的降低，T_{m} 就减小了。显然，当 f_1 降低时，最大转矩 T_{m} 不等于常数。保持 U_1/f_1 = 常数，降低频率调速时的机械特征如图 2-4(a) 所示。这相当于他励直流电动机的降压调速。

(2) 基频以上变频调速

在基频以上变频调速时，也按比例升高电源电压是不允许的，只能保持电压为 U_1 不变，频率 f_1 越高，磁通 Φ_{m} 越低，是一种降低磁通升速的方法，这相当于他励电动机弱磁调速。

保持 U_1 = 常数，升高频率时，电动机的电磁转矩为

$$T=\frac{m_1pU_1^2\dfrac{r_2'}{s}}{2\pi f_1\left[\left(r_1+\dfrac{r_2'}{s}\right)^2+(x_1+x_2')^2\right]} \tag{2-7}$$

对式(2-7) 求导，令 $\dfrac{\mathrm{d}T}{\mathrm{d}s}=0$，得最大转矩和临界转差率为

$$T_{\mathrm{m}}=0.5\,\frac{m_1pU_1^2}{2\pi f_1\left(r_1+\sqrt{r_1^2+(x_1+x_2')^2}\right)} \tag{2-8}$$

$$s_{\mathrm{m}}=\frac{r_2'}{\sqrt{r_1^2+(x_1+x_2')^2}} \tag{2-9}$$

由于 f_1 较高，x_1、x_2' 和 r_2'/s 比 r_1 大得多，则式(2-8)、式(2-9) 变为

$$T_{\mathrm{m}}\approx0.5\,\frac{m_1pU_1^2}{2\pi f_1(x_1+x_2')}\propto\frac{1}{f_1} \tag{2-10}$$

$$s_{\mathrm{m}}\approx\frac{r_2'}{x_1+x_2'}=\frac{r_2'}{2\pi f_1(L_1+L_2')}\propto\frac{1}{f_1} \tag{2-11}$$

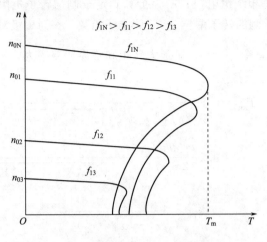

(a) 基频以下调速(U_1/f_1=常数)

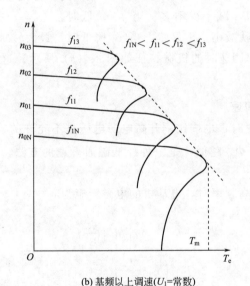

(b) 基频以上调速(U_1=常数)

图 2-4 变频调速的机械特性

因此，频率越高时，T_m 越小，s_m 也越小。保持 U_1 为常数，升高频率调速时的机械特性如图 2-4(b) 所示。

(3) 变频调速的特点

① 变频调速设备（简称变频器）结构复杂，价格昂贵，容量有限。但随着电力电子技术的发展，变频器向着简单可靠、性能优异、价格便宜、操作方便等趋势发展。

② 变频器具有机械特性较硬，静差率小，转速稳定性好，调速范围广（可达 10∶1），平滑性高等特点，可实现无级调速。

③ 变频调速时，转差率 s 较小，则转差功率损耗较小，效率较高。

④ 变频调速时，基频以下的调速为恒转矩调速方式；基频调速以上时，近似为恒功率调速方式。

【任务工单】

工作任务单			编号:2-1
工作任务	三相异步电动机的调速方法选择	建议学时	4
班级		学员姓名	工作日期
任务目标	1. 掌握三相异步电动机的调速电路的连接方法; 2. 掌握异步电动机的启动和调速的方法。		
工作设备 及材料	1. DJDK-1 型电力电子技术及电机控制实训装置; 2. DD01、DD03、DJ16、DJ17、DJ23、D31、D32、D33、D43、D51、DJ17-1 等挂箱; 3. 万用表; 4. 导线。		
任务要求	1. 会看图进行正确的线路连接; 2. 会正确使用万用表; 3. 会正确选择及使用电压表、电流表; 4. 会调节负载,并测试三相异步电动机的转速。		
提交成果	1. 工作总结; 2. 操作记录; 3. 排故记录。		
小组成员 任务分工	项目负责人全面负责任务分配、组员协调,使小组成员分工明确,并在教师的指导下完成以下任务:总方案设计、系统安装、工具管理、任务记录、环境与安全等。		
学习信息	1. 三相异步电动机的调速方法都有哪些?其原理和机械特性是什么? 2. 变频调速的优点有哪些?		
工作过程	1. 三相笼型异步电动机直接启动试验 　① 按图 2-5 接线。电动机绕组为 △ 接法。异步电动机直接与测速发电机同轴连接,不连接负载电机 DJ23。 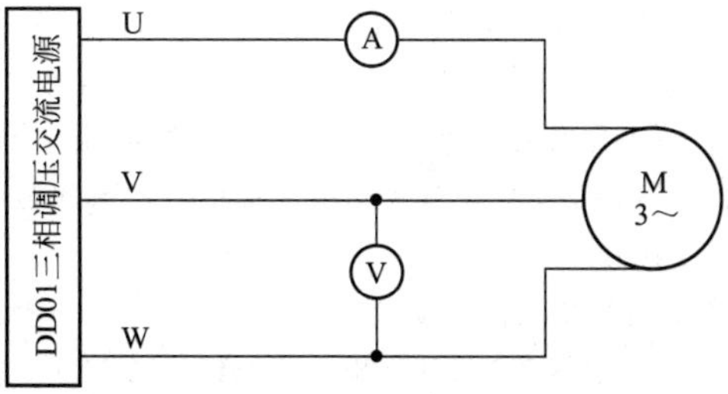 图 2-5　异步电动机直接启动接线图		

续表

② 把交流调压器退到零位，开启电源总开关，按下"开"按钮，接通三相交流电源。

③ 调节调压器，使输出电压达电动机额定电压 220V，使电动机启动旋转，（如电动机旋转方向不符合要求需调整相序时，必须按下"关"按钮，切断三相交流电源）。

④ 再按下"关"按钮，断开三相交流电源，待电动机停止旋转后，按下"开"按钮，接通三相交流电源，使电动机全压启动，观察电动机启动瞬间电流值（按指针式电流表偏转的最大位置所对应的读数值定性计量）。

⑤ 断开电源开关，将调压器退到零位，电动机轴伸端装上圆盘（直径为 10cm）和弹簧秤。

⑥ 合上开关，调节调压器，使电机电流为 2～3 倍额定电流，读取电压值 U_K、电流值 I_K，记录于表 2-1 中。

表 2-1　数据记录

测量值			计算值		
U_K/V	I_K/A	F/N	$T_K/(N \cdot m)$	I_{st}/A	$T_{st}/(N \cdot m)$

2. 星形-三角形（Y-△）启动

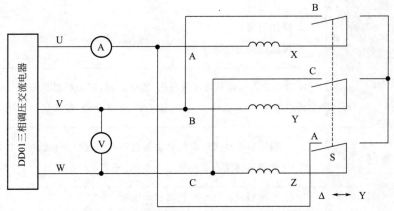

图 2-6　三相笼型异步电动机星形-三角形启动

① 按图 2-6 接线。线接好后把调压器退到零位。

② 三刀双掷开关合向右边（Y 接法）。合上电源开关，逐渐调节调压器使升压至电动机额定电压 220V，打开电源开关，待电动机停转。

③ 合上电源开关，观察启动瞬间电流，然后把 S 合向左边，使电动机（△）正常运行，整个启动过程结束。观察启动瞬间电流表的显示值，以与其他启动方法作定性比较。

3. 自耦变压器启动

① 按图 2-7 接线。电动机绕组为 △ 接法。

续表

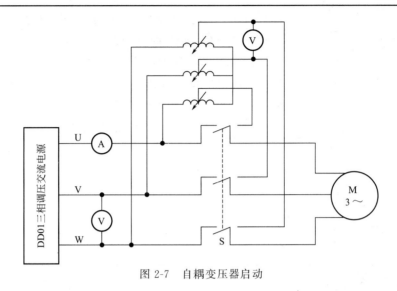

图 2-7　自耦变压器启动

② 三相调压器退到零位，开关 S 合向左边。自耦变压器选用 D43 挂箱。

③ 合上电源开关，调节调压器使输出电压达电动机额定电压 220V，断开电源开关，待电动机停转。

④ 开关 S 合向右边，合上电源开关，使电动机由自耦变压器降压启动（自耦变压器抽头输出电压分别为电源电压的 40％、60％和 80％）并经一定时间再把 S 合向左边，使电动机按额定电压正常运行，整个启动过程结束。观察启动瞬间电流以作定性的比较。

4. 线绕式异步电动机转子绕组串入可变电阻器启动

① 按图 2-8 接线。

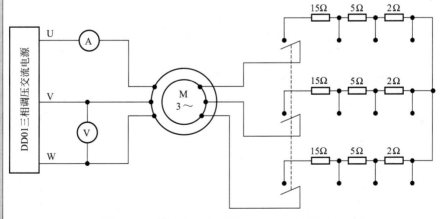

图 2-8　线绕式异步电动机转子绕组串电阻启动

工作过程	② 转子每相串入的电阻可用 DJ17-1 启动与调速电阻箱。 ③ 调压器退到零位，轴伸端装上圆盘和弹簧秤。 ④ 接通交流电源，调节输出电压（观察电动机转向应符合要求），在定子电压为180V，转子绕组分别串入不同电阻值时，测取定子电流和转矩。 ⑤ 试验时通电时间不应超过 10s，以免绕组过热。相关数据记入表中 2-2 中。 表 2-2 相关数据记录			
	R_{st}/Ω	0	2	5	15
	F/N				
	I_{st}/A				
	$T_{st}/(N\cdot m)$				

| 检查评价 | 1. 工作过程遇到的问题及处理方法：
....
....
....
....
....
....
....
....

2. 评价
自评：□优秀　□良好　□合格
同组人员评价：□优秀　□良好　□合格
教师评价：□优秀　□良好　□合格
3. 工作建议：..
....
....
....
....
....
.... |

任务 2.2　变压变频调速装置的类型与特点分析

【任务描述】

变频器的分类有五种方式：按变流环节不同分类，按直流电路的滤波方式分类，按电压的调制方式分类，按控制方式分类，按输入电流的相数分类。熟悉各种分类有利于更好地使用变频器。

【相关知识】

2.2.1　按变流环节不同分类

从结构上看，变频器可分为间接变频器和直接变频器两类。目前应用较多的是间接变频器。

(1) 交-直-交变频器

交-直-交变频器是把恒定电压恒定频率的交流电经过整流转换成直流电，再将直流电经过逆变转换为电压和频率均可调的交流电。交-直-交变频装置的主要环节如图 2-9 所示。

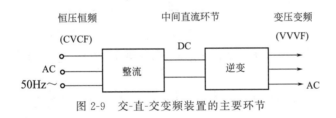

图 2-9　交-直-交变频装置的主要环节

交-直-交变频装置按不同的控制方式又分三种。

① 用可控整流器整流改变电压、逆变器改变频率的交-直-交变频器　如图 2-10 所示，调节电压与调节频率分别在两个环节上进行，通过控制电路协调配合，使电压和频率在调节过程中保持压频比恒定。这种结构的变频器结构简单、控制方便。其缺点是由于输入环节采用可控整流形式，当电压和频率调得较低时，功率因数较小，输出谐波较大。

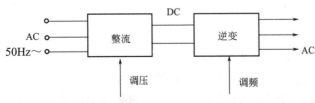

图 2-10　可控整流器变压、逆变器变频

② 用不控整流器整流、斩波器变压、逆变器变频的交-直-交变频器　如图 2-11 所示，

这种电路的整流电路采用二极管不控整流，直流环节加一个斩波器，用脉宽调压、逆变环节调频。恒压恒频的交流电经过整流环节转变为恒定的直流电压，最后经过逆变环节逆变为电压和频率都可调、压频比恒定的交流电源，作为电动机的交流电源，实现交流变频调速。从电路结构上看多了一个直流斩波环节，但输入侧采用不控整流控制方式，使输入功率因数提高了，但输出仍存在谐波较大的问题。

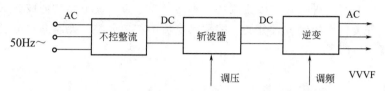

图 2-11　不控整流器整流、斩波器变压、逆变器变频

③ 用不控整流器整流、SPWM 逆变器同时变压变频的交-直-交变频器　如图 2-12 所示，整流电路采用二极管不控整流，逆变器采用可控关断的全控式器件，称为正弦脉宽调制 SPWM 逆变器。电网的恒压恒频正弦交流电，经过不控整流器转变为恒定的直流，再经过 SPWM 逆变器逆变成电压和频率均可调的正弦交流电，供给电动机，实现交流变频调速。

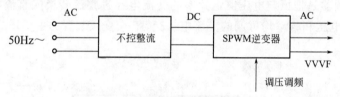

图 2-12　不控整流器整流和 SPWM 逆变器交-直-交变频器

用不控整流，可使功率因数提高，用 SPWM 逆变，可使谐波分量减少，由于采用可控关断的全控式器件，开关频率大大提高，输出波形几乎为非常逼真的正弦波。这种交-直-交变频装置已成为当前具有较好发展前途的一种。

（2）交-交变频器

交-交变频器的结构如图 2-13 所示。

由图 2-13 可知，交-交变频器只有一个变换环节，可以把恒压恒频（CVCF）的交流电源直接变换成电压和频率均可调的交流电源（VVVF），因此又称"直接"变压变频器。

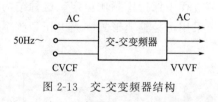

图 2-13　交-交变频器结构

交-交变频器输出的每一相都是一个两组晶闸管整流反并联的可逆线路，如图 2-14（a）所示。

正反向两组晶闸管装置按一定周期相互切换，在负载上就得到了交变的输出电压 u_o，u_o 的幅值决定于各组整流装置的控制角 α，u_o 的频率决定于两组整流装置的切换频率。假设控制角 α 一直不变，则输出平均电压是方波，如图 2-14（b）所示。如果想得到正弦波，就必须在每一组整流器导通期间不断改变其控制角 α，如图 2-15 所示。对于三相负载，需用三套反并联的可逆线路，输出平均电压相位依次相差 120°。

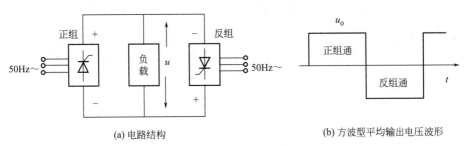

(a) 电路结构　　　　　　(b) 方波型平均输出电压波形

图 2-14　交-交变频器输出

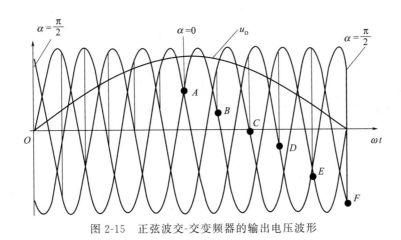

图 2-15　正弦波交-交变频器的输出电压波形

交-交变频器虽然在结构上只有一个变换环节,但所用的元器件数量多,总设备较为庞大,最高输出频率不超过电网频率的 $1/3 \sim 1/2$,交-交变频器一般只用于低转速、大容量的调速系统,例如轧钢机、球磨机、水泥回转窑等。

(3) 交-直-交变频器与交-交变频器主要特点比较

为了更清楚表明两类变频器的特点,下面用表格的形式加以对比,如表2-3所示。

表 2-3　交-直-交变频器与交-交变频器主要特点比较

比较项目	交-直-交变频器	交-交变频器
换能形式	两次换能,效率略低	一次换能,效率较高
换流方式	强迫换流或负载谐波换流	电源电压换流
装置元器件数量	元器件数量较少	元器件数量较多
调频范围	频率调节范围宽	一般情况下,输出最高频率为电网频率的 $1/3 \sim 1/2$
电网功率因数	用可控整流调压时,功率因数在低压时较低;用斩波器或PWM方式调压时,功率因数高	较低
适用场合	可用于各种电力拖动装置、稳频稳压电源和不停电电源	特别适用于低速大功率拖动

笔 记

2.2.2 按直流电路的滤波方式分类

当逆变器输出侧的负载为交流电动机时，在负载和交流电源之间将有无功功率的交换，在直流环节可加电容或电感储能元件用于缓冲无功功率。按照直流电路的滤波方式不同，变频器分成电压型变频器和电流型变频器两大类。

(1) 电压型变频器

在交-直-交电压型变频器中，中间直流环节的滤波元件为电容器，如图 2-16 所示。当采用大电容滤波时，直流电压波形比较平直，相当于一个理想情况下的内阻为零的恒压源，输出交流电压是矩形波或阶梯波。对负载电动机而言，变频器是一个交流电源，可以驱动多台电动机并联运行。

在电压型变频器中，由于能量回馈给直流中间电路的电容，并使直流电压上升，应有专用的放电电路，以防止换流器件因电压过高而被破坏。

(2) 电流型变频器

电流型变频器的中间直流环节采用大电感滤波方式，如图 2-17 所示。由于大电感的滤波作用，使直流回路中电流波形趋于平稳，对负载来说基本上是一个恒流源，电动机的电流波形为矩形波或阶梯波，电压波形接近于正弦波。

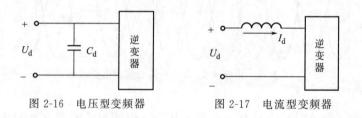

图 2-16　电压型变频器　　　　　图 2-17　电流型变频器

电流型变频器的优点是，当电动机处于再生发电状态时，回馈到直流侧的再生电能可以方便地回馈到交流电网，不需要在主电路内附加任何设备。这种电流型变频器可用于频繁急加减速的大容量电动机的传动。

(3) 电压型、电流型交-直-交变频器主要特点比较

对于变频调速系统来说，由于异步电动机是感性负载，不论它是处于电动状态还是处于发电制动状态，功率因数都不会等于 1，所以在中间直流环节与电动机之间总存在无功功率的交换，这种无功能量只能通过直流环节中的储能元件来缓冲，电压型和电流型变频器的主要区别是用什么储能元件来缓冲无功能量。表 2-4 列出了电压型和电流型交-直-交变频器主要特点比较。

表 2-4　电压型和电流型交-直-交变频器主要特点比较

比较项目	电压型	电流型
直流回路滤波环节（无功功率缓冲环节）	电容器	电抗器
输出电压波形	矩形波	决定于负载，对异步电动机负载近似为正弦波
输出电流波形	决定于负载的功率因数，有较大的谐波分量	矩形波

续表

比较项目	电压型	电流型
输出阻抗	小	大
回馈制动	需在电源侧设置反并联逆变器	方便,主电路不需附加设备
调速动态响应	较慢	快
对晶闸管的要求	关断时间要短,对耐压要求一般较低	耐压高,对关断时间无特殊要求
适用范围	多电动机拖动,稳频稳压电源	单电动机拖动,可逆拖动

2.2.3　按电压的调制方式分类

在变频调速过程中，为保证电动机主磁通恒定，需要同时调节逆变器的输出电压和频率。对输出电压的调节主要有两种方式：一种是脉冲幅值调制（Pulse Amplitude Modulation）方式，简称 PAM 方式；另一种为脉冲宽度调制（Pulse Width Modulation）方式，简称 PWM 方式。

（1）脉冲幅值调制（PAM）方式

这种调制方式是通过改变直流电压的幅值来实现调压的。在变频器中，逆变器只负责调节输出频率，而输出电压的调节是由直流斩波器通过调节直流电压来实现的，如图 2-18 所示。

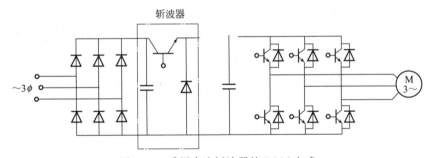

图 2-18　采用直流斩波器的 PAM 方式

（2）脉冲宽度调制（PWM）方式

脉冲宽度调制方式常见的主电路如图 2-19 所示。

变频器中的整流采用不可控的二极管整流电路，变频器的输出频率和输出电压的调节均由逆变器按 PWM 方式来完成，这种装置仍是一个交-直-交变频装置。不可控整流输出电压经电容滤波后形成恒定幅值的直流电压，加在逆变器上，通过控制逆变器中的功率开关器件导通和关断，在输出端获得一系列宽度不等的矩形脉冲波形，通过改变矩形脉冲的宽度，可以控制逆变器输出交流基波电压的幅值，通过改变调制周期，可以控制其输出频率，从而实现在逆变器上同时进行输出电压幅值与频率的控制，满足变频调速对电压与频率协调控制的要求。

通用变频器中，采用正弦脉冲宽度调试方式调压是一种最常用的方案，这种方式简称 SPWM（Sinusoidal Pulse Width Modulation）。

2-5 脉冲宽度调制
（PWM）

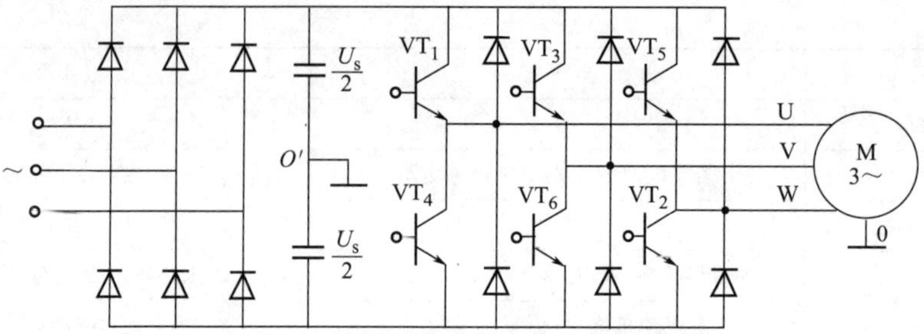

图 2-19 PWM 变频器主电路原理图

① SPWM 逆变器的工作原理 以正弦波作为逆变器输出的期望波形，以频率比期望波高得多的等腰三角波作为载波（carrier wave），并用频率和期望波相同的正弦波作为调制波（modulation wave），当调制波与载波相交时，由它们的交点确定逆变器开关器件的通断时刻，从而获得在正弦调制波的半个周期内呈两边窄、中间宽的一系列等幅不等宽的矩形波，如图 2-20 所示。

按照波形面积相等的原则，每一个矩形波的面积与相应位置的正弦波面积相等，因而这个序列的矩形波与期望的正弦波等效。这种序列的矩形波称作 SPWM 波。

② SPWM 控制方式 如果在正弦调制波的半个周期内，三角载波只在正或负的一种极性范围内变化，所得到的 SPWM 波也只处于一个极性的范围内，叫作单极性控制方式，如图 2-21 所示。如果在正弦调制波半个周期内，三角载波在正负极性之间连续变化，则 SPWM 波也是在正负之间变化，叫作双极性控制方式，如图 2-22 所示。

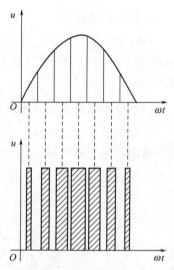

图 2-20 SPWM 调制原理

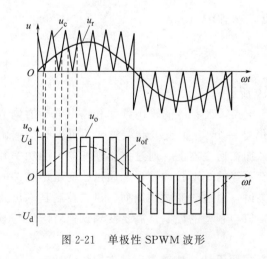

图 2-21 单极性 SPWM 波形

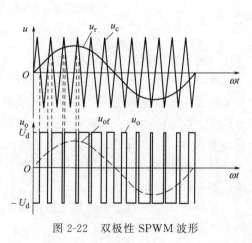

图 2-22 双极性 SPWM 波形

③ 变频器的三相桥式 SPWM 逆变电路 电路如图 2-23 所示。控制方式采用双极性控

制，开关器件使用 IGBT，负载是感性负载。

a. 调频原理。

载波 u_T：U、V、W 三相调制信号公用。

调制信号 u_{rU}、u_{rV}、u_{rW}：三相正弦波。

调频：改变三相调制信号 u_{rU}、u_{rV}、u_{rW} 的频率，输出频率改变。

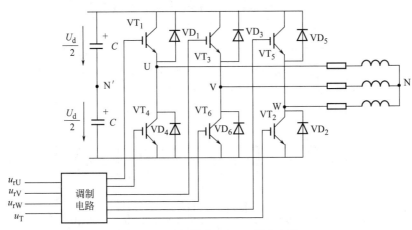

图 2-23　三相桥式 SPWM 逆变电路

b. 控制过程。以 U 相为例，当 $u_{rU} > u_T$ 时，给 VT$_1$ 导通信号，给 VT$_4$ 关断信号，则 U 相负载的输出电压 $u_{UN'} = U_d/2$；当 $u_{rU} < u_T$ 时，给 VT$_4$ 导通信号，给 VT$_1$ 关断信号，则 U 相负载的输出电压 $u_{UN'} = -U_d/2$。VT$_1$ 和 VT$_4$ 的驱动信号始终是互补的。当给 VT$_1$（VT$_4$）加导通信号时，可能是 VT$_1$（VT$_4$）导通，也可能是二极管 VD$_1$（VD$_4$）续流导通，这由感性负载中原来电流的大小和方向决定。V 相和 W 相的控制方式和 U 相相同，只是相位上相差 120°。$u_{UN'}$、$u_{VN'}$ 和 $u_{WN'}$ 的波形如图 2-24（b）、（c）、（d）所示。线电压 u_{UV} 的波形可由 $u_{UN'} - u_{VN'}$ 得出，如图 2-24（e）所示。

c. 调压原理。变频器的调压和调频是同时进行的。当将三相调制信号 u_{rU}、u_{rV}、u_{rW} 的频率调低（高）时，三个信号的幅度也相应变小（大），使得调制信号的 U/f 为常数，或按照设定的要求变化。若调制信号的幅度变小，则变频器的输出脉冲宽度变窄，等效电压变低；若调制信号的幅度变大，则变频器的输出脉冲宽度变宽，等效电压变高。

结论：变频器的调压调频过程是通过控制三相调制信号的频率和幅度进行的。

注意：同一相上下两个桥臂的驱动信号要求先加关断信号，再延迟 Δt 时间，才给另一个施加导通信号。延迟时间 Δt 的长短由功率开关器件的关断时间决定，但要尽可能短，延时越长使输出 SPWM 波偏离正弦波的程度越大。

④ SPWM 交-直-交变频器的特点　SPWM 交-直-交变频器具有以下特点。

a. 主电路只有一个可控的环节，结构简单。

b. 使用了不可控整流器，使电网功率因数与逆变器输出电压的大小无关，功率因数接近于 1。

c. 逆变器在调频的同时实现调压，与中间的直流环节的元器件参数无关，加快了系统的动态响应。

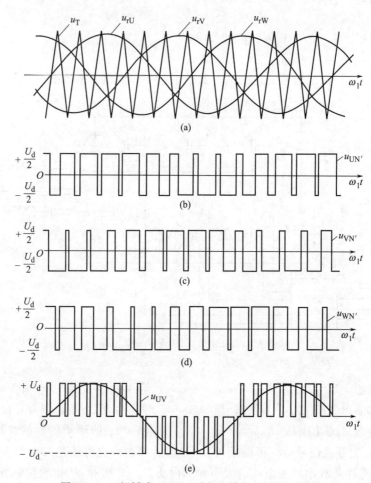

图 2-24　三相桥式 SPWM 逆变电路的 SPWM 波形

d. 可获得更好的输出电压波形，能抑制或消除低次谐波，使负载电动机可在近似正弦波的交变电压下运行，转矩脉动小，调速范围宽，提高了系统的性能。

2.2.4　按控制方式分类

按控制方式不同，变频器可分为 U/f 控制、转差频率控制和矢量控制三种类型。

(1) U/f 控制变频器

U/f 控制是一种比较简单的控制方式。它的基本特点是对变频器输出的电压和频率同时进行控制，通过 U/f（电压和频率的比）的值保持一定而得到所需的转矩特性。

初期的通用型变频器基本上采用的是 U/f 控制方式。但是，由于在实际的电路中存在着定子阻抗上的压降，尤其是当电动机进行低速运转时感应电动势较小，定子阻抗上的压降更不能忽略。为了改善 U/f 变频器在低频时的转矩特性，各个厂家都在自己的产品中采取了不同的补偿措施，以保证当电动机在低速区域运行时仍然能够得到较大的输出转矩。这种补偿也称为变频器的转矩增强功能或转矩提升功能。

U/f 控制变频器虽然结构比较简单，但是，由于这种变频器用的是开环控制方式，其精度和动态特性并不是十分理想，尤其是在低速区，电压调整比较困难，难以得到较大的调速范围。所以采用这种控制方式的变频器一般是对控制性能要求不太高的通用变频器。

（2）转差频率控制变频器

转差频率控制方式是对 U/f 控制的一种改进。在采用这种控制方式的变频器中，电动机的实际速度由安装在电动机上的速度传感器和变频器控制电路得到，而变频器的输出频率则由电动机的实际转速与所需转差频率的和自动设定，从而达到在进行调速控制的同时控制电动机输出转矩的目的。

转差频率控制是利用了速度传感器的速度闭环控制，并可以在一定程度上对输出转矩进行控制，所以和 U/f 控制方式相比，在负载发生较大变化时仍能达到较高的速度精度和较好的转矩特性。但是，由于采用这种控制方式时需要在电动机上安装速度传感器，并需要根据电动机的特性调节转差，通常多用于厂家指定的专用电动机，通用性较差。

（3）矢量控制变频器

矢量控制是 20 世纪 70 年代由 Blaschke 等人首先提出来的，是对交流电动机的一种新的控制思想和控制技术，也是交流电动机的一种理想的调速方法。矢量控制的基本思想是将异步电动机的定子电流分为产生磁场的电流分量（励磁电流）和与其相垂直的产生转矩的电流分量（转矩电流）并分别加以控制。由于在这种控制方式中必须同时控制异步电动机定子电流的幅值和相位，即控制定子电流矢量，这种控制方式称为矢量控制方式。

矢量控制方式使对异步电动机进行高性能的控制成为可能。采用矢量控制方式的交流调速系统不仅在调速范围上可以与直流电动机相匹敌，而且可以直接控制异步电动机产生的转矩，所以已在许多需要进行精密控制的领域得到了应用。由于在进行矢量控制时需要准确地掌握电动机的有关参数，这种控制方式过去主要用于厂家指定的变频器专用电动机的控制。但是，随着变频调速理论和技术的发展以及现代控制理论在变频器中的成功应用，目前在新型矢量控制变频器中已经增加了自调整功能。带有这种功能的变频器在驱动异步电动机进行正常运转之前可以自动地对电动机的参数进行辨识并根据辨识结果调整控制算法中的有关参数，从而使得对普通异步电动机进行有效的矢量控制也成为可能。

目前在变频器中得到实际应用的矢量控制方式主要有基于转差频率控制的矢量控制方式和无速度检测器的矢量控制方式两种。

（4）各种控制方式特点

当从控制理论的观点出发进行分类时，变频器的控制方式可以分为开环控制和闭环控制两种方式。其中 U/f 控制属于开环控制，而转差频率控制和矢量控制则属于闭环控制，二者的区别主要在于 U/f 控制方式中没有进行速度反馈，而在转差频率控制方式和矢量控制方式中则对电动机进行了速度检测和反馈控制。

虽然 U/f 控制变频器采用的是开环控制方式，在速度控制方面不能给出满意的控制性能，但是，由于这种变频器有着很高的性能价格比，在以节能为目的和对速度精度要求不太高的各种用途中得到了广泛的应用。

与采用了开环控制方式的 U/f 控制相比，转差频率控制采用的是一种进行速度反馈控制的闭环控制方式，因此其动、静态性能都优于 U/f 控制，可以应用于对速度和精度有较高要求的各种调速系统。但是，由于采用这种控制方式的变频器的控制性能不如矢量控制变频器，而且二者在硬件电路的复杂程度上相差不大，目前采用转差频率控制方式的变频器已基本上被矢量控制变频器所取代。

矢量控制是异步电动机的一种理想的控制方式，它具有许多优点。例如，可以从零转速进行速度控制，调速范围宽；可以对转矩进行精确控制；系统响应速度快；加减速特性好等。在矢量控制方式中，基于转差频率控制的矢量控制变频器的性能优于无速度传感器的矢量控制变频器。但是，由于采用这种控制方式时需要在异步电动机上安装速度传感器，严格来讲，这种变频器难以充分发挥异步电动机本身具有的结构简单、坚固耐用等特长。此外，在某些情况下，由于电动机本身或所在环境的原因无法在电动机上安装速度传感器，因此在对控制性能（例如调速范围、转矩精度等）要求不是特别高的情况下往往采用无速度传感器的矢量控制方式的变频器。

变频器三种控制方式比较如表 2-5 所示。

表 2-5 变频器三种控制方式特性比较

项目		U/f 控制	转差频率控制	矢量控制
加减速特性		急加减速控制有限度,四象限运转时在零速度附近有空载时间,过电流抑制能力小	急加减速控制有限度（比 U/f 控制有提高）,四象限运转时在零速度附近有空载时间,过电流抑制能力中	急加减速控制无限度,可以进行连续四象限运转,过电流抑制能力大
速度控制	范围	1：10	1：20	1：100 以上
	响应	—	5～10rad/s	30～100rad/s
	控制精度	根据负载条件转差频率发生变动	与速度检测精度、控制运算精度有关	模拟最大值的 0.5％,数字最大值的 0.05％
转矩控制		原理上不可能	除车辆调速等外,一般不适应	适用,可以控制静止转矩
通用性		基本上不需要因电动机特性差异进行调整	需要根据电动机特性给定转差频率	按电动机不同的特性需要给定磁场电流、转矩电流、转差频率等多个控制量
控制构成		最简单	较简单	稍复杂

2.2.5 按输入电流的相数分类

按输入电流的相数分为三进三出变频器和单进三出变频器。

(1) 三进三出变频器
变频器的输入侧和输出侧都是三相交流电。绝大多数变频器都属于此类。

(2) 单进三出变频器
变频器的输入侧为单相交流电，输出侧是三相交流电。家用电器里的变频器均属此类，单进三出变频器通常容量较小。

【任务工单】

工作任务单		编号:2-2
工作任务	变压变频调速装置的类型与特点分析　　建议学时	2
班级	学员姓名	工作日期

任务目标	1. 掌握变频调速装置基本类型和特点; 2. 掌握脉冲宽度调制的原理; 3. 掌握 SPWM 的基本原理和实现方法; 4. 熟悉与 SPWM 控制有关的信号波形; 5. 掌握变频器在节能、自动控制领域的应用及功能。
工作设备 及材料	1. DJDK-1 型电力电子技术及电机控制实训装置; 2. DJK13 三相异步电动机变频调速控制挂箱; 3. 双踪示波器; 4. 万用表。
任务要求	1. 会正确使用万用表; 2. 会正确使用示波器; 3. 会根据实验数据画出特性曲线; 4. 会分析系统动态波形,并讨论系统参数的变化对系统动、静态性能的影响。
提交成果	1. 工作总结; 2. 操作记录; 3. 排故记录。
小组成员 任务分工	项目负责人全面负责任务分配、组员协调,使小组成员分工明确,并在教师的指导下完成以下任务:总方案设计、系统安装、工具管理、任务记录、环境与安全等。
学习信息	1. 变频器的种类都有哪些? 其主要特点是什么? 2. 查看森蓝 SB100 变频器,西门子 MM440、G120 变频器说明书,了解森蓝变频器主电路的结构类型、特点等。 3. 什么是变频器的控制方式? 熟悉各种控制方式的主要特点和应用范围。 4. 三相正弦波脉宽度调制(SPWM)变频原理。
工作过程	接通挂件电源,关闭电机开关,调制方式设定在 SPWM 方式下(将控制部分 S、V、P 的三个端子都悬空),然后开启电源开关。 ① 点动"增速"按键,将频率设定在 0.5Hz,在 SPWM 部分观测三相正弦波信号(在测试点"2、3、4"),观测三角载波信号(在测试点"5"),三相 SPWM 调制信号(在测试点"6、7、8"),再点动"转向"按键,改变转动方向,观测上述各信号的相位关系变化并记录。

工作过程	② 逐步升高频率,直至到达50Hz处,重复以上的步骤。 ③ 将频率设置为0.5～60Hz的范围内改变,在测试点"2、3、4"中观测正弦波信号的频率和幅值的关系并记录。
检查评价	1. 工作过程遇到的问题及处理方法: 2. 评价 自评:□优秀　□良好　□合格 同组人员评价:□优秀　□良好　□合格 教师评价:□优秀　□良好　□合格 3. 工作建议:

任务 2.3　中小容量通用变频器认知

【任务描述】

在介绍变频器的分类时已经谈到，变频器的主电路按照变流环节、直流电路的滤波环节、电压调制方式、控制方式和输入电源的相数可以有多种类型。由于不同类型的主电路工作方式、开关方式和控制方式的不同组合将形成不同的变频器，变频器的类型也很多。掌握中小容量通用变频器的相关使用至关重要。

【相关知识】

2.3.1　变频器的基本结构

虽然变频器的种类很多，其内部结构也各有不同，它们的区别仅仅是主电路工作方式的不同和控制电路、检测电路等实现的不同而已。变频器基本结构框图如图 2-25 所示。交-直-交通用变频器由主电路和控制电路组成，主电路包括整流器、中间直流环节和逆变器。控制电路由运算电路、检测电路、控制信号的输入/输出电路和驱动电路组成。

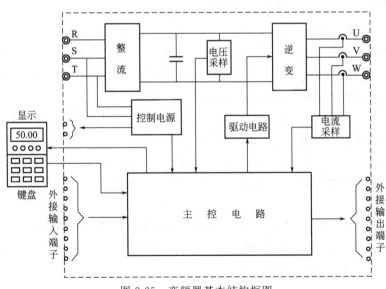

图 2-25　变频器基本结构框图

2.3.2　变频器的主电路

交-直-交电压型通用变频器的主电路如图 2-26 所示。

2-6 变频器主电路

（1）整流电路

整流电路的主要作用是把三相（单相）交流电转变成直流电，为逆变电路提供所需的直流电源，在电压型变频器中整流电路的作用相当于一个直流电源。

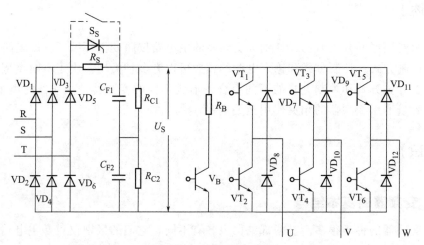

图 2-26　交-直-交电压型通用变频器主电路

在中小容量变频器中，一般整流电路采用不可控的桥式电路，整流器件采用整流二极管或二极管模块，如图 2-26 中的 $VD_1 \sim VD_6$。

（2）滤波及限流电路

滤波电路通常由若干个电容并联成一组，如图 2-26 中 C_{F1} 和 C_{F2}。由于电解电容的电容量有较大的离散性，可能使各电容承受的电压不相等，为了解决电容 C_{F1} 和 C_{F2} 均压问题，在电容旁各并联一个阻值相等的均压电阻 R_{C1} 和 R_{C2}。

在图 2-26 中，串接在整流桥和滤波电容之间的限流电阻 R_S 和短路开关 S_S 组成了限流电路。变频器在接入电源之前，滤波电容 C_{F1} 和 C_{F2} 上的直流电压 $U_S=0$。当变频器接入电源的瞬间，将有一个很大的冲击电流经整流桥流向滤波电容，整流桥可能因电流过大而在接入电源的瞬间受到损坏，限流电阻 R_S 可以削弱该冲击电流，起到保护整流桥的作用。

限流电阻 R_S 如果长期接在电路中，会影响直流电压和变频器输出电压的大小，所以当直流电压增大到一定值时，接通短路开关 S_S，把 R_S 切除。S_S 大多由晶闸管构成，小容量变频器中，也常由继电器的触点构成。

（3）直流中间电路

由整流电路可以将电网的交流电源整流成直流电压或直流电流，但这种电压和电流含有频率为电源频率六倍的电压和电流纹波，将影响直流电压或电流的质量。为了减小这种电压或电流的波动，需要加电容器或电感器作为直流中间环节。

对电压型变频器来说，直流中间电路通过大容量的电容对输出电压进行滤波。直流电容为大容量电解电容。为了得到所需的耐压值和容量，可根据电压和变频器容量的要求将电容进行串联和并联使用。

（4）逆变电路

逆变电路是变频器最主要的部分之一，它的功能是在控制电路的控制下将直流中间电路输出的直流电压，转换为电压、频率均可调的交流电压，实现对异步电动机的变频调速控制。

在中小容量的变频器中多采用 PWM 开关方式的逆变电路，换流器件为大功率晶体管（GTR）、绝缘栅双极晶体管（IGBT）或功率场效应晶体管（P-MOSFET）。随着可关断晶闸管（GTO）容量和可靠性的提高，在中大容量变频器中采用 PWM 开关方式的 GTO 晶闸管逆变电路逐渐成为主流。

在图 2-26 中，由开关器件 $VT_1 \sim VT_6$ 构成的电路称为逆变桥，由 $VD_7 \sim VD_{12}$ 构成续流电路，续流电路的作用如下：

① 为电动机绕组的无功电流返回直流电路提供通路；

② 当频率下降使同步转速下降时，为电动机的再生电能反馈至直流电路提供通路；

③ 为电路的寄生电感在逆变过程中释放能量提供通路。

（5）能耗制动电路

在电动机制动过程中，变频器主电路中需要设置制动电路。

① 制动电路的作用　在采用变频器对异步电动机进行调速控制时，为了使电动机减速，可以采取降低变频器输出频率的方法降低电动机的同步转速，从而达到使电动机减速的目的。在电动机的减速过程中，由于同步转速低于电动机的实际转速，异步电动机便成为异步发电机，负载机械和电动机所具有的机械能量被馈还给电动机，并在电动机中产生制动力矩。

对于电流型变频器来说，当负载的异步电动机作为异步发电机工作时，由于直流电路电压的极性将发生变化，电能将按照异步电动机到变频器到供电电源的方向流动，可以通过适当控制直接将电能馈还给电源，而不需要专门设置制动电路。而对于电压型变频器来说，上述回馈能量则主要经馈还二极管整流后送至直流中间电路，并使平滑电容的电压（即直流中间电路的输出电压）上升。如图 2-26 所示，

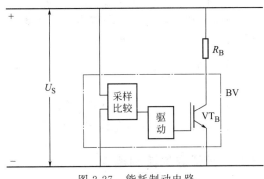

图 2-27　能耗制动电路

电动机再生电能经过续流二极管 $VD_7 \sim VD_{12}$ 全波整流后，反馈到直流电路，由于直流电路的电能无法回馈给电网，在 C_{F1} 和 C_{F2} 上将产生短时间的电荷堆积，形成"泵生电压"，使直流电压升高，当直流电压过高时，可能损坏换流器件。必须通过一条放电回路，将再生的电能消耗掉。因此，在电压型变频器中必须根据电动机减速的需要专门设置制动电路。这种制动方式是通过消耗能量而获得制动转矩的，属于能耗制动，对应的电路就是能耗制动电路。

② 制动电路的构成　能耗制动电路如图 2-27 所示。由图可知，能耗制动电路由制动电阻 R_B、制动单元 BV 构成。

制动电阻 R_B 的主要作用是将电动机在减速过程中使再生电能转换成热能而消耗掉。

R_B 阻值的大小一般以使制动电流不超过变频器额定电流的一半为宜，即

$$I_B = \frac{U_S}{R_B} \leqslant \frac{I_N}{2}$$

则

$$R_B \geqslant 2 \times \frac{U_S}{I_N}$$

制动单元 BV 的作用是当直流回路的电压 U_S 超过规定的限制时，接通能耗制动电路，使直流回路通过 R_B 释放能量。

制动单元是由功率管 VT_B、电压取样与比较电路和驱动电路组成。功率管 VT_B 主要用于接通和关断能耗制动电路，常选用 GTR 和 IGBT 器件。电压取样与比较电路的作用是按比例取出 U_S 的一部分作为采样电压，和基准电压进行比较，得到控制 VT_B 导通或截止的指令信号。

驱动电路的作用是接收"取样与比较电路"给出的指令信号，驱动 VT_B 导通或截止。

③ 制动电路的工作原理　当检测到直流电压 U_S 超过规定的电压上限时，功率管 VT_B 导通，并以 $I_B = U_S/R_B$ 放电电流进行放电；而当检测到直流电压 U_S 达到事先设定的某一电压下限时，则功率管关断，电容重新进入充电过程，从而达到限制直流电压上升过高的目的。在上述电路中，制动电阻 R_B 的大小决定了变频器的制动能力，因此必须根据系统的需要进行选择。

(6) 主电路的外部接线

在做变频器主电路外部接线时，应注意以下几点。

① 对输入侧，在电源和变频器之间，通常应接入断路器和接触器。断路器的作用是在安装与维修变频器时，起隔离作用。接触器主要是为了便于控制，同时当变频器发生故障时，能迅速切断变频器的电源。

② 变频器输出侧通常直接接电动机，在变频器和电动机之间，一般不允许接入接触器。

③ 由于变频器内具有热保护功能，所以一般情况下，可以不接热继电器。

④ 变频器的输出侧不允许接电容器。

2.3.3　变频器的控制电路

控制电路指为主电路提供控制信号，以完成电路输出调节、各种保护，实现输出指示的弱电电路。不同品牌的变频器控制电路差异较大，但其基本结构大致相同，主要由主控板、操作面板、控制电源等组成。

(1) 主控板

变频器的主控板是一个高性能的微处理器，它通过 A/D、D/A 转换等接口电路接收检测电路和外部接口电路送来的各种检测信号和参数设定值，利用事先编制好的软件进行必要的处理，并为变频器的其他部分提供各种必要的控制信号和显示信息。其主要功能有：

① 接收来自于键盘输入的各种信号。

② 接收来自于外接控制电路输入的各种信号。

③ 接收内部采样信号。内部采样信号包括主电路中电压与电流的采样信号、各部分温度的采样信号和各逆变管工作状态的采样信号。

④ 完成 PWM 调制。将接收的各种信号进行判断和综合运算，发出 PWM 调制指令，并分配给各逆变管的驱动电路。

⑤ 向显示板和显示屏发出各种显示信号。

⑥ 当发现异常时，立即发出保护指令进行保护。

⑦ 向外电路提供控制信号及显示信号。

(2) 操作面板

操作面板包括键盘及显示屏等。

① 键盘　进行运行操作或程序预置，不同品牌的变频器的键盘设置和符号是不一样的，一般键盘应配置以下几种按键。

运行键：运行键用于在键盘运行模式下进行各种运行操作，常见符号有 RUN（运行）、FWD（正转）、REV（反转）、STOP（停止）、JOG（点动）等。

模式转换键：模式转换键是用于切换变频器工作模式的。变频器的基本工作模式有运行和显示模式、编程模式等，常见的符号有 MOD、PRG、FUNC 等。

读出、写入键：读出、写入键用于在编程模式下"读出"原有数据和"写入"新的数据，常见的符号有 SET、READ、WRITE、DATA、ENTER 等。

数据增减键：数据增减键适用于改变数据的大小。常见的增加符号有 △、↑，减少符号有 ▽、↓ 等。

复位键：变频器因故障跳闸后，其内部控制电路将被封锁。复位键用于故障修复后恢复正常状态。符号为 RESET（或简写为 RST）。

数字键：有的变频器配置了"0～9"和小数点"."等数字键，编程时可直接输入所需数据。

② 显示屏　显示控制面板提供的各种显示数据，有两种显示屏：LED 数码显示屏，显示无单位的数字量和简单的英文代码；液晶显示屏，显示数字和文字。

显示屏显示的数据类型如下。

运行数据：运行时的各种输出数据。

功能参数码：编程时的功能代码和数据。

故障代码：故障状态下的故障代码。

(3) 电源

为控制电路提供直流电源。其内部电源具有电压稳定性好、抗干扰能力强等优点，并与主电路有良好的电气隔离。

(4) 外部端子

主电路的端子包括输入端子（R、S、T）和输出端子（U、V、W）。

控制电路的输入端子包括输入模拟控制端子和输入接点控制端子。模拟控制端子用于接收模拟信号调节运行频率；接点控制端子用于接收开关信号进行运行控制。

控制电路的输出端子包括输出监视端子和输出指示端子。监视端子输出开关信号，用于报警或运行状态指示；指示端子用于输出与频率成正比的模拟信号，用于指示各种输出数据。

笔 记

2.3.4 变频器主要功能

随着变频技术的发展，变频器的功能越来越多，性能不断提高，由最初的模拟控制，到微型单片机的全数字控制，变频控制技术已发展到了一个较为成熟的阶段。微处理器运算速度的提高和位数的增加，为通用变频器功能的完善和性能的提高奠定了坚实的基础。

(1) 频率给定功能

频率给定有三种方式供用户选择。

① 面板给定方式。由操作面板上的键盘设置给定频率。

② 外接给定方式。通过外部的模拟量或数字输入给定端口，将外部频率给定信号输入变频器。

③ 通信接口给定方式。由计算机或其他控制器通过通信接口进行给定。

(2) 控制方式的选择功能

① U/f 控制方式　U/f 控制方式有三种形式可供用户选择。

a. 基本 U/f 线。满足输出电压与输出频率之比为常数的 U/f 线称为基本 U/f 线，如图 2-28 所示。基本 U/f 线确定了与额定电压 U_N 对应的基本频率的大小。在图 2-28 中的曲线 1、曲线 2 和曲线 3 分别是基本频率为 50Hz、60Hz、75Hz 时的基本 U/f 线。

b. 任选 U/f 线。变频器为用户提供了许多不同补偿程度的 U/f 线，供用户选择，如图 2-29 所示。

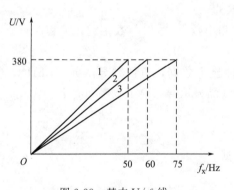

图 2-28　基本 U/f 线

1—基本频率为 50Hz；2—基本频率为 60Hz；
3—基本频率为 75Hz

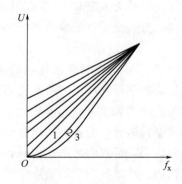

图 2-29　任选 U/f 线

1—未补偿的 U/f 线；2—低减补偿 U/f 线；
3—更低减补偿 U/f 线

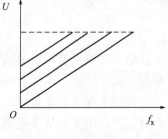

图 2-30　自动调整的 U/f 线

c. U/f 线的自动调整功能。变频器可根据负载的具体情况自动调整转矩补偿程度，自动调整的 U/f 线是相互平行的，如图 2-30 所示。

② 矢量控制方式

a. 带速度反馈的矢量控制。这种控制方式具有很好的动态和静态性能指标，是性能最好的控制方式。

b. 无速度反馈的矢量控制。这种控制方式不需要速度反馈，适用于对系统的动态性能要求不太高的场合，其应用十分广泛。

（3）与频率有关的功能设置

与频率有关的功能包括：极限频率、加速时间、减速时间、加速曲线、减速曲线、回避频率、段速频率、频率增益、频率偏置等。

① 极限频率

a. 最高频率 f_{max}：变频器允许输出的最高频率，一般为电动机的额定频率。

b. 基本频率 f_b：又称基准频率或基底频率，只有在 U/f 模式下才设定。它是指当输出电压 $U=U_N$ 时，f 达到的值，一般为额定频率 f_N。f_{max}、f_b 与电压 U 的关系如图 2-31 所示。

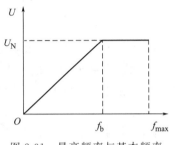

图 2-31 最高频率与基本频率

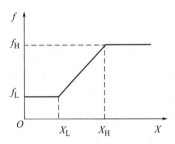

图 2-32 上限频率与下限频率

电动机在一定的场合应用时，其转速应该在一定范围内，超出此范围会造成事故或损失。

c. 上限频率 f_H 和下限频率 f_L。

上限频率 f_H：允许变频器输出的最高频率。

下限频率 f_L：允许变频器输出的最低频率。

设置 f_H、f_L 的目的：限制变频器的输出频率范围，从而限制电动机的转速范围，防止由于错误操作造成事故。

设置 f_H、f_L 后变频器的输入信号与输出频率之间的关系如图 2-32 所示。X 指输入模拟量信号，电压或电流。$X \leqslant X_L$ 时，$f=f_L$；$X_L < X < X_H$ 时，f 随 X 的变化而成正比变化；$X \geqslant X_H$ 时，$f=f_H$。

变频器驱动的电动机采用低频启动，为了保证电动机正常启动而又不过流，变频器须设定加速时间。电动机减速时间与其拖动的负载有关，有些负载对减速时间有严格要求，变频器须设定减速时间。

② 加速时间和减速时间

a. 加速时间和减速时间的理论定义（两种定义方法）。其一：变频器输出频率从 0 上升到基本频率 f_b 所需要的时间，称为加速时间；变频器输出频率从基本频率 f_b 下降至 0 所需要的时间，称为减速时间。变频器理论加减速时间如图 2-33 所示。其二：变频器输出频率从 0 上升到最高频率 f_{max} 所需要的时间，称为加速时间；变频器输出频率从最高频率 f_{max} 下降至 0 所需要的时间，称为减速时间。

b. 变频器的实际加减速时间一般小于等于理论设定的加减速时间，如图 2-34 所示。

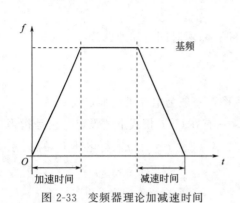

图 2-33 变频器理论加减速时间　　图 2-34 变频器实际加减速时间

c. 加速时间设定的原则及方法。加速时间设定原则：兼顾启动电流和启动时间，一般情况下负载重时加速时间长，负载轻时加速时间短。加速时间设置方法：用试验的方法，使加速时间由长而短，一般使启动过程中的电流不超过额定电流的 1.1 倍为宜。有些变频器还有自动选择最佳加速时间的功能。

d. 减速时间设定的必要性及设置原则。重负载制动时，制动电流大可能损坏电路，设置合适的减速时间，可减小制动电流；水泵制动时，快速停车会造成管道"空化"现象，损坏管道。减速时间的设定原则：兼顾制动电流和制动时间，保证无管道"空化"现象。

e. 变频器在不同的段速可设置不同的加减速时间。

③ 加速曲线和减速曲线

a. 加速曲线。有三种加速曲线：

• 线性上升方式，如图 2-35(a) 中的曲线①所示。频率随时间成正比上升，适用于一般要求的场合。

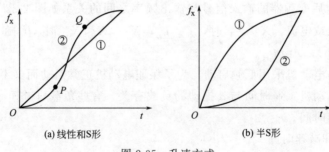

图 2-35 升速方式

• S 形上升方式，如图 2-35(a) 中的曲线②所示。先慢、中快、后慢，启动、制动平稳，适用于传送带、电梯等对启动有特殊要求的场合。

• 半 S 形上升方式：正（下）半 S 形上升方式，适用于大惯性负载；反（上）半 S 形上升方式，适用于泵类和风机类负载。如图 2-35(b) 所示。

b. 减速曲线与加速曲线类似。

c. 组合曲线的设置。根据不同的机型可分为三种情况。

• 只能预置加、减速的方式，曲线形状由变频器内定，用户不能自由设置。

• 用户可选择不同加、减速时间的S区（如0.2s、0.5s、1s等）。

• 用户可在一定的非线性区内设置时间的长短。

④ 回避频率（跳跃频率、跳转频率）

a. 回避频率的概念：变频器跳过而不运行的频率，一般情况下一个系统可设三个以上，如图2-36所示。

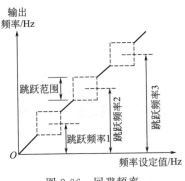

图2-36 回避频率

b. 设置回避频率的必要性：避免系统共振。

c. 设置回避频率的方法。

设定回避频率的上端和下端频率，如43Hz、39Hz，则回避39～43Hz；

设定回避频率值和回避频率的范围，如41Hz、3Hz，则回避38～44Hz；

只设定回避频率：回避频率范围由变频器内定。

⑤ 段速频率设置功能

a. 段速控制功能：指不同时间段对应的输出频率不同，它是通用变频器的基本功能。

b. 段速运行控制必需的参数：段速频率、段速时间、段速开始指令、段速运行模式，一般有4～16段。

c. 段速功能的设置有两种方法。

• 按程序设置。设置和执行步骤为：设置段速频率→设置段速时间→设置加速时间→设置减速时间→设置运转方向→设置运行模式→按运行键。

• 由外端子控制。设置和执行步骤为：设置运行控制模式→设置具体的控制端子→设置各段速频率→用控制端子确定各段速运行时间。

⑥ 频率增益和频率偏置功能

a. 频率增益。频率增益指上限输出频率对应的输入电压与最大外输入模拟控制信号的比率，即 f/X，如图2-37所示。

外输入模拟控制信号指由模拟控制端子输入的信号，如电压0～5V、0～10V，电流4～20mA。

设置频率增益功能的目的：使在相同的输入信号作用下，各个变频器的输出频率不同，主要用于控制多台变频器的比例运行。

b. 频率偏置。频率偏置是指输入模拟控制信号和输出频率不同时为 0 的现象，分为正向偏置和反向偏置两种情况，如图 2-38 所示。

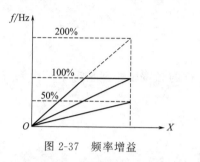

图 2-37　频率增益

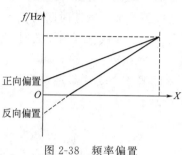

图 2-38　频率偏置

正向偏置：输入模拟信号为 0 时输出频率大于 0。

反向偏置：输入模拟信号大于某一值时才有输出频率。

设置频率偏置的目的：配合频率增益调整多台变频器联动的比例精度，也可作为防止噪声的措施。

(4) 变频器的主要保护功能

由于在变频调速系统中，驱动对象往往相当重要，不允许发生故障，随着变频器技术的发展，变频器的保护功能也越来越强，以保证系统在遇到意外情况时也不出现破坏性故障。

在变频器的保护功能中，有些功能是通过变频器内部的软件和硬件直接完成的，而另外一些功能则与变频器的外部工作环境有密切关系。它们需要和外部信号配合完成，或者需要用户根据系统要求对其动作条件进行设定。变频器的保护功能一般有过电流保护、主器件自保护、过电压保护、欠电压保护、变频器过载保护、防止失速保护和外部报警输入保护等。

① 过电流保护功能　当电动机过电流或输出端短路时，变频器输出电流的瞬时值若超过过电流检测值，则过电流保护功能动作。

② 主器件自保护功能　当发生电源欠电压、多路、接地、过电流、散热器过热等，变频器主器件保护功能动作。

③ 过电压保护功能　来自电动机的再生电流增加，主电路直流电压若超过过电压检测值，过电压保护功能动作。

④ 欠电压保护功能　电源电压降低后，主电路直流电压若降到欠电压检测值以下，则欠电压保护功能动作。欠电压包括电源电压过低、电源缺相、电源瞬时停电等。

⑤ 变频器过载保护功能　输出电流超过反时限特性过载电流额定值时，过载保护功能动作。

⑥ 防止失速保护功能　如果在加速或减速中超出变频器的电流限流值，就会使加速或减速动作暂停。在加速或减速中如果失速保护功能动作，则加速或减速时间会比设定时间长。

⑦ 外部报警输入保护　当发生电动机过载等故障时，外部报警输入保护。

【任务工单】

<table>
<tr><td colspan="3" style="text-align:center">工作任务单</td><td style="text-align:right">编号:2-3</td></tr>
<tr><td>工作任务</td><td>中小容量通用变频器认知</td><td>建议学时</td><td>2</td></tr>
<tr><td>班级</td><td>学员姓名</td><td>工作日期</td><td></td></tr>
<tr><td>任务目标</td><td colspan="3">1. 认识变频器硬件结构及外部端子;
2. 会连接变频器的硬件接线;
3. 会操作变频器基本操作面板;
4. 学会变频器参数复位方法;
5. 掌握变频器常用参数的含义及设置方法。</td></tr>
<tr><td>工作设备
及材料</td><td colspan="3">1. 森蓝 SB100 变频器、电动机各一台;
2. 万用表 1 块;
3. 导线若干、断路器一个;
4. 电工工具一套。</td></tr>
<tr><td>任务要求</td><td colspan="3">1. 能正确连接变频器硬件线路;
2. 会在变频器的基本操作面板上完成参数复位、设置和修改;
3. 会熟练操作变频器基本面板上的各按钮;
4. 会观察并记录变频器、电动机的运行参数。</td></tr>
<tr><td>提交成果</td><td colspan="3">1. 工作总结;
2. 操作记录;
3. 排故记录。</td></tr>
<tr><td>小组成员
任务分工</td><td colspan="3">项目负责人全面负责任务分配、组员协调,使小组成员分工明确,并在教师的指导下完成以下任务:总方案设计、系统安装、工具管理、任务记录、环境与安全等。</td></tr>
<tr><td rowspan="2">学习信息</td><td colspan="3">以森蓝 SB100 变频器基本操作面板为例进行学习。
1. 交-直-交变频器的主电路是怎样构成的?
2. 查看森蓝 SB100 变频器说明书,了解森蓝 SB100 变频器主要功能、控制方式等。
3. 有一台并联在水路中的水泵,在 0Hz 时启动不起来,怎么办?
4. 观察森蓝 SB100 变频器基本操作面板,填写表 2-6。</td></tr>
<tr><td colspan="3">

表 2-6 森蓝 SB100 变频器的面板信息

分类	名称	功能
按键		
显示窗		

5. 观察森蓝 SB100 变频器的参数复位过程。
</td></tr>
</table>

续表

工作过程	1. 画出森蓝 SB100 变频器主电路接线。

2. 将变频器复位为工厂缺省值。

3. 快速调试参数设置。

4. 参数设置：用频率设定键盘操作，改变输出频率，调节电动机转速。

5. 调节电位器，记录测试的数据于表 2-7 中，观察电动机变频调速运行变化。

表 2-7　测试数据

f/Hz	10	20	30	40	50
I/A					
U/V					
$n/(\text{r/min})$					

6. 由 0Hz 开始，线性上升，上升时间 5s。运行频率 40Hz，停车时，线性降速，降速时间 5s。设置参数，观察电动机运行变化并记录如下。

7. 设定回避频率为 10Hz，回避区间宽度为 2Hz。S 形上升，上升时间 5s。运行频率 40Hz，停车时，S 形降速，降速时间 5s。设置参数，观察电动机运行变化并记录如下。

检查评价

1. 工作过程遇到的问题及处理方法：

2. 评价

自评：□优秀　□良好　□合格

同组人员评价：□优秀　□良好　□合格

教师评价：□优秀　□良好　□合格

3. 工作建议：

任务 2.4 变频调速系统的控制

【任务描述】

当变频器主电路接好电源线之后，要控制电动机的运行，还需要给有关端子接上外围接控制电路，并且将变频器的启动方式参数设为外部操作模式。变频调速系统控制电路是为变频器的主电路提供通断控制信号的电路，其主要任务是完成对逆变器开关器件的开关控制和提供多种保护功能。

【相关知识】

2.4.1 变频器的外接主电路

2-8 变频器外接
主电路

(1) 变频器的输入主电路

变频器输入侧的主电路如图 2-39 所示。

① 空气断路器 Q 用于变频器接通电源，还有当变频器需要检查或修理时，断开空气断路器，使变频器与电源隔离。空气断路器还具有过电流保护和欠电压保护等保护功能，能有效地对电路进行短路保护及其他保护。

② 输入接触器 KM 用于接通或切断变频器的电源，可以和变频器的报警输出端子配合，当变频器因故障而跳闸时，可使变频器迅速地脱离电源。

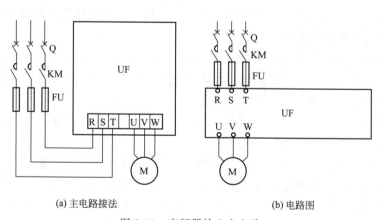

(a) 主电路接法　　　　　　　　(b) 电路图

图 2-39　变频器输入主电路

③ 快速熔断器 FU 主要用于短路保护。当变频器的主电路发生短路时，起保护作用快于空气断路器。

(2) 变频器的输出主电路

① 不接输出接触器的场合　在一台变频器驱动一台电动机的情况下，建议不要接输出接触器，如图 2-40(a) 所示。如果输出侧接入接触器，有可能出现变频器的输出频率从

0Hz 开始上升时，电动机却因接触器未闭合而并不启动，等到输出侧接触器闭合时，变频器已经有较高的输出频率，构成电动机在一定频率下的直接启动，导致变频器因过电流而跳闸。

② 必须接入输出接触器的场合　在变频器需要和工频运行进行切换的场合，当电动机工频运行时，必须使电动机首先与变频器脱离，这就需要用接触器了，如图 2-40(b) 所示。当一台变频器与多台电动机相接时，则各台电动机必须单独通过接触器与变频器相连，如图 2-40(c) 所示。

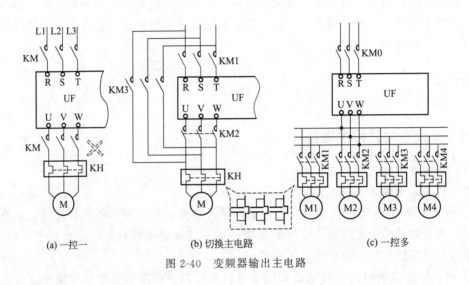

(a) 一控一　　　　　　　　　　(b) 切换主电路　　　　　　　　　　(c) 一控多

图 2-40　变频器输出主电路

③ 热继电器

a. 在一台变频器驱动一台电动机的情况下，因为变频器内部具有十分完善的热保护功能，没有必要接入热继电器。

b. 在上述需要接输出接触器的场合，热继电器也应该接入。但因为变频器的输出电流中存在高次谐波成分，为了防止热继电器误动作，在热继电器的发热元件旁，应并联旁路电容，使高次谐波电流不通过发热元件。

④ 变频器输出端需要接入电抗器的场合　在一些特殊场合，变频器的输出侧需要接入输出电抗器。主要有以下两种情况。

a. 电动机和变频器之间的距离较远。因为变频器的输出电压是按载波频率变化的高频电压，输出电流中也存在着高频谐波电流。当电动机和变频器间的距离较远时，传输线路中，分布电感和分布电容的作用将不可小视，如图 2-41(a) 所示。可能出现的现象有：电动机侧电压升高、电动机发生振动等。接入输出电抗器可以消减电压和电流中的高次谐波成分，从而缓解上述现象。

b. 轻载的大电动机配用容量较小的变频器。例如，电动机的容量为 90kW，实际运行功率只有 45kW。这时，可以配用一台 55kW 的变频器。但必须注意，90kW 的电动机与 55kW 的电动机相比，其等效电感较小，故电流的峰值较大，有可能损坏 55kW 的变频器。接入输出电抗器后，可以消减输出电流的峰值，从而保护了变频器，如图 2-41(b) 所示。

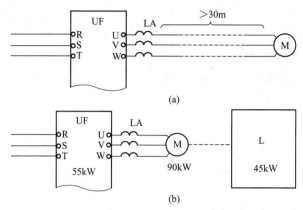

图 2-41 需要接入输出电抗器的场合

2.4.2 主要电器的选择

(1) 空气断路器和熔断器

在选择空气断路器和快速熔断器时，必须注意其"断路电流"，即断路器和快速熔断器的保护电流的大小。

① 需要注意的几个方面

a. 变频器接通电源时（图 2-42），有较大的充电电流。对于容量较小的变频器，有可能使断路器或快速熔断器误动作。

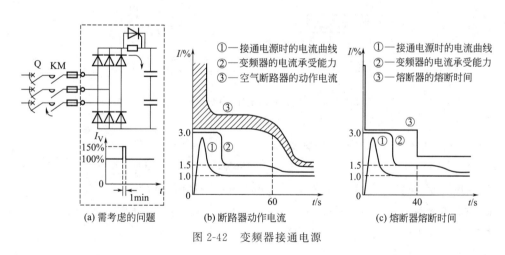

图 2-42 变频器接通电源

b. 变频器的输入电流内，具有大量的高次谐波成分。因此，电流的峰值有可能比基波分量的振幅值大很多，导致断路器和快速熔断器误动作。

c. 变频器本身具有 150%、1min 的过载能力。如果断路器和快速熔断器的动作电流过小，将使变频器的过载能力不能发挥作用。

② 选择原则

断路器：

$$I_{QN} \geqslant (1.3 \sim 1.4) I_N$$

熔断器：

$$I_{FN} \geqslant (1.5 \sim 1.6) I_N$$

式中　I_{QN}——断路器的额定电流，A；

　　　I_{FN}——快速熔断器的额定电流，A；

　　　I_N——变频器的额定电流，A。

（2）接触器

① 输入接触器。因为接触器本身并无保护功能，故不必考虑误动作的问题。只要其主触点的额定电流大于变频器的额定电流就可以了。

$$I_{KM} \geqslant I_N$$

② 输出接触器。由于变频器的输出电流中含有频率与载波频率相同的谐波成分，故输出接触器的主触点的额定电流应略大于电动机的额定电流。

$$I_{KM} \geqslant 1.1 I_{MN}$$

（3）变频器与电动机之间的导线

当电动机与变频器之间的距离较长时，须注意线路电压降的影响（图 2-43）。因为在低频运行时，变频器的输出电压较低，线路电压降的影响将会变得十分明显，影响电动机的正常运行。所以，要求将线路电压降限制在比较小的范围内，要求：

$$\Delta U \leqslant (2\% \sim 3\%) U_N$$

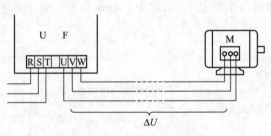

图 2-43　输出电路的电压降

【例 2-1】　某电动机的主要额定数据如下：

$$P_{MN} = 37 \text{kW}, \quad U_{MN} = 380 \text{V}, \quad I_{MN} = 69.8 \text{A}$$

输电距离为 $l = 100 \text{m}$，导线截面为 16mm^2。试分析其运行状况。

解： ① 工频运行　由电工手册查得：选截面积为 16mm^2 的导线，允许长时间运行的电流为 73A。

工频运行时，允许的电压降为：

$$\Delta U \leqslant 5\% \times 380 = 19 \ (\text{V})$$

② 变频运行　允许的电压降为：

$$\Delta U \leqslant (2\% \sim 3\%) \times 380 = 7.6 \sim 11.4 \ (\text{V})$$

③ 线路电压降的计算

$$\Delta U = \frac{\sqrt{3} I_{MN} R_0 l}{1000}$$

式中，R_0 为单位长度导线的电阻，$\text{m}\Omega/\text{m}$。查手册得：$R_0 = 1.10 \text{m}\Omega/\text{m}$。

$$\Delta U = \frac{\sqrt{3} \times 69.8 \times 1.10 \times 100}{1000} = 13.3 \ (\text{V}) \ > 11.4 \ (\text{V})$$

可见，变频运行时，导线应加粗。

2.4.3 电动机的正、反转控制电路

(1) 电动机的启动

变频器一般也可以通过电源来直接启动电动机，称为"通电启动"，如图 2-44 所示。

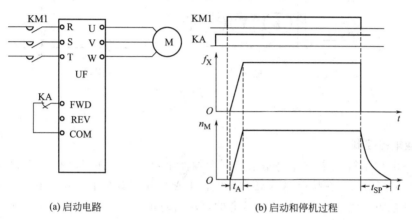

(a) 启动电路   (b) 启动和停机过程

图 2-44 通电启动过程

但大多数变频器不希望采用这种方式来启动电动机，原因如下。

① 容易误动作。因为控制电路是与变频器同时接通电源的，由于控制电路对电源电压的要求甚高，其滤波电路的时间常数很大，故控制电源的电压在接通电源后升高较缓慢，在尚未升高至正常电压之前的临界状态，控制电路的工作有可能出现紊乱。尽管某些变频器对此已经做了处理，但所做的处理仍须由控制电路来完成。因此，其准确性和可靠性难以得到充分的保证。

② 电动机容易自由制动。当通过接触器 KM 切断电源来停机时，变频器将很快因欠电压而封锁逆变电路，电动机将处于自由制动状态，不能按预置的降速时间来停机。但也有变频器经过功能预置，可以选择"通电启动"。

(2) 常用启动方式

① 端子启动。当变频器选择有外接端子进行控制时，要启动电动机，必须首先使变频器控制端子中的"FWD"（正转）和"COM"端子或"REV"（反转）和"COM"端子之间接通，如图 2-45(a) 中继电器触点 KA 所示。

在停机状态下，如果接通"FWD"和"COM"，则变频器的输出频率开始按预置的升速时间上升，电动机随频率的上升而开始启动。

在运行状态下，如果断开"FWD"和"COM"，则变频器的输出频率将按预置的降速时间下降为 0Hz，电动机降速并停止。

② 键盘启动。如图 2-45(b) 所示，按面板上的 RUN 键，电动机即按预置的加速时间加速到所设定的频率。

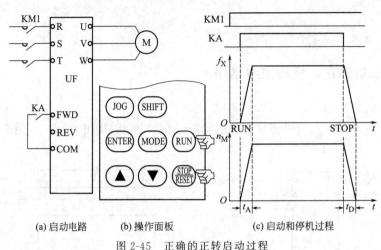

(a) 启动电路　　　(b) 操作面板　　　　　(c) 启动和停机过程

图 2-45　正确的正转启动过程

（3）继电器控制

如图 2-46 所示接触器 KM 只用来控制变频器是否通电。而电动机的启动与停止是由继电器 KA 来控制的。在接触器 KM 和继电器 KA 之间，有两个互锁环节。

① KM 未吸合之前，KA 是不能接通的，从而防止了先接通 KA 的误动作，控制回路中触点 KM 的作用就在于此。

② 当 KA 处于接通状态时，KM 不能断电，从而保证了只有在电动机先停机的情况下，才能使变频器切断电源。触点 KA 的功能就是在继电器 KA 线圈得电的情况下，使常闭按钮 SB1 失去作用。

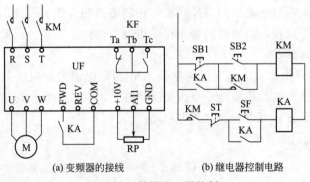

(a) 变频器的接线　　　　　　　　　　(b) 继电器控制电路

图 2-46　外接继电器控制

（4）自锁控制（三线控制）

采用继电器控制的电路显然较为复杂。为了简化电路，变频器设置了自锁功能，使电动机启动后可以"自锁"。有的变频器配置了专用的自锁端子，也有的变频器并无专用端子，需从可编程输入端子中任选一个输入端子，通过功能预置，使之具有自锁功能，如图 2-47(a) 中的 X1 端所示。其工作特点如下。

　　当按下动合（常开）按钮 SF 时，电动机正转启动，由于 X1 端子具有自锁功能，故松开 SF 后，电动机将保持运行状态；当按下动断按钮 ST 时，X1 和 COM 之间的联系被切断，自锁解除，电动机将减速并停止。这样，只需要两个按钮开关就可以进行电动机的启动和停止控制了。

　　由于自锁控制需要将控制线接到三个输入控制端子，故在变频器说明书中，常称为"三线控制"方式。

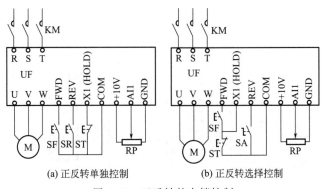

(a) 正反转单独控制　　　　(b) 正反转选择控制

图 2-47　正反转的自锁控制

(5) 电动机的反转

　　① 改变相序　一般情况下，人们习惯于通过改变相序来改变电动机的旋转方向。具体方法是，任意交换电动机的两根相线。但在使用变频器的情况下，需要注意如图 2-48 所示的几种情形。

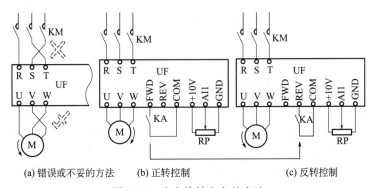

(a) 错误或不妥的方法　　　　(b) 正转控制　　　　(c) 反转控制

图 2-48　改变旋转方向的方法

　　a. 交换变频器进线的相序是没有意义的。因为变频器的中间环节是直流电路，所以变频器输出电路的相序与输入电路的相序之间是毫无关系的。

　　b. 交换变频器输出线的相序是可以的，但却不是最佳方案。因为从变频器到电动机的导线通常是比较粗的，尤其是当电动机的容量大时，要交换主电路的相序，是比较费事的。

　　② 改变控制端子　变频器的输入控制端子中，有"正转控制端"（FWD）和"反转控制端"（REV）。如果原来控制线是接到 FWD 端的，而发现电动机的旋转方向反了，则只

需将控制线改接到 REV 端就可以了。

③ 改变功能预置　例如，康沃 CVF-G2 系列变频器中，功能码"b-4"用于预置"转向控制"。数据码为"0"时是正转，数据码为"1"时是反转。

2.4.4　外接控制端子的应用

变频器的外接输入控制端子中，通过功能预置，可以将若干个（通常为 2～4 个）输入端作为多挡（3～16 挡）转速控制端。其转速的切换由外接开关器件的状态组合来实现，如图 2-49 所示。

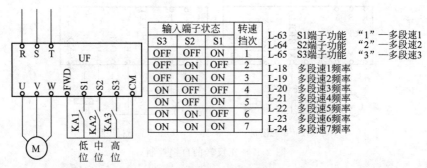

输入端子状态			转速挡次	
S3	S2	S1		L-63　S1端子功能　"1"—多段速1
OFF	OFF	ON	1	L-64　S2端子功能　"2"—多段速2
OFF	ON	OFF	2	L-65　S3端子功能　"3"—多段速3
OFF	ON	ON	3	L-18　多段速1频率
ON	OFF	OFF	4	L-19　多段速2频率
ON	OFF	ON	5	L-20　多段速3频率
ON	ON	OFF	6	L-21　多段速4频率
ON	ON	ON	7	L-22　多段速5频率
				L-23　多段速6频率
				L-24　多段速7频率

图 2-49　多挡转速的功能

变频器在实现多挡转速控制时，需要解决如下问题：一方面，变频器每个输出频率的挡次需要有三个输入端的状态来决定；另一方面，操作人员切换转速所用的开关器件通常为按钮开关或触摸开关，每个挡次只有一个触点。

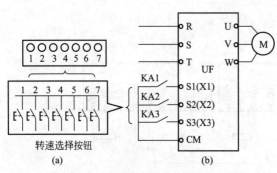

图 2-50　转速选择按钮与变频器受控端子

所以，必须解决好转速选择开关的状态和变频器各控制端状态之间的变换问题，如图 2-50 所示。

针对这种情况，通过 PLC 来进行控制是比较方便的。

[举例]　某生产机械有 7 挡转速，通过 7 个选择按钮来进行控制。

① 控制电路　如图 2-51 所示。

a. PLC 的输入电路。PLC 的输入端子 X1～X7 分别与不自复按钮开关 SB1～SB7 相接，用于接收 7 挡转速的信号。

b. PLC 的输出电路。PLC 的输出端 Y1、Y2、Y3 分别接至变频器输入控制端的 S1、S2、S3，用于控制 S1、S2 和 S3 的状态。

② PLC 的梯形图　观察端子状态表，可得如下规律：

a. 变频器端子 S1 在第 1、3、5、7 挡转速时都处于接通状态。因此 PLC 的输入端子 X1、X3、X5、X7 中只要有一个得到信号，则输出端子 Y1 便有输出，使变频器的 S1 端得到信号。

b. 变频器端子 S2 在第 2、3、6、7 挡转速时都处于接通状态。因此 PLC 的输入端子

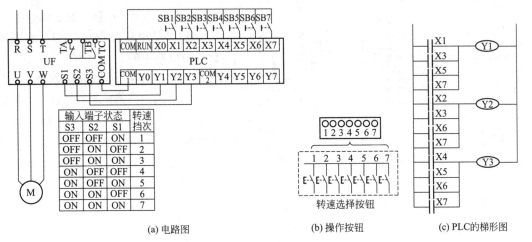

图 2-51 多挡转速的控制

X2、X3、X6、X7 中只要有一个得到信号，则输出端子 Y2 便有输出，使变频器的 S2 端得到信号。

c. 变频器端子 S3 在第 4、5、6、7 挡转速时都处于接通状态。因此 PLC 的输入端子 X4、X5、X6、X7 中只要有一个得到信号，则输出端子 Y3 便有输出，使变频器的 S3 端得到信号。

③ 工作过程举例

示例 1：用户选择第 3 挡转速：

按下 SB3 ——→ PLC 的 X3 得到信号；

　　　　——→ PLC 的 Y1 和 Y2 有输出；

　　　　——→ 变频器的 S1、S2 端子得到信号；

　　　　——→ 变频器将在第 3 挡转速下运行。

示例 2：用户选择第 6 挡转速：

按下 SB6 ——→ PLC 的 X6 得到信号；

　　　　——→ PLC 的 Y2 和 Y3 有输出；

　　　　——→ 变频器的 S2、S3 端子得到信号；

　　　　——→ 变频器将在第 6 挡转速下运行。

2.4.5 专用输出控制端子的应用

(1) 报警输出端

当变频器因发生故障而跳闸时，报警输出继电器立刻动作，动断触点 "Ta-Tb" 断开；动合触点 "Ta-Tc" 闭合。

图 2-52 是报警输出端子的应用实例，当变频器跳闸时：

① 迅速切断变频器的电源。图中报警输出端子的动断触点 "Ta-Tb" 是串联在接触器 KM 的线圈电路中的，KM 的主触点用于接通变频器的电源。

当变频器的故障继电器动作时，"Ta-Tb" 断开，KM 的线圈失电，主触点断开，变频器切断电源。

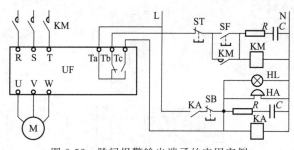

图 2-52　跳闸报警输出端子的应用实例

② 进行声光报警。图中动合触点"Ta-Tc"是串联在指示灯 HL 和电笛 HA 的电路中的。

当变频器的故障继电器动作时，"Ta-Tc"闭合，指示灯 HL 和电笛 HA 发出声光报警信号，同时，继电器线圈 KA 得电，其触点可保持声光报警电路继续通电。因为变频器电源被切断后，触点"Ta-Tc"将不能长时间维持闭合状态。操作人员按下 SB 后，声光报警将停止。

(2) 模拟量输出端

变频器的各项运行参数可以通过外接仪表来进行测量，为此，专门配置了为外接仪表提供测量信号的外接模拟量输出端子。

变频器的外接测量输出端子通常有两个，用于测量频率和电压。除此之外，还可以通过功率预置测量其他运行数据，如：输出电压、转矩、负荷率、功率，以及 PID 控制时的目标和反馈值等。

2.4.6　多单元拖动系统的同步控制

(1) 同步控制

许多生产机械都具有多个运行单元，各单元的运行速度之间，常常需要按一定的规律配合。

① 各单元的转速必须能够统一调整，即一起加速，一起减速。

② 各单元的转速又能够单独进行微调。

图 2-53 所示是热熔印染机的多单元拖动系统，它们对同步控制的基本要求是保持被加工物件在各单元的线速度一致：

$$v_1 = v_2 = v_3 = v_4 = v_5 = \cdots$$

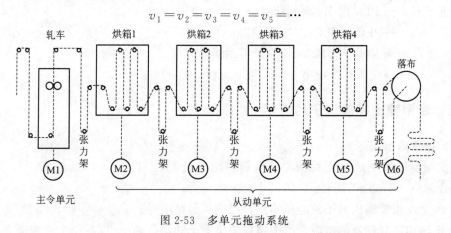

图 2-53　多单元拖动系统

(2) 手动同步控制

以三个单元的同步控制为例，其控制电路如图 2-54 所示。

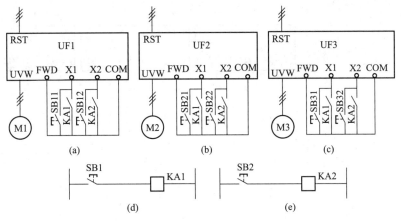

图 2-54 手动同步控制电路（继电器）

① 统调　统调的升速和降速分别由继电器 KA1 和 KA2 来执行。KA1 的动合触点接至各变频器的升速端子（X1）；KA2 的动合触点接至各变频器的降速端子（X2）。

KA1 和 KA2 又接受按钮开关 SB1（升速）和 SB2（降速）的控制：

按下 SB1，继电器 KA1 得电，其触点使变频器 UF1、UF2、UF3 的升速端子 X1 同时得到信号，各单元电动机同时升速；

按下 SB2，继电器 KA2 得电，其触点使变频器 UF1、UF2、UF3 的降速端子 X2 同时得到信号，各单元电动机同时降速。

② 微调　各单元的微调分别由按钮开关 SB11、SB21、SB31（升速）和 SB12、SB22、SB32（降速）来进行。

例如，当发现 2 单元的线速度偏慢时，只需按一下 SB21，使变频器 UF2 的输出频率和电动机 M2 的转速升高，以提高 2 单元的线速度。

如果需要同步控制的单元较多，一个继电器的触点不够，需要用两个或多个继电器，则不但增大了控制柜的体积，且增加了噪声和故障率。如采用光耦合管进行控制，则可排除上述弊病。

(3) 自动同步控制

① 同步信号的取出　图 2-55 所示的张力架是常用的取出同步信号的方法之一。

由图 2-55(a) 可知：当后面单元的线速度 v_2 大于前面单元的线速度 v_1 时，张力架必上升，并旋动无触点电位器 RP1；反之，当后面单元的线速度 v_2 小于前面单元的线速度 v_1 时，张力架必下降，并反方向旋动无触点电位器 RP1。

② 自动同步控制

a. 统调。变频器 UF1、UF2 和 UF3 的 VI1 端是频率的主给定端，VI1 和 GND 分别接至可调稳压电源的"+10V"和 0V 之间，给定信号的大小，由电位器 RP0 进行调节。当调节 RP0 时，可调稳压电源的正、负电压同时改变，各单元变频器的输出频率也同步改变。

b. 微调。各从动单元变频器的辅助给定端 VI2 接至无触点电位器 RP1 的活动端，RP1 的两大固定端分别接至可调稳压电源的正端与负端。因此，VI2 端得到的信号是可正、可负的。VI2 端得到的辅助给定信号将与 VI1 端得到的主给定信号相加，成为决定变频器输出频率的合成给定信号。假设 $v_2 > v_1$，则张力架上升，RP1 的活动端移向可调稳

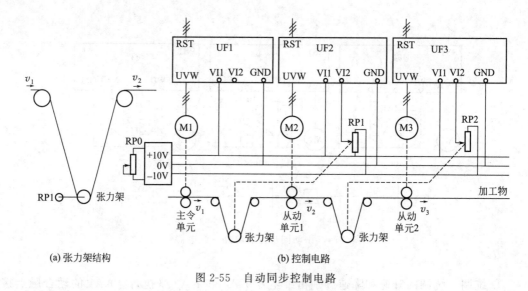

图 2-55 自动同步控制电路

压电源的"－"端，从动变频器 UF2 和 UF3 的 VI2 端得到"－"信号，使合成给定信号减小，UF2 和 UF3 的输出频率降低，v_2 减慢，实现了自动微调。

2.4.7 变频与工频的切换控制

(1) 切换控制的主要场合

① 有些机械在生产过程中是不允许停机的，一旦变频器发生故障，应立即把电动机切换到工频电源上去。当变频器修复后，再切换为变频运行。

② 在水泵的恒压供水系统中，如果变频泵的运行频率已经达到了上限频率，而供水系统的压力仍不足时，应将该泵切换为工频运行，而让变频器去启动另一台泵。反之，如果一台水泵在工频运行，而供水压力偏高时，也可以把水泵切换成变频运行。

(2) 切换控制的要点

① 主电路必须可靠互锁。切换控制的主电路如图 2-56 所示，图中三个接触器的功能分别是：KM1 用于接通变频器的电源；KM2 用于把电动机接到变频器；KM3 用于把电动机接到工频电源。此外，因为工频运行时，变频器不可能对电动机进行过载保护，所以，必须接入热继电器 KH，用于工频运行时的过载保护。

切换时，应先断开 KM2，使电动机脱离变频器。经适当延时后合上 KM3，将电动机接至工频电源。

由于变频器的输出端是不允许与电源相连接的，因此，接触器 KM2 和 KM3 绝对不允许同时接通，互相间必须有非常可靠的互锁。经验表明，KM2 和 KM3 采用有机械互锁的接触器是适宜的。

② 为保证 KM2 和 KM3 不同时接通，当电动机脱离变频器（KM2 断开）到接通工频电源（KM3 闭合）的过程中，应该有"切换

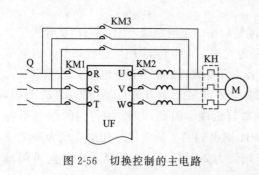

图 2-56 切换控制的主电路

延时"，用 t_c 表示。

对切换延时的要求是：在延时期间，生产机械的转速不应下降得太多，以减小电动机与工频电源相接时的冲击电流。通常，大容量电动机在切换至工频电源时的转速，应不低于电动机额定转速的 80%。容量较小的电动机可适当放宽。

2-12 变频器
的闭环控制

2.4.8　变频器的闭环控制

(1) 闭环控制的目的

以空气压缩机的恒压控制系统为例，如图 2-57 所示。

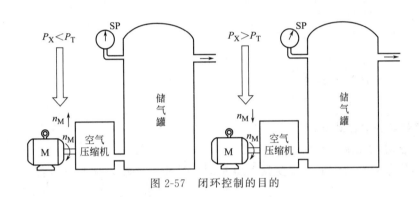

图 2-57　闭环控制的目的

其基本工作过程是：电动机拖动空气压缩机旋转，使之产生压缩空气，并储存于气罐中。储气罐中空气压力的大小取决于空气压缩机产生压缩空气的能力（在本系统中，就取决于电动机的转速 n_M）和用户气量之间的平衡状况。

为了保证供气质量，要求储气罐的空气压力稳定在某一个数值上。这个数值是控制目标，称之为目标压力，用 P_T 表示。

恒压控制对拖动系统的具体要求是：当用户的用气量增加，储气罐内的实际压力 P_X 小于目标压力 P_T 时，要求电动机加速，使储气罐的压力上升至目标值。

反之，当用户的用气量减少，储气罐内的实际压力 P_X 大于目标压力 P_T 时，要求电动机减速，使储气罐内的压力下降至目标值。这就是闭环控制所要达到的目的。

(2) 恒压控制的工作过程

要使拖动系统中的某个物理量（例如压力）稳定在所希望的数值上，变频器的工作过程具有两个方面：一方面，系统将根据给定的目标信号来控制电动机的运行；另一方面，又必须把反馈信号反馈给变频器，使之与目标信号不断地进行比较，并根据比较结果来实时地调整电动机的转速。

仍以空气压缩机的恒压控制系统为例，如图 2-58 所示。

设：X_T 为目标信号，其大小与所要求的储气罐压力相对应，也称目标值。在图中，目标信号由电位器 RP 根据需要人为地给定，接至变频器的给定输入

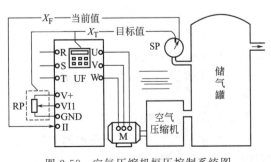

图 2-58　空气压缩机恒压控制系统图

端 VI1。

X_F 为压力变送器的反馈信号（被控信号），其大小与储气罐的实际压力相对应，也称实际值。在图中，通过传感器 SP 测得，接至变频器的反馈输入端 II。

则变频器输出频率 f_X 的大小由合成信号 $(X_T - X_F)$ 决定。

① 空气压力 $P > P_T$

则 $X_F > X_T \rightarrow (X_T - X_F) < 0$

$\rightarrow f_X \downarrow \rightarrow n_M \downarrow$

$\rightarrow P \downarrow \rightarrow X_F \downarrow$

$\rightarrow$ 直至 $(X_F \approx X_T)$ 为止。

② 空气压力 $P < P_T$

则 $X_F < X_T \rightarrow (X_T - X_F) > 0$

$\rightarrow f_X \uparrow \rightarrow n_M \uparrow$

$\rightarrow P \uparrow \rightarrow X_F \uparrow$

$\rightarrow$ 直至 $(X_F \approx X_T)$ 为止。

(3) 变频器的 PID 功能

① 目标信号与反馈信号的接入

a. 目标信号由键盘给定，则变频器所有的外接模拟量输入端都可以接反馈信号，如图 2-59(a) 所示。

b. 目标信号由外接模拟量的主给定端输入，则其余的模拟量给定端都可以接反馈信号，如图 2-59(b) 所示。

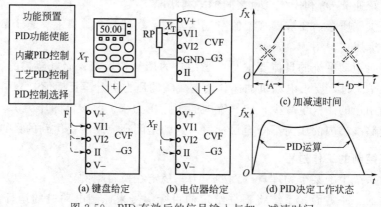

图 2-59　PID 有效后的信号输入与加、减速时间

c. 加、减速时间。当 PID 功能有效时，变频器所预置的加速时间和减速时间都不再起作用。其加速和减速过程仅仅根据 P、I、D 的运算结果来决定，如图 2-59(d) 所示。

d. 显示内容。当 PID 功能有效时，显示屏上显示的是目标信号和反馈信号的相对值，单位是百分数。

② PID 的控制逻辑

a. 负反馈。如图 2-60(a) 所示的空气压缩机恒压控制，假设储气罐的压力 P_X 由于用气量增大而下降，当实际压力 P_X 低于目标压力 P_T 时，要求电动机增大转速，以产生更大的压缩空气进行补充。

反映到变频器，则当反馈信号 X_F 下降到低于目标信号 X_T 时，变频器的输出频率应该上升，以提高电动机的转速，使储气罐的压力保持恒定。在这里，变频器输出频率的变化趋势与反馈量的变化趋势是相反的，这种控制方式，称为负反馈，如图 2-60(b) 所示。

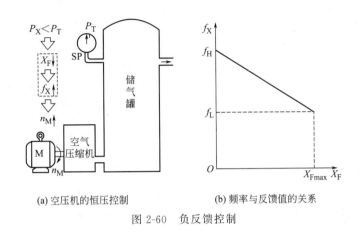

(a) 空压机的恒压控制　　　　　(b) 频率与反馈值的关系

图 2-60　负反馈控制

b. 正反馈。如图 2-61(a) 所示房间恒温控制，当室内温度高于目标温度时，要求鼓风机提高转速，向会议室吹入更多的冷空气。反映到变频器，则当实际温度的反馈信号 X_F 高于温度的目标信号 X_T 时，变频器的输出频率应该上升，以提高电动机的转速，增大冷空气吹入室内的风量，使室内的温度保持恒定。在这里，变频器输出频率的变化趋势与反馈量的变化趋势是相同的，这种控制方式称为正反馈，如图 2-61(b) 所示。

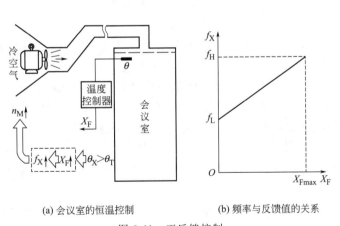

(a) 会议室的恒温控制　　　　　(b) 频率与反馈值的关系

图 2-61　正反馈控制

(4) 闭环控制的启动问题（积分饱和）

① 启动存在的问题　部分拖动系统在启动前，被控量与目标值之间相差较远，例如，某会议室由鼓风机吹入冷空气来降温。如图 2-62 所示，会议室在未使用前，室内的空气温度 θ_X 比开会时的目标温度 θ_T 高很多，所以，鼓风机在启动前，温差较大，从而反馈信号 X_F 和目标信号 X_T 之间的偏差值很大，积分运算的结果将迅速达到上限值，出现了

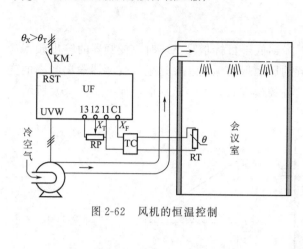

图 2-62　风机的恒温控制

"积分饱和"现象，使 PID 调节在一段时间内失去作用。结果，电动机将很快升速，导致因过电流而跳闸。

② 解决方法 1——利用外接端子切换　如图 2-63 所示，电动机的启动与停止由继电器 KA1 控制。将输入端 X4 预置为"PID 有效选择"控制端，由继电器 KA2 的动断触点控制：KA2 线圈得电，触点断开，PID 功能有效；KA2 线圈断电，触点闭合，PID 功能失效。

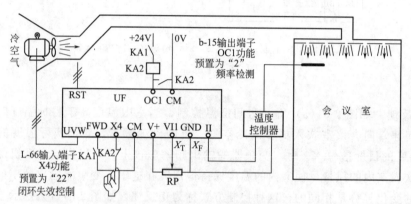

图 2-63　闭环与开环控制的切换

将外接输出端子 OC1 预置为"频率到达"，则当变频器的输出频率到达预置值后，输出控制端"OC1-CM"导通。

其工作过程是：启动时 KA1 动作，电动机启动，继电器 KA2 的线圈处于断电状态，其动断触点闭合，使 PID 功能无效，电动机的启动过程由"加速时间"控制；当电动机已经启动起来，变频器的输出频率到达预置的"频率到达值"时，输出端子"OC1-CM"导通，继电器 KA2 线圈得电，其动断触点断开，PID 功能有效，变频器切换为闭环运行。电动机的工作状态由 PID 调节功能进行控制；同时，继电器 KA2 的动合触点闭合，使 KA2 线圈保持通电（自锁）。

③ 解决方法 2——利用变频器的 PID 启动功能　有的变频器针对 PID 功能有效后可能出现的启动问题，设置了"PID 加、减速时间"功能，专用于当 PID 功能有效时的启动过程中。

a. 安川 CIMR-G7A 系列。预置 PID 加、减速时间：功能码 b5-17 用于预置"PID 指令用加减速时间"。当 PID 功能有效时，其启动过程中的加、减速时间将由 b5-17 功能独立决定。

b. 西门子 430 系列。功能码 P2293 为"PID 上升时间"，用于启动时防止因加速太快而跳闸。

c. 丹佛士 VLT5000 系列。功能码 439 为"工艺 PID 启动频率"，当收到启动信号时，变频器将转入开环控制方式运行，按加速时间加速。在达到 439 功能所预置的启动频率时，才转为闭环工艺控制。

【任务工单】

工作任务单			编号:**2-4**
工作任务	变频器调速系统的控制	建议学时	2
班级		学员姓名	工作日期
任务目标	1. 掌握变频器外部接线端子的连接方法和功能; 2. 掌握变频器开关量端子的参数设置; 3. 能实现用变频器外部开关量端子控制电动机可逆运行和点动运行; 4. 灵活使用基本操作面板和外部端子组合控制的方式和方法。		
工作设备 及材料	1. 森蓝 SB00 变频器、电动机各一台; 2. 万用表 1 块; 3. 导线若干、断路器一个; 4. 电工工具一套。		
任务要求	1. 会使用外部接线端子控制电动机实现正、反转的点动运行; 2. 会使用基本操作面板和外部端子组合控制电动机的可逆运行和调速。		
提交成果	1. 工作总结; 2. 操作记录; 3. 排故记录。		
小组成员 任务分工	项目负责人全面负责任务分配、组员协调,使小组成员分工明确,并在教师的指导下完成以下任务:总方案设计、系统安装、工具管理、任务记录、环境与安全等。		
任务 1 外部端子控制可逆运行调速电路的装调	学习信息	1. 森蓝 SB00 的开关量输入端子有多少个?可以使用的外部开关量有多少个?如何接线? 2. 某搅拌装置的要求如下:先以 45Hz 正转 30min,再以 35Hz 反转 20min,每次改变方向前,应先将转速降至 10Hz 运行 1min,又停止 1min 后再启动。如此往复,直至按下停止按钮后停止运行。如何设计其控制方案?	
	工作过程	1. 画出只采用外部输出端子控制电动机的可逆运行调速系统的硬件接线。 2. 列出只采用外部输出端子控制电动机的可逆运行调速变频器相关参数的设置。	

| 任务 1
外部端
子控制
可逆运
行调速
电路的
装调 | 工作过程 | 3. 分别合上开关 S1 和 S2，旋转电位器，观察并记录运行数据于表 2-8 中。

表 2-8　运行数据记录 |

开关状态	输入电压/V	输出频率/Hz	电动机转速/(r/min)	电动机转向
合上开关 S1	0			
	1			
	3			
	5			
	8			
合上开关 S2	0			
	1			
	3			
	5			
	8			

| 任务 2
工频与
变频切
换控制
电路 | 学习信息 | 1. 工频与变频切换系统的应用背景。
2. 变频运行停车时，如何保证实现软停车？ |
| | 工作过程 | 1. 设计工频与变频切换控制系统的硬件主电路，并分析电路原理。
2. 设计工频与变频切换控制系统的硬件控制电路、I/O 分配。
　① 画出 PLC 与变频器的硬件接线电路。
　② 记录 PLC I/O 分配于表 2-9 中。

表 2-9　PLC 的 I/O 分配记录 |

输入（I）			输出（O）		
输入继电器	输入元件	作用	输出继电器	输出元件	作用

| 检查评价 | 1. 工作过程遇到的问题及处理方法：

2. 评价
自评:□优秀　□良好　□合格
同组人员评价:□优秀　□良好　□合格
教师评价:□优秀　□良好　□合格
3. 工作建议： |

任务 2.5　变频器的选择

变频器的选择包括变频器种类的选择和容量的选择两个方面。

2.5.1　变频器种类的选择

最初在工业中采用变频器驱动异步电动机进行调速运转的目的是节能和减少维护，而随着电子技术及工艺的发展，变频器自身的功能、性能有了飞跃性的提高，现已广泛应用于各种行业之中。变频器根据性能及控制方式不同可分为简易型、多功能型、高性能型，其控制方式也依次为 U/f 控制、电压型 PWM 控制、电流型矢量控制。但最近由于控制技术的高速发展，矢量控制技术广泛引入到多功能型变频器中，使得高性能型与多功能型变频器的差距逐步缩小。根据用途对变频器进行分类时变频器可分为通用型、系统型和专用型变频器，如表 2-10 所示。

表 2-10　变频器分类

类型	适用范围		
	简　易　型	多　功　能　型	高　性　能　型
通用型变频器	风扇、风机、泵、土木机械	风扇、风机、泵、传送带、搅拌机、机床、挤出机	搅拌机、挤出机、电线制造机
系统型变频器	—	纺织机械	过程控制装置、连铸设备、胶片机、纸加工机、搬运机械
专用型变频器	空调洗衣机喷涌浴池印制电路板加工机械	—	机床（主轴）、电梯、起重机、升降机

(1) 简易通用型变频器

简易通用型变频器一般采用 U/f 控制方式，如风扇、风机、泵等，其节能效果显著，成本较低，另外为配合大量生产空调、真空泵、喷涌浴池等，以小型化、低成本为目的机电一体化专用变频器也逐渐增多。

(2) 多功能通用变频器

随着工厂自动化的不断深入，自动仓库、升降机、搬运系统等的高效率化，低成本化以及小型机床、挤压成形机、纺织及胶片机械等的高速化，高效率化，高精密化已日趋重要，多功能变频器正是适用这一要求的驱动器。

多功能变频器必须满足以下两项条件。

其一，与机械种类无关可实现恒转矩负载驱动，即使负载有很大的波动也能保证连续运转。如不能满足以上条件，则变频器会发生易停机，再启动困难，耐过载能力弱等事故。为了满足上述条件，变频器本身必须具有电流控制功能。例如，为了确保运转的可靠性而具备的瞬间停电对策和电子热继电器功能，从电网电源进行连续切换所必备的自寻速功能，针对大幅度负载波动的转矩补偿（增强）功能和防止失速功能等。这些功能都必须以电流控制为基础。

其二，变频器自身应易与机械相适应、相配合。在将广泛应用于生产机械的驱动技术进行软件化的同时，具有容易适合机械特性的可选功能、系统与变频器之间信息传递的输入输出功能等也非常重要。

（3）高性能通用变频器

经过十余年的发展，在钢铁行业的处理流水线和造纸设备、塑料胶片的制造、加工设备中，以矢量控制的变频器代替直流电动机控制已达到实用化阶段。笼型异步电动机以它构造上的特点，即优良的可靠性，易维护和适应恶劣环境的性能，以及进行矢量控制时具有转矩精度高等优点，被广泛用于需要长期稳定运行的多种特定的用途中。目前高性能变频器驱动系统已大量取代直流电动机驱动，广泛应用于挤压成形机、电线和橡胶制造设备之中。

2.5.2 变频器容量的选择

变频器容量的选定由很多因素决定，如电动机的容量、电动机的额定电流、加速时间等，其中最基本的是电动机的电流。

（1）驱动一台电动机

连续运转的变频器必须同时满足下列三项要求：

① 满足负载输出

$$P_{CM} \geqslant \frac{kP_M}{\eta \cos\varphi} \tag{2-12}$$

② 满足电动机容量

$$P_{CM} \geqslant 10^{-3} \sqrt{3} kU_E I_E \tag{2-13}$$

③ 满足加速时间电流

$$I_{CM} \geqslant kI_E \tag{2-14}$$

式中　P_{CM}——变频器容量，$kV \cdot A$；

　　　P_M——负载要求的电动机轴输出，kW；

　　　U_E——电动机额定电压，V；

　　　I_E——电动机额定电流，A；

　　　η——电动机效率（通常约 0.85）；

　　$\cos\varphi$——电动机功率因数（通常约 0.75）；

　　　k——电流波形补偿系数，由于变频器的输出波形并不是完全的正弦波，而含有高次谐波的成分，其电流应有所增加，PWM 方式变频器约 $1.05 \sim 1.1$。

（2）驱动多台电动机

当变频器同时驱动多台电动机时，一定要保证变频器的额定输出电流大于所有电动机额定电流的总和。如果电动机加速时间在 $1min$ 以内，必须满足以下要求：

① 满足驱动时的容量为

$$1.5P_{CM} \geqslant \frac{kP_M}{\eta \cos\varphi}[N_T + N_S(ks-1)] = P_{C1}[1+(ks-1)]\frac{N_S}{N_T} \tag{2-15}$$

② 满足电动机电流为

$$1.5I_{CM} \geqslant N_T I_E \left[1+(ks-1)\frac{N_S}{N_T}\right] \tag{2-16}$$

式中　P_{C1}——连续容量，$kV \cdot A$；

N_T——并列电动机台数；

ks——电动机启动电流/电动机额定电流；

N_S——电动机同时启动的台数。

当电动机加速时间在 1min 以上时，必须满足以下要求：

① 满足驱动时的容量为

$$P_{CM} \geqslant \frac{kP_M}{\eta\cos\varphi}[N_T + N_S(ks-1)] = P_{C1}\left[1 + (ks-1)\frac{N_S}{N_T}\right] \tag{2-17}$$

② 满足电动机电流为

$$I_{CM} \geqslant N_T I_E\left[1 + (ks-1)\frac{N_S}{N_T}\right] \tag{2-18}$$

(3) 大惯性负载启动时变频器容量的计算

$$P_{CM} = \frac{kn}{9550\eta\cos\varphi}\left(T_L + \frac{GD^2n}{375t_A}\right) \tag{2-19}$$

式中　n——电动机额定转速，r/min；

T_L——负载转矩，N·m；

GD^2——换算到电动机轴上的飞轮力矩，N·m²；

t_A——电动机加速时间，s。

(4) 指定启动加速时间

产品目录中所列的变频器容量一般以标准条件为准，在变频器过载能力以内进行加减速。在进行急剧地加速和减速时，一般利用失速防止功能以避免变频器跳闸，但同时也延长了加减速时间。由电网电源供电的场合，电源输出的频率是恒定的，在启动加速过程中转差率较大，启动电流能达到额定电流的 $400\% \sim 500\%$ 甚至更高。由于电网电源的容量很大，有足够的电流提供给电动机。

变频器驱动电动机与电网驱动则不同，其短时最大电流一般不超过额定电流的 200%。通常在超过额定值 150% 以上时，变频器就会进行过流保护或防失速保护而停止加速以尽可能保持转差率不要过大。由于防失速功能的作用，实际加速时间加长了。防失速功能作用下的加减速控制曲线如图 2-64 所示。

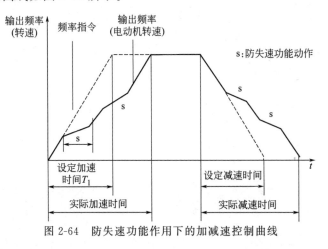

图 2-64　防失速功能作用下的加减速控制曲线

对加速时间有特殊要求时，必须事先核算变频器的容量是否能够满足所要求的加速时间，如不能则要加大一挡变频器容量。

在指定加速时间情况下，变频器所必需的容量按下式计算

$$P_{CM} = \frac{kn}{937\eta\cos\varphi}T_L + \frac{GD^2n}{375t_A} \tag{2-20}$$

为了保证加速时间不受防失速功能的影响，应增大变频器的容量以加大变频器输出电流的能力，但是，尽管如此，从图中可以看出，电流的大幅度增大并不能使电动机转矩大幅度增大，所以最好也同时加大电动机容量。

(5) 指定减速时间

在交流变频调速系统中，电动机的减速是通过降低变频器输出频率而实现的。加快降低变频器的输出频率的速率，可使电动机更快地减速。当变频器输出频率对应的速度低于电动机的实际转速时，电动机进行再生制动，异步电动机工作在发电制动状态，将负载的机械能通过电动机转换成电能回馈给变频器，当回馈能量过大时，变频器内部的过电压保护电路将会动作并切断变频器的输出，使电动机处于自由减速状态，反而无法达到快速减速的目的。

为了避免出现上述现象，在电压型变频器中，一般在直流中间回路的电容两端并联晶体管和制动电阻。

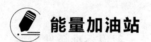

能量加油站

项目2【拓展阅读】

西门子MM440变频器认知与操作

任务 3.1　MM440 变频器基础认知

MICROMASTER 440（简称 MM440）是用于控制三相交流电动机速度的变频器系列。该系列有多种型号，有额定功率范围为 120W～200kW 的恒定转矩（CT）控制方式，以及可达 250kW 的可变转矩（VT）控制方式，供用户选用。

该变频器由微处理器控制，并采用具有现代先进技术水平的绝缘栅双极型晶体管（IGBT）作为功率输出器件，因此它们具有很高的运行可靠性和功能的多样性。其脉冲宽度调制的开关频率是可选的，因而降低了电动机运行的噪声。全面而完善的保护功能为变频器和电动机提供了良好的保护。

MICROMASTER 440 具有缺省的工厂设置参数，它是给数量众多的简单的电动机控制系统供电的理想变频驱动装置。由于 MICROMASTER 440 具有较为全面而完善的控制功能，在设置相关参数以后，它也可用于更高级的电动机控制系统。MICROMASTER 440 既可用于单机驱动系统，也可集成到"自动化系统"中。

3-1 MM440变频器的基本结构

3.1.1　MM440 变频器主要特点

（1）主要特点及相关参数

① 易于安装；

② 易于调试；

③ 牢固的 EMC 设计；

④ 可由 IT（中性点不接地）电源供电；

⑤ 对控制信号的响应是快速和可重复的；

⑥ 参数设置的范围很广，确保它可对广泛的应用对象进行配置；

⑦ 电缆连接简便；

⑧ 具有多个继电器输出；

⑨ 具有多个模拟量输出 0～20mA；

⑩ 6 个带隔离的数字输入，并可切换为 NPN/PNP 接线；

⑪ 2 个模拟输入：

　　AIN1，0～10V，0～20mA 和 −10～+10V

AIN2，0～10V，0～20mA

⑫ 2个模拟输入可以作为第 7 和第 8 数字输入；

⑬ BiCo（二进制互联连接）技术；

⑭ 配置非常灵活，模块化设计；

⑮ 脉宽调制的频率高，因而电动机运行的噪声低；

⑯ 详细的变频器状态信息和全面的信息功能；

⑰ 有多种可选件供用户选用，如用于与 PC 通信的通信模块，基本操作面板（BOP），高级操作面板（AOP），用于进行现场总线通信的 PROFIBUS 通信模块。

（2）性能特征

① 矢量控制。无传感器矢量控制（SLVC）和带编码器的矢量控制（VC）。

② U/f 控制。磁通电流控制（FCC），改善了动态响应和电动机的控制特性；多点 U/f 特性。

③ 快速电流限制 FCL 功能，避免运行中不应有的跳闸。

④ 内置的直流注入制动。

⑤ 复合制动功能改善了制动特性。

⑥ 内置的制动单元（仅限外形规格为 A～F 的 MM440 变频器）。

⑦ 加速、减速斜坡特性具有可编程的平滑功能；起始和结束段带平滑圆弧；起始和结束段不带平滑圆弧。

⑧ 具有比例、积分和微分（PID）控制功能的闭环控制。

⑨ 各组参数的设定值可以相互切换；电动机数据组 DDS；命令数据组和设定值信号源 CDS。

⑩ 自由功能块。

⑪ 动力制动的缓冲功能。

⑫ 定位控制的斜坡下降曲线。

（3）保护特性

MM440 变频器的保护特性有：过电压、欠电压保护；变频器过热保护；接地故障保护；短路保护；I^2t 电动机过热保护；PTC/KTY 电动机保护。

3.1.2 M440 变频器外形规格

M440 变频器外形有 8 种规格，即 A～F，FX，GX。

A、B、C 三种变频器都各有两种规格：一种是单相交流电压输入、三相交流电压输出，其输入电压为 200～240V；另一种是三相交流电压输入、三相交流电压输出，其输入电压为 380～480V。

D、E、F 变频器除有以上两种规格外，还有一种是三相交流电压输入、三相交流电压输出，其输入电压为 500～600V。每种规格的变频器功率不同，可依据功率大小选择不同规格的变频器。

FX、GX 是相对规格较大的两种变频器，也是三相交流电压输入、三相交流电压输出。和其他小尺寸相比，FX 和 GX 两个尺寸的变频器增加了一块独立的开关电源电路板和一块光纤触发板。

3.1.3 M440 变频器的电路结构

M440 变频器的电路结构分两大部分：一部分是完成电能转换（整流、逆变）的主电路；另一部分是处理信息的收集、变换和传输的控制电路。电路简图如 3-1 所示。

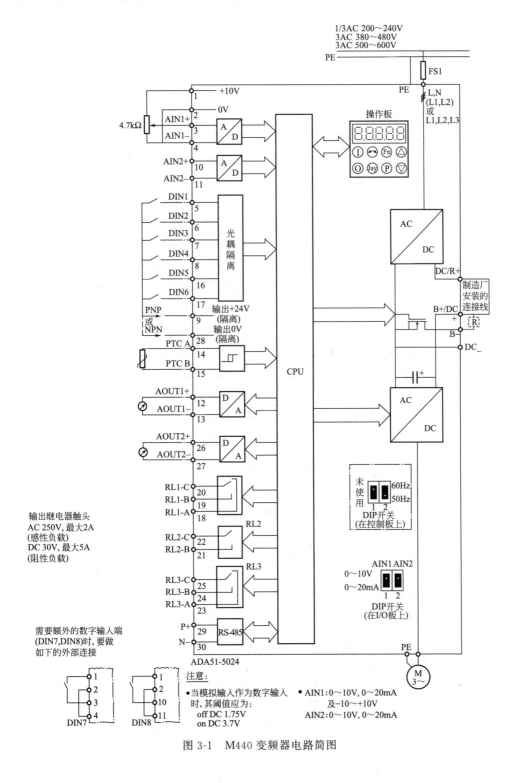

图 3-1 M440 变频器电路简图

（1）主电路

主电路是由电源输入单相或三相恒压恒频的正弦交流电压，经整流电路转换成恒定的直流电压，供给逆变电路。逆变电路在 CPU 的控制下，将恒定的直流电压逆变成电压和频率均可调的三相交流电供给电动机负载。由图 3-1 可知，MM440 变频器直流环节是通过电容进行滤波的，因此属于电压型交-直-交变频器。

（2）控制电路

控制电路由 CPU、模拟输入、模拟输出、数字输入、输出继电器触头、操作板等组成。在图 3-1 中，端子 1、2 是变频器为用户提供的 10V 直流稳压电源。当采用模拟电压信号输入方式输入给定频率时，为了提高交流变频调速系统的控制精度，必须配备一个高精度的直流稳压电源作为模拟电压输入的直流电源。

模拟输入 3、4 和 10、11 端为用户提供了两对模拟电压给定输入端作为频率给定信号，经变频器内模/数转换器，将模拟量转换成数字量，传输给 CPU 来控制系统。

数字输入 5、6、7、8、16、17 端为用户提供了 6 个完全可编程的数字输入端，数字输入信号经光耦隔离输入 CPU，对电动机进行正反转、正反向点动、固定频率设定值控制等。输入 9、28 端是 24V 直流电源端，为变频器的控制电路提供 24V 直流电源。

输出 12、13 和 26、27 端为两对模拟输出端；输出 18、19、20、21、22、23、24、25端为输出继电器的触头；输入 14、15 端为电动机过热保护输入端；输入 29、30 端为 RS-485（USS-协议）端；输入/输出端电路简图如图 3-2 所示。

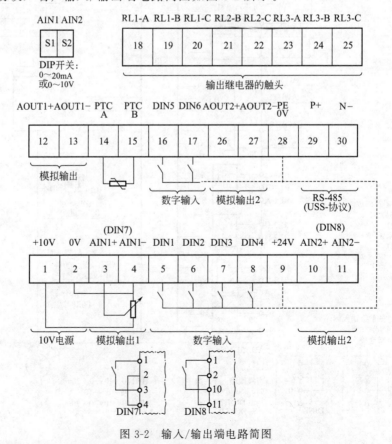

图 3-2　输入/输出端电路简图

3.1.4　MM440 变频器的技术规格

MM440 变频器的技术规格见表 3-1。

表 3-1　**MM440 变频器的技术规格**

特　　性		技　术　规　格
电源电压和功率范围		1AC(200～240V)(1±10％) VCT:0.12～3.0kW(0.16～4.0hp) 3AC(200～240V)(1±10％) VCT:0.12～45.0kW(0.16～60.0hp) 　　　　　　　　　　　　　　VT:5.50～45.0kW(7.50～60.0hp) 3AC(380～480V)(1±10％) VCT:0.37～200kW(0.50～268hp) 　　　　　　　　　　　　　　VT:7.50～250kW(10.0～335hp) 3AC(500～600V)(1±10％) CT:0.75～75.0kW(1.00～100hp) 　　　　　　　　　　　　　　VT:1.50～90.0kW(2.00～120hp)
输入频率		47～63Hz
输出频率		0～650Hz
功率因数		0.98
变频器的效率		外形规格 A～F:96％～97％ 外形规格 FX 和 GX:97％～98％
过载能力	恒转矩(CT)	外形规格 A～F:1.5×额定输出电流(即 150％过载),持续时间 60s,间隔周期时间 300s; 　　　　　　2×额定输出电流(即 200％过载),持续时间 3s,间隔周期时间 300s 外形规格 FX 和 GX:1.36×额定输出电流(即 136％过载),持续时间 57s,间隔周期时间 300s; 　　　　　　　　　1.6×额定输出电流(即 160％过载),持续时间 3s,间隔周期时间 300s
	变转矩(VT)	外形规格 A～F:1.1×额定输出电流(即 110％过载),持续时间 60s,间隔周期时间 300s; 　　　　　　1.4×额定输出电流(即 140％过载),持续时间 3s,间隔周期时间 300s 外形规格 FX 和 GX:1.1×额定输出电流(即 110％过载),持续时间 59s,间隔周期时间 300s; 　　　　　　　　　1.4×额定输出电流(即 150％过载),持续时间 1s,间隔周期时间 300s
合闸冲击电流		小于额定输入电流
控制方法		线性 U/f 控制,带 FCC(磁通电流控制)功能的线性 U/f 控制,抛物线 U/f 控制。多点 U/f 控制,适用于纺织工业的 U/f 控制,适用于纺织工业的带 FCC 功能的 U/f 控制,带独立电压设定值的 U/f 控制,无传感器矢量控制,无传感器矢量转矩控制,带编码器反馈的速度控制,带编码器反馈的转矩控制
脉冲调制频率		外形规格 A～C:1/3AC 220V 至 5.5kW(标准配置 16kHz) 外形规格 A～F:其他功率和电压规格 2～16kHz(每级调整 2kHz)(标准配置 4kHz) 外形规格 FX 和 GX:2～8kHz(每级调整 2kHz)[标准配置 2kHz(VT),4kHz(CT)]
固定频率		15 个,可编程
跳转频率		4 个,可编程
设定值的分辨率		0.01Hz 数字输入,0.01Hz 串行通信的输入,10 位二进制模拟输入(电动电位计 0.1Hz)
数字输入		6 个,可编程(带电位隔离),可切换为高电平/低电平有效(PNP/NPN)
模拟输入		2 个,可编程,两个输入可以作为第 7 和第 8 个数字输入进行参数化 0～10V,0～20mA 和 -10～+10V(ADC1) 0～10V 和 0～20mA(ADC2)
继电器输出		3 个,可编程 30V DC/5A(电阻性负载),250V AC/2A(电感性负载)
模拟输出		2 个,可编程,0～20mA
串行接口		RS-485,可选 RS-232

笔记

特　　性	技　术　规　格
电磁兼容性	外形规格 A～C:选择的 A 级或 B 级滤波器,符合 EN 55011 标准的要求 外形规格 A～F:变频器带有内置的 A 级滤波器 外形规格 FX 和 GX:带有 EMI 滤波器(作为选件供货)时,其传导性辐射满足 EN 55011, A 级标准限定值的要求,(必须安装线路换流电抗器)
制动	直流注入制动,复合制动,动力制动 外形规格 A～F:带内置制动单元 外形规格 FX 和 GX:带外接制动单元
防护等级	IP20
温度范围	外形规格 A～F:$-10\sim+50℃$(CT);$-10\sim+40℃$(VT) 外形规格 FX 和 GX:$0\sim55℃$
存放温度	$-40\sim+70℃$
相对湿度	$<95\%$RH,无结露
工作地区的海拔高度	外形规格 A～F:海拔 1000m 以下不需要降低额定值运行 外形规格 FX 和 GX:海拔 2000m 以下不需要降低额定值运行
保护的特征	欠电压,过电压,过负载,接地,短路,电动机失步保护,电动机锁定保护,电动机过温,变 频器过温,参数联锁
标准	外形规格 A～F:UL,cUL,CE,C-tick 外形规格 FX 和 GX:UL(认证正在准备中),cUL(认证正在准备中),CE
CE 标记	符合 EC 低电压规范 73/23/EEC 和电磁兼容性规范 89/336/EEC 的要求

注：1hp＝745.700W。

3.1.5　MM440 变频器的可选件

(1) 各种独立的选件

① 基本操作面板（BOP）　基本操作面板 BOP 用于设定各种参数的数值，数值的大小和单位用 5 位数字表示，一个 BOP 可供几台变频器共用，它可以直接安装在变频器上，也可以利用一个安装组合件安装在控制柜的柜门上。基本操作面板 BOP 如图 3-3(a)所示。

(a) 基本操作面板BOP　　　　　(b) 高级操作面板AOP

图 3-3　基本操作面板 BOP 和高级操作面板 AOP

② 高级操作面板（AOP）　高级操作面板 AOP 可以读出变频器参数设定值，也可以

将参数设定值写入变频器。AOP 最多可以存储 10 组参数设定值，还可以用几种语言相互切换显示说明文本。一个 AOP 通过 USS 协议最多可以控制 30 台变频器，它可以直接插装在变频器上，也可以利用安装组合件安装在控制柜的柜门上。高级操作面板 AOP 如图 3-3（b）所示。

③ PROFIBUS 模块　PROFIBUS 的控制操作速率可达 12Mbit/s，AOP 和 BOP 可以插在 PROFIBUS 模块上，提供操作显示，PROFIBUS 模块可以用外接的 24V 电源供电，这样，当电源从变频器上卸掉时，总线仍然是激活的。PROFIBUS 模板利用一个 9 针的 SUB-D 型插接器进行连接。

④ 连接 PC 和变频器的组合件　如果 PC 已经安装了相应的软件（例如 Drive Monitor），就可以从 PC 直接控制变频器。带隔离的 RS-232 适配器板可实现与 PC 的点对点控制。连接件还包括一个 SUB-D 插接器和一条 RS-232 标准电缆。

⑤ 连接 PC 和 AOP 的组合件　连接 PC 和 AOP 的组合件可以进行变频器的离线编程和参数设定。连接件包括一个 AOP 的桌面安装组合附件、一条 RS-232 标准电缆和一个通用电源。

⑥ 控制单台变频器时，BOP/AOP 在柜门上安装的组合件。

⑦ 控制多台变频器时，AOP 在柜门上安装的组合件。

⑧ 调试工具"Drive Monitor"和"Starter"软件　Starter 是作为西门子 MICROMASTER 变频器的调试运行向导的启动软件，运行在 Windows NT/2000 操作系统环境，它可以对参数表进行读出、更替、存储、输入和打印等操作。Drive Monitor 软件具有类似的功能，适用于 Windows 95/98 操作系统环境。

（2）各种附属的选件

外形规格 A~F 的变频器有：EMC 滤波器 A 级；EMC 滤波器 B 级；辅助 EMC 滤波器 B 级；低泄漏 B 级滤波器；线路换流电抗器；输出电抗器；密封盖。

外形规格 FX 和 GX 的变频器有：线路换流电抗器；EMC 滤波器 A 级（需要线路换流电抗器）。

任务 3.2　MM440 变频器的安装

【任务描述】

变频器的安装人员必须经过变频器的安装、调试和运行等方面培训，经过认证合格的专业人员才允许在本设备的器件/系统上进行工作。如果变频器的存放时间超过 2 年后进行安装，必须对其中的电容器重新进行充电后才能安装。

【相关知识】

3.2.1　变频器的工作环境

变频器内部是大功率的电子元件，极易受到周围环境的影响。为了保证其正常工作，一般说来，在变频器的安装环境方面应考虑以下因素。

(1) 环境温度和湿度

变频器对温度要求一般为−10～40℃；在 40～50℃之间需降额使用，每升高 1℃，额定输出电流需减少 1%。MM440 中小容量变频器降额使用情况如图 3-4 所示。如果环境温度太高且温度变化大时，变频器的绝缘性会大大降低，影响变频器的寿命。变频器要求周围空气相对湿度≤95%RH（无结露），根据现场工作环境，必要时需在变频柜箱中加放干燥剂和加热器。如果变频器安装在海拔高度＞1000m 或＞2000m 的地方，其输出电流和输入电源电压也要降额使用。

3-2 MM440变频器的安装

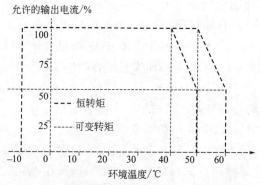

图 3-4　变频器输出电流随工作地点环境温度的降额

(2) 冲击和振动

装有变频器的控制柜受到机械振动和冲击时，会引起电气接触不良。对于传送带和冲压机械等振动较大的设备，在必要时应采取安装防振橡胶等措施，将振动抑制在规定值以下。而对于由于机械设备的共振而造成的振动来说，则可以利用变频器的频率跳越功能，使机械系统避开这些共振频率，以达到降低振动的目的。

(3) 空气质量及电磁辐射

① 不允许把变频器安装在存在大气污染的环境中，例如，存在灰尘、腐蚀性气体等的环境中。

② 变频器的安装位置切记要远离有可能出现淋水的地方。例如，不要把变频器安装在水管的下面，因为水管的表面有可能结露。

③ 禁止把变频器安装在湿度过大和有可能出现结露的地方。

④ 不允许把变频器安装在接近电磁辐射源的地方。

3.2.2　机械安装

(1) 安装前的注意事项

① 输入电源线只允许永久性紧固连接，设备必须接地。

② 外形规格为 A～F 的 MM440 变频器，只能采用 B 型 ELCB（接地泄漏断路器 Earth Leakage Circuit-Breaker），设备由三相电源供电，而且带有 EMC 滤波器时，一定不要通过接地泄漏断路器 ELCB。

③ 即使变频器处于不工作状态以下端子仍然可能带有危险电压。

电源端子 L/L1、N/L2、L3 或 U1/L1、V1/L2、W1/L3；连接电动机的端子 U、V、W 或 U2/T1、V2/T2、W2/T3；以及端子 DC＋/B＋、DC－、B－、DC/R＋或 C/L＋、D/L－。

④ 在电源开关断开以后必须等待 5min，使变频器放电完毕才允许开始安装作业。

(2) 外形规格为 A 型的 MM440 变频器在标准导轨上的安装方法

① 用标准导轨的上闩销把变频器固定到导轨上。

② 向导轨上按压变频器，直到导轨的下闩销嵌入到位，如图 3-5 所示。

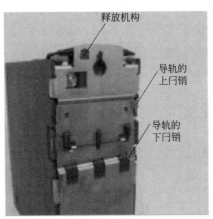

图 3-5　MM440 变频器的安装

(3) 从导轨上拆卸变频器

① 为了松开变频器的释放机构将螺钉旋具插入释放机构中，如图 3-6 所示。

② 向下施加压力导轨的下闩销就会松开。

③ 将变频器从导轨上取下。

图 3-6　MM440 变频器的拆卸

（4）电子控制箱中选件的安装

MICROMASTER 440 变频器前盖板的结构设计是使控制模板（通常是 SDP），几乎与前盖板的开缝同在一个平面上。如果电子控制箱中要安装的选件不止一个，整个电子控制箱必须对底板重新定位。这样，门的开缝要再次正确定位。

① 卸掉电子控制箱的前盖板。拧松前盖板底部的两个螺栓，吊走前盖板。

② 卸掉电子控制箱的紧固螺栓。

③ 如图 3-7 所示，在正确的安装位置用螺栓固定电子控制箱。

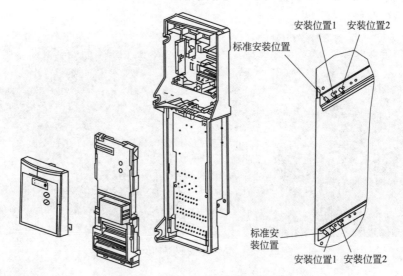

图 3-7　安装 MM440 变频器的选件

④ 安装附加的选件。

⑤ 重新装上前盖板。

3.2.3　电气安装

（1）电源和电动机的连接

在拆下前盖以后可以拆卸和连接 MM440 变频器与电源和电动机的接线端子，如图 3-8、图 3-9 所示。

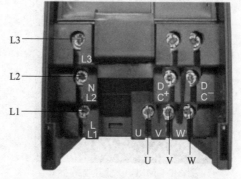

图 3-8　MM440 变频器主电路的端子

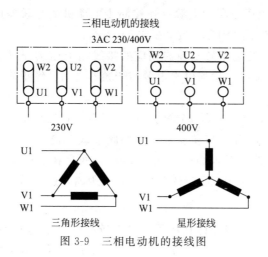

三相电动机的接线

图 3-9　三相电动机的接线图

当变频器的前盖已经打开并露出接线端子时，电源和电动机端子的接线方法如图 3-10 所示。

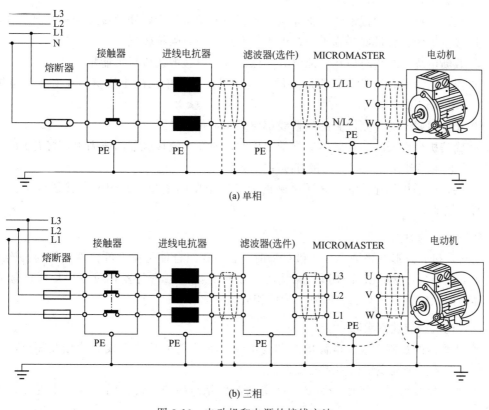

图 3-10　电动机和电源的接线方法

在变频器与电动机和电源连接时必须注意以下事项。

① 变频器在投入运行时必须可靠接地。在变频器与电源线连接或更换变频器的电源线之前，应完成电源线的绝缘测试，确信电动机与电源电压的匹配是正确的。不允许把

MM440 变频器连接到电压更高的电源。连接同步电动机或并联连接几台电动机时，变频器必须在 U/f 控制特性下（P1300＝0，2 或 3）运行。

② 电源电缆和电动机电缆与变频器相应的接线端子连接好以后，在接通电源时必须确信变频器的前盖已经盖好。确信供电电源与变频器之间已经正确接入与其额定电流相应的断路器/熔断器。

③ 连接线只能使用一级 60℃/75℃ 的铜线（符合 UL 的规定）。

④ 在变频器的顶部附有拆卸和连接直流回路接线的窗口，这些接线端子可以连接外部的制动单元。连接导线的最大横断面是 $50mm^2$，而且在变频器一侧电缆的端头应有带热装接线头的扁平一段，对于保证绝缘气隙和漏电距离，这一措施是非常重要的。

(2) 电磁干扰的防护

根据变频器的设计，一般允许它在可能具有较高电磁干扰的工业环境下运行。通常，按规定安装即可确保安全运行。如果在运行中遇到问题，可采取下面的措施进行处理。

① 确信机柜内的所有设备都已用短而粗的接地电缆可靠地连接到公共的星形接地点或公共的接地母线。

② 确信与变频器连接的任何控制设备（例如 PLC）也像变频器一样，用短而粗的接地电缆连接到同一个接地网或星形接地点。

③ 把电动机返回的接地线直接连接到控制该电动机的变频器的接线端子（PE）上。

④ 接触器的触头最好是扁平的，因为它们在高频时阻抗较低。

⑤ 截断电缆的端头时应尽可能整齐，保证未经屏蔽的线段尽可能短。

⑥ 控制电缆的布线应尽可能远离供电电源线，使用单独的走线槽，在必须与电缆线交叉时，相互应采取 90°直角交叉。

⑦ 无论何时，与控制电路的连接线都应采用屏蔽电缆。

⑧ 确信机柜内安装的接触器应是带阻尼的，即在交流接触器的线圈上连接有 RC 阻尼电路，在直流接触器的线圈上连接有续流二极管。

⑨ 接地电动机的连接线应采用屏蔽的或带有铠甲的电缆，并用电缆接线卡子将屏蔽层的两端接地。

(3) 屏蔽的方法

变频器机壳外形规格为 A、B 和 C 型时，密封盖组合件是作为可选件供货的。该组合件便于屏蔽层的连接。机壳外形规格为 D、E 和 F 型时，密封盖在设备出厂时已经安装好，屏蔽层的安装方法与 A、B 和 C 型的相同。

(4) 电气安装注意事项

① 变频器的控制电缆、电源电缆和与电动机的连接电缆的走线必须相互隔离，不要把它们放在同一个电缆线槽中或电缆架上。

② 变频器必须可靠接地，如果不把变频器可靠地接地，装置内可能会出现导致人身伤害的潜在危险。

③ MM440 变频器在供电电源的中性点不接地的情况下是不允许使用的。电源不接地时需要从变频器中拆掉"Y"形接地的电容器。

④ 当输入线中有一相接地短路时仍可继续运行。如果输出有一相接地，MM440 将跳闸，并显示故障码 F0001。

【任务工单】

工作任务单			编号 :3-1
工作任务	MM440 变频器安装	建议学时	2
班级		学员姓名	工作日期
任务目标	1. 了解变频器的铭牌及各项的含义； 2. 了解变频器内部结构； 3. 掌握变频器最基本的接线方法。		
工作设备 及材料	1. MM440 变频器、电动机各一台； 2. 万用表一块； 3. 导线若干、断路器一个； 4. 电工工具一套。		
任务要求	1. 会查看 MM440 变频器说明书； 2. 能安装、拆卸 MM440 变频器； 3. 会变频器与电动机的接线； 4. 会打开变频器,观察变频器内部结构。		
提交成果	1. 工作总结； 2. 操作记录； 3. 排故记录。		
小组成员 任务分工	项目负责人全面负责任务分配、组员协调,使小组成员分工明确,并在教师的指导下完成以下任务:总方案设计、系统安装、工具管理、任务记录、环境与安全等。		
学习信息	1. MM440 变频器的电路结构由哪几部分组成? 2. MM440 变频器安装注意事项有哪些?		
工作过程	1. 画出 MM440 变频器输入输出端电路简图。 		

工作过程	2. 按要求打开变频器的端盖，仔细观察变频器内部结构，并指出各部分的名称。 　 　 　 　 　 3. 安装拆卸 MM440 变频器（A 型）步骤。 　 　 　 　 4. 练习变频器与电动机的接线，画出电动机的接线图。
检查评价	1. 工作过程遇到的问题及处理方法： 　 　 　 2. 评价 自评:□优秀　□良好　□合格 同组人员评价:□优秀　□良好　□合格 教师评价:□优秀　□良好　□合格 3. 工作建议： 　

任务 3.3 MM440 变频调试

【任务描述】

MM440 变频器在标准供货方式时装有状态显示板 SDP，对于很多用户来说，利用 SDP 和制造厂的缺省设置值，就可以使变频器成功地投入运行。如果工厂的缺省设置值不适合设备的情况，可以利用基本操作面板 BOP 或高级操作面板 AOP 修改参数，使之匹配起来，也可以用 PC IBN 工具"Drive Monitor"或"Starter"来调整工厂的设置值。

【相关知识】

3.3.1 用状态显示屏（SDP）进行调试

SDP 上有两个 LED 指示灯，用于指示变频器的运行状态。采用 SDP 进行操作时，变频器的预设定必须与电动机的数据兼容。此外，必须满足以下条件：

① 按照线性 U/f 控制特性，由模拟电位计控制电动机速度。

② 频率为 50Hz 时最大速度为 3000r/min（60Hz 时为 3600r/min），输入端用电位计控制。

③ 斜坡上升时间/斜坡下降时间为 10s。

用 SDP 进行操作的缺省设置如表 3-2 所示。

3-3 MM440变频器
的调试

表 3-2 用 SDP 进行操作的缺省设置

输入	端子号	参数的设置值	缺省的操作
数字输入 1	5	P0701＝"1"	ON,正向运行
数字输入 2	6	P0702＝"12"	反向运行
数字输入 3	7	P0703＝"9"	故障确认
数字输入 4	8	P0704＝"15"	固定频率
数字输入 5	16	P0705＝"15"	固定频率
数字输入 6	17	P0706＝"15"	固定频率
数字输入 7	经由 AIN1	P0707＝"0"	不激活
数字输入 8	经由 AIN2	P0708＝"0"	不激活

用 SDP 可进行的操作有：启动和停止电动机（数字输入 DIN1 由外接开关控制）；电动机反向（数字输入 DIN2 由外接开关控制）；故障复位（数字输入 DIN3 由外接开关控制）。

按图 3-11 连接模拟输入信号，即可实现对电动机速度的控制。

3.3.2 用基本操作面板（BOP）进行调试

BOP 具有五位数字的七段显示，用于显示参数的序号和数值，报警和故障信息，以

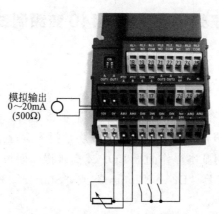

模拟输出
0～20mA
(500Ω)

图 3-11　用 SDP 进行的基本操作

及该参数的设定值和实际值。BOP 不能存储参数的信息。

（1）用 BOP 操作时的缺省设置值

用 BOP 操作时的缺省设置值如表 3-3 所示。

表 3-3　用 BOP 操作时的缺省设置值

参　数	说　　明	缺省值,欧洲(或北美)地区
P0100	运行方式,欧洲/北美	50Hz,kW(60Hz,hp)
P0307	功率(电动机额定值)	量纲[kW(hp)],取决于 P0100 的设定值(数值决定于变量)
P0310	电动机的额定频率	50Hz(60Hz)
P0311	电动机的额定速度	1395(1680)r/min(决定于变量)
P1082	最大电动机频率	50Hz(60Hz)

注：1hp＝745.700W。

（2）基本操作面板（BOP）上的按钮功能

BOP 上的按钮功能如表 3-4 所示。

表 3-4　基本操作面板（BOP）上的按钮功能

按钮/显示	功　能	说　　明
P(1) ⌐0000 Hz	状态显示	LCD 显示变频器当前的设定值
①	启动电动机	按此键启动变频器,缺省值运行时此键是被封锁的。为了使此键的操作有效,应设定 P0700＝1
↺	改变电动机的转动方向	按此键可以改变电动机的转动方向,电动机的反向用负号表示或用闪烁的小数点表示。缺省值运行时此键是被封锁的,为了使此键的操作有效,应设定 P0700＝1
jog	电动机点动	在变频器无输出的情况下按此键,将使电动机启动,并按预设定的点动频率运行。释放此键时,变频器停车,如果变频器/电动机正在运行,按此键将不起作用

笔记

按钮/显示	功　能	说明
 (Fn)	功能	此键用于浏览辅助信息。 　变频器运行过程中，在显示任何一个参数时按下此键并保持不动 2s 将显示以下参数值： ①直流回路电压(用 d 表示，单位 V)； ②输出电流(A)； ③输出频率(Hz)； ④输出电压(用 o 表示，单位 V)； ⑤由 P0005 选定的数值[如果 P0005 选择显示上述参数中的任何一个 (3,4 或 5)，这里将不再显示]，连续多次按下此键，将轮流显示以上参数。 　跳转功能： 　在显示任何一个参数(rXXXX 或 PXXXX)时短时间按下此键，将立即跳转到 r0000，如果需要的话，可以接着修改其他的参数。跳转到 r0000 后，按此键将返回原来的显示点。在出现故障或报警的情况下，按 (Fn) 键可以将操作板上显示的故障或报警信息复位
 (P)	访问参数	按此键即可访问参数
 (▲)	增加数值	按此键即可增加面板上显示的参数数值
 (▼)	减少数值	按此键即可减少面板上显示的参数数值

(3) 用基本操作面板 (BOP) 更改参数的数值

例如：改变 P0004 (参数过滤功能)，见图 3-12。

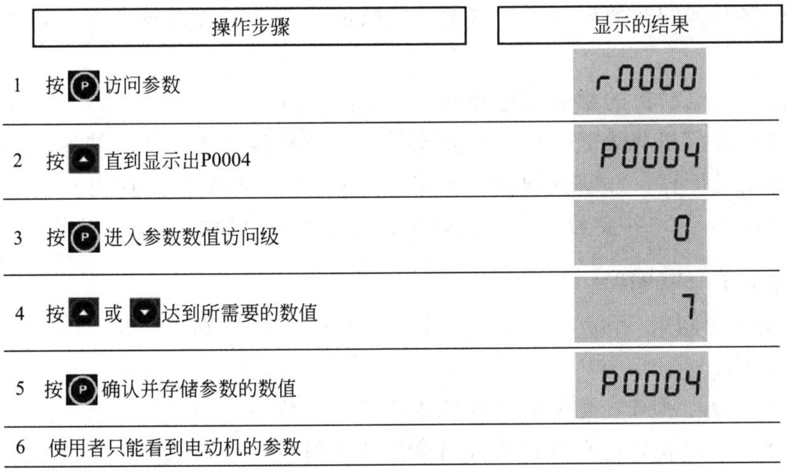

操作步骤	显示的结果
1 按 (P) 访问参数	r0000
2 按 (▲) 直到显示出P0004	P0004
3 按 (P) 进入参数数值访问级	0
4 按 (▲) 或 (▼) 达到所需要的数值	7
5 按 (P) 确认并存储参数的数值	P0004
6 使用者只能看到电动机的参数	

图 3-12　改变 P0004

例如：修改下标参数 P0719 (选择命令/设定值源)，见图 3-13。

操作步骤	显示的结果
1 按 **P** 访问参数	r0000
2 按 **▲** 直到显示出P0719	P0719
3 按 **P** 进入参数数值访问级	in000
4 按 **P** 显示当前的设定值	0
5 按 **▲** 或 **▼** 选择运行所需要的数值	12
6 按 **P** 确认和存储这一数值	P0719
7 按 **▼** 直到显示出r0000	r0000
8 按 **P** 返回标准的变频器显示(由用户定义)	

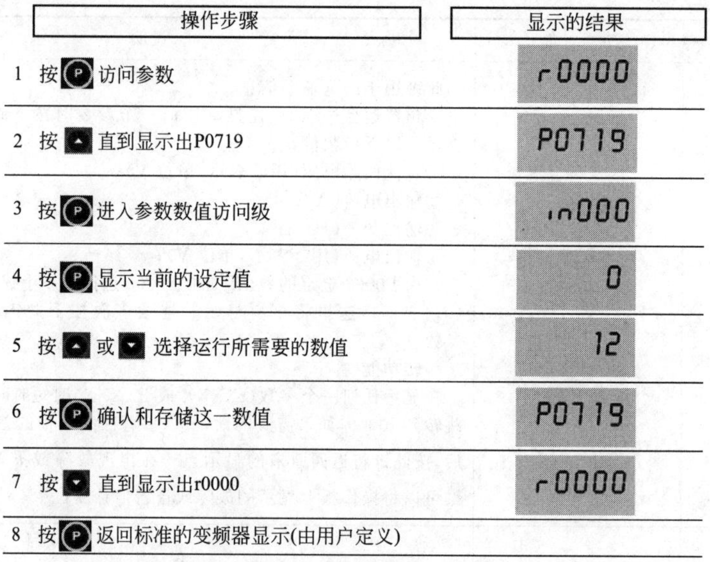

图 3-13 修改下标参数 P0719

3.3.3 用高级操作面板（AOP)调试变频器

高级操作面板 AOP 是可选件，它具有以下特点：清晰的多种语言文本；多组参数组的上装和下载功能；可以通过 PC 编程；具有连接多个站点的能力，最多可以连接 30 台变频器。

3.3.4 BOP/AOP 的调试功能

快速调试（P0010＝1）：在进行"快速调试"之前，必须完成变频器的机械和电气安装。

P0010 的参数过滤功能和 P0003 选择用户访问级别的功能在调试时是十分重要的。MM440 变频器有三个用户访问级：标准级、扩展级和专家级。进行快速调试时，访问级较低的用户能够看到的参数较少。这些参数的数值要么是缺省设置，要么是在快速调试时进行计算。

快速调试包括电动机的参数设定和斜坡函数的参数设定。

快速调试的进行与参数 P3900 的设定有关，在它被设定为 1 时，快速调试结束后，要完成必要的电动机计算，并使其他所有的参数（P0010＝1 不包括在内）复位为工厂的缺省设置。在 P3900＝1，并完成快速调试以后，变频器即已做好了运行准备。

(1) 快速调试（P0010＝1）过程

① 设置用户访问级 P0003（P0003＝1） 用户访问级别 P0003 的设置范围（1、2、3）及设定值说明：

P0003＝1 为标准级，允许访问最经常使用的一些参数

P0003＝2 为扩展级，允许扩展访问参数的范围

P0003＝3 为专家级，只供专家使用

P0003 用于定义用户访问参数组的等级，对于大多数简单的应用对象，采用标准级就可以满足要求了。

② 设置调试参数过滤器 P0010（P0003＝1） 调试参数过滤器 P0010 的设置范围

（0、1、30）及设定值说明：

P0010＝0 准备运行

P0010＝1 快速调试

P0010＝30 工厂的缺省设置值

本参数设定值对于调试相关的参数进行过滤，只筛选出那些与特定功能组有关的参数。在变频器投入运行之前，应将本参数复位为 0，如果 P3900 不为 0（0 是工厂缺省值），本参数自动复位为 0。

③ 选择工作地区 P0100（P0003＝1） 使用地区 P0100 的设定范围（0、1、2）及设定值说明：

P0100＝0 欧洲，功率单位为 kW，f 的缺省值为 50Hz

P0100＝1 北美，功率单位为 hp，f 的缺省值为 60Hz

P0100＝2 北美，功率单位为 kW，f 的缺省值为 60Hz

在我国使用 MM440 变频器，P0100 应设定为 0。在改变参数前，首先要使驱动装置停止工作。本参数只能在 P0010＝1 时才能修改。

④ 变频器的应用对象 P0205（P0003＝3） 变频器的应用对象 P0205 可选 0 或 1，设定值说明：

P0205＝0 恒转矩

P0205＝1 变转矩

当 P0205＝1 时，只能用于平方 U/f 特性（水泵、风机）的负载。如果用于恒转矩的应用对象，可能导致电动机过热。

⑤ 选择电动机的类型 P0300（P0003＝2）

P0300＝1 异步电动机

P0300＝2 同步电动机

当 P0300＝2 时，控制参数被禁止。

⑥ 电动机的额定电压 P0304（P0003＝1）

设定值的范围：10～2000V。

根据铭牌键入的电动机额定电压。

⑦ 电动机的额定电流 P0305（P0003＝1）

设定值的范围：一般为变频器额定电流的 0～2 倍。

根据铭牌键入的电动机额定电流。对于异步电动机，电动机电流的最大值定义为变频器的最大电流；对于同步电动机，电动机电流的最大值定义为变频器的最大电流的两倍。

⑧ 电动机的额定功率 P0307（P0003＝1）

设定值的范围：0～2000kW。

根据铭牌键入的电动机额定功率，如果 P0100＝1，功率单位应是 hp。

⑨ 电动机的额定功率因数 P0308（P0003＝3）

设定值的范围：0.000～1.000。

根据铭牌键入的电动机额定功率因数。只有在 P0100＝0 或 2 的情况下（电动机的功率单位是 kW 时）才能看到。

⑩ 电动机的额定效率 P0309（P0003＝2）

设定值的范围：0～99.9％。

根据铭牌键入的以％值表示的电动机额定效率。只有在 P0100＝1 的情况下（电动机的功率单位是 hp 时）才能看到。

⑪ 电动机的额定频率 P0310 （P0003＝1）

设定值的范围：12～650Hz。

根据铭牌键入的电动机额定频率。如果这个参数进行了修改，变频器将自动重新计算电动机的极对数。

⑫ 电动机的额定速度 P0311 （P0003＝1）

设定值的范围：0～40000r/min。

根据铭牌键入的电动机额定速度。对于带有速度控制器的矢量控制和 U/f 控制方式，必须有这一参数。如果这一参数进行修改，变频器将自动重新计算电动机的极对数。

⑬ 电动机的磁化电流 P0320 （P0003＝3）

设定值的范围：0.0～99.0％。

是以电动机额定电流（P0305）的％值表示的磁化电流。它受 P0366～P0369 磁化曲线电流 1～4 的影响。它的设定值为 0 时，在电动机参数计算 P0340＝1 （完全参数化）或结束快速调试 P3900＝1 或 2 （快速调试结束）的情况下，将由变频器内部计算这一参数。

⑭ 电动机的冷却 P0335 （P0003＝2）

P0335＝0　自冷

P0335＝1　强制冷却

P0335＝2　自冷和内置风机冷却

P0335＝3　强制冷却和内置风机冷却

⑮ 电动机的过载因子 P0640 （P0003＝2）

设定值的范围：10.0％～400.0％。

电动机过载电流的限定值（P0305），以电动机额定电流的％值表示。

⑯ 电源 P0700 （P0003＝1）

P0700＝0　工厂设置值

P0700＝1　基本操作面板（BOP）

P0700＝2　端子（数字输入）

如果选择 P0700＝2，数字输入的功能决定于 P0701～P0708。当 P0701～P0708＝99 时，各个数字输入端按照 BICO 功能进行参数化。

⑰ 选择频率设定值 P1000 （P0003＝1）

P1000＝1　电动电位计设定值

P1000　模拟设定值 1

P1000＝3　固定频率设定值

P1000＝7　模拟设定值 2

如果 P1000＝1 或 3，频率设定值的选择决定于 P0700 和 P0708 的设定值。

⑱ 电动机最小频率 P1080 （P0003＝1）

设定值的范围：0～650Hz。

本参数设置电动机的最小频率（0～650Hz），达到这一频率时电动机的运行速度将与频率的设定值无关，这里设置的值对电动机的正转和反转都是适用的。

⑲ 电动机最大频率 P1082 （P0003＝1）

设定值的范围：$0\sim650$Hz。

工厂缺省值为 50Hz。该参数设定最高的电动机频率，当电动机达到这一频率时，电动机的运行速度与频率设定值无关。

⑳ 斜坡上升时间 P1120（P0003＝1）

设定值的范围：$0\sim650$s。

电动机从静止停车加速到最大电动机频率所需的时间。如果用户使用的是外部频率设定值，并且已经在外部设置了斜坡函数曲线的上升斜率，例如已由 PLC 设定，则 P1120 和 P1121 设定斜坡时间应稍短于 PLC 设定的斜坡时间，这样才能使传动装置的特性得到最好的优化。设定斜坡上升时间不能太短，否则可能因为过电流而导致变频器跳闸。

㉑ 斜坡下降时间 P1121（P0003＝1）

设定值的范围：$0\sim650$s。

电动机从其最大频率减速到静止停车所需的时间。设定斜坡下降时间不能太短，否则可能因为过电流或过电压而导致变频器跳闸。

㉒ OFF3 的斜坡下降时间 P1135（P0003＝2）

设定值的范围：$0\sim650$s。

工厂缺省值为 5s，得到 OFF3 停止命令后，电动机从其最大频率减速到静止停车所需的斜坡下降时间。

㉓ 控制方式 P1300（P0003＝2）

P1300＝0　线性 U/f 控制

P1300＝1　带磁通电流（FCC）的 U/f 控制

P1300＝2　抛物线 U/f 控制

P1300＝3　可编程的多点 U/f 控制

P1300＝5　用于纺织工业的 U/f 控制

P1300＝6　用于纺织工业的带 FCC 功能的 U/f 控制

P1300＝19　带独立电压设定值的 U/f 控制

P1300＝20　无传感器矢量控制

P1300＝21　带传感器矢量控制

P1300＝22　无传感器的矢量转矩控制

P1300＝23　带传感器的矢量转矩控制

矢量控制方式只适用于异步电动机的控制。

㉔ 转矩设定值的选择 P1500（P0003＝2）

P1500＝0　无主设定值

P1500＝2　模拟设定值 1

P1500＝4　通过 BOP 链路的 USS 设定值

P1500＝5　通过 COM 链路的 USS 设定值

P1500＝6　通过 COM 链路的通信板设定值

P1500＝7　模拟设定值 2

㉕ 选择电动机数据的自动检测方式 P1910（P0003＝2）

P1910＝0　禁止自动检测

P1910＝1　所有参数都带参数修改的自动检测

P1910＝2　所有参数都不带参数修改的自动检测

P1910＝3　饱和曲线带参数修改的自动检测

P1910＝4　饱和曲线不带参数修改的自动检测

㉖ 结束快速调试 P3900（P0003＝1）

P3900＝0　结束快速调试，不进行电动机计算或复位为工厂缺省设置值

P3900＝1　结束快速调试，进行电动机计算和复位为工厂缺省设置值（推荐的方式）

P3900＝2　结束快速调试，进行电动机计算和 I/O 复位

P3900＝3　结束快速调试，进行电动机计算，但不进行 I/O 复位

快速调试结束，变频器进入"运行准备就绪"状态。

(2) 复位为变频器工厂缺省设置值

为了把变频器的所有参数复位为出厂时的缺省设置值，按下面的数值设置参数（使用 BOP、AOP 或通信选件）：

① 设置 P0010＝30；

② 设置 P0970＝1。

复位过程约需 10s 才能完成。

3.3.5　MM440 变频器的常规操作

(1) 常规操作注意事项

① 变频器没有主电源开关，因此当电源电压接通时变频器就已带电，在按下运行（RUN）键或者在数字输入端 5 出现"ON"信号（正向旋转）之前，变频器的输出一直被封锁，处于等待状态。

② 如果装有 BOP 或 AOP，并且已选定要显示输出频率（P0005＝21），那么在变频器减速停车时，相应的设定值大约每一秒显示一次。

③ 变频器出厂时已按相同额定功率的西门子四级标准电动机的常规应用对象进行编程，如果用户采用的是其他型号的电动机，就必须输入电动机铭牌上的规格数据。

④ 除非 P0010＝1，否则是不能修改电动机参数的。

⑤ 为了使电动机开始运行，必须将 P0010 返回 0 值。

(2) 用 BOP/AOP 进行的基本操作

用 BOP/AOP 进行基本操作的前提条件是：

① P0010＝0，为了正确地进行运行命令的初始化；

② P0700＝1，使能 BOP 的启动/停止按钮；

③ P1000＝1，使能电动电位计的设定值。

用 BOP/AOP 进行的基本操作步骤如下：

① 按下绿色按键 ⊙，启动电动机；

② 在电动机转动时按下 ⬆ 键，使电动机升速到 50Hz；

③ 在电动机达到 50Hz 时按下 ⬇ 键，电动机速度及其显示值都降低；

④ 用 ⬁ 键改变电动机的转动方向；

⑤ 用红色按键 ⊙ 停止电动机。

【任务工单】

工作任务单			编号：3-2
工作任务	MM440 变频调试	建议学时	4
班级		学员姓名	工作日期
任务目标	1. 认识变频器硬件结构及外部端子； 2. 熟悉变频器基本操作面板； 3. 掌握变频器参数复位方法； 4. 掌握变频器快速调试程序的方法； 5. 掌握变频器常用参数的含义及设置方法。		
工作设备 及材料	1. MM440 变频器、电动机各一台； 2. 万用表一块； 3. 导线若干、断路器一个； 4. 电工工具一套。		
任务要求	1. 能正确连接变频器硬件线路； 2. 会在变频器的基本操作面板上完成参数复位、参数设置和修改； 3. 会熟练操作变频器基本面板上的各按钮； 4. 能合理设置电动机的启动、停止的相关参数； 5. 会观察并记录变频器、电动机的运行参数。		
提交成果	1. 工作总结； 2. 操作记录； 3. 排故记录。		
小组成员 任务分工	项目负责人全面负责任务分配、组员协调，使小组成员分工明确，并在教师的指导下完成以下任务：总方案设计、系统安装、工具管理、任务记录、环境与安全等。		
学习信息	1. 根据 MM440 变频器的端子接线图，了解主要端子接线功能。 2. 根据 MM440 变频器基本操作面板，填写表 3-5。 表 3-5　MM440 变频器面板信息 （见下表） 3. 学习 P0003、P0700、P0970、P1000 参数含义和参数的设置。 4. MM440 变频器的参数复位过程。		

表 3-5　MM440 变频器面板信息

分类	名称	功能
按键		
显示窗		

续表

工作过程	1. 画出主电路接线。
	2. 将变频器复位为工厂缺省值。
	3. 快速调试参数设置。
	4. 参数设置：用频率设定键盘操作，改变输出频率，调节电动机转速。
	5. 调节电位器，记录测试的数据于表 3-6 中，并观察电动机变频调速运行变化。

表 3-6   测试数据

f/Hz	10	20	30	40	50
I/A					
U/V					
$n/(\text{r/min})$					

6. 由 0Hz 开始，线性上升，上升时间 5s。运行频率 40Hz，停车时，线性降速，降速时间 5s。设置参数，观察电动机运行变化并记录如下。

7. 设定回避频率为 10Hz，回避区间宽度为 2Hz。S 形上升，上升时间 5s。运行频率 40Hz，停车时，S 形降速，降速时间 5s。设置参数，观察电动机运行变化并记录如下。

检查评价

1. 工作过程遇到的问题及处理方法：

2. 评价
自评：□优秀　□良好　□合格
同组人员评价：□优秀　□良好　□合格
教师评价：□优秀　□良好　□合格
3. 工作建议：

任务 3.4　MM440 变频器的参数与故障排除

3.4.1　参数结构

　　MM440 有两种参数类型：以字母 P 开头的参数，为用户可改动的参数；以字母 r 开头的参数，表示本参数为只读参数。变频器的参数只能用基本操作面板（BOP）、高级操作面板（AOP）或者通过串行通信接口进行修改。用 BOP 可以修改和设定系统参数，使变频器具有期望的特性，例如，斜坡时间、最小和最大频率等。选择的参数号和设定的参数值在五位数字的 LCD（可选件）上显示。图 3-14 给出了 MM440 变频器有关参数结构的总览。详细参数扫描右侧二维码查看。

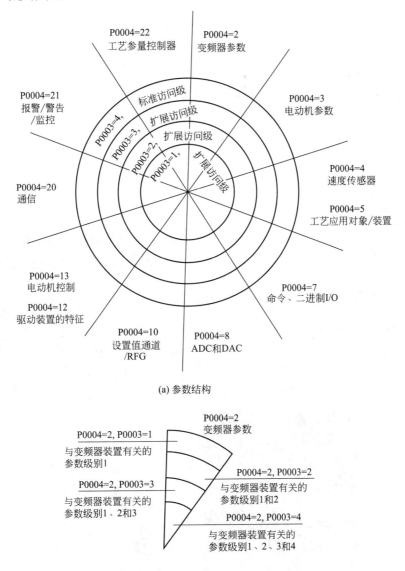

3-4 MM440变频器的参数与故障结构

3-5 MM440变频器参数表（原附录）

图 3-14　MM440 通用变频器的参数结构总览

3.4.2　参数的访问

变频器的参数有三个用户访问级，即标准访问级、扩展访问级和专家访问级。访问的等级由参数 P0003 来选择。对于大多数应用对象，只要访问标准级（P0003＝1）和扩展级（P0003＝2）参数就足够了。有些第 4 访问级的参数只是用于内部的系统设置，因而是不能修改的。第 4 访问级的参数只有得到授权的人员才能修改。

P0004 为参数过滤器，可以按功能的要求筛选（过滤）出与该功能有关的参数，这样，可以更方便地进行调试。

P0004 可能的设定值：

0　全部参数

2　变频器参数

3　电动机参数

4　速度传感器

5　工艺应用对象/装置

7　命令，二进制 I/O

8　ADC（模-数转换）和 DAC（数-模转换）

10　设定值通道/RFG（斜坡函数发生器）

12　驱动装置的特征

13　电动机的控制

20　通信

21　报警/警告/监控

22　工艺参量控制器（例如 PID）

因此，如果只想看到 PID 参数时，设置 P0004＝22；如果想看到全部参数，只需设置 P0004＝0。使用参数过滤，可以从众多参数中快速地找到想要访问的参数，大大节省调试时间。

3.4.3　故障排除

（1）用 SDP 排除故障

如果变频器安装的是状态显示屏（SDP），变频器的故障状态和报警信号由屏上的两个 LED 指示灯显示出来。状态显示屏（SDP）如图 3-15 所示。

状态显示屏（SDP）上 LED 各种状态的含义见表 3-7。

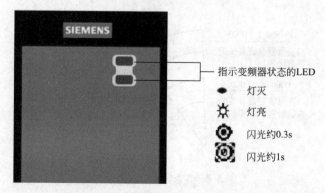

图 3-15　状态显示屏（SDP）

（2）利用基本操作面板（BOP）排除故障

在 BOP 上分别以 A×××× 和 F××× 表示报警信号和故障信号。如果"ON"命令发出以后电动机不启动，请检查以下各项：

表 3-7 状态显示屏（SDP）上 LED 各种状态含义

状　态	含　　义	状　态	含　　义
● ●	电源未接通	◉	故障-变频器过温
☼ ☼	运行准备就绪	◉ ◉	电流极限报警-两个 LED 同时闪光
● ☼	变频器故障-以下故障除外	◉ ◉	其他报警-两个 LED 交替闪光
☼ ●	变频器正在运行	◉ ⊙	欠电压跳闸/欠电压报警
● ◉	故障-过电流	⊙ ◉	变频器不在准备状态
◉ ●	故障-过电压	⊙ ⊙	ROM 故障-两个 LED 同时闪光
◉ ☼	故障-电动机过温	⊙ ⊙	RAM 故障-两个 LED 交替闪光

① 检查是否 P0010＝0。

② 检查给出的 ON 信号是否正常。

③ 检查是否 P0700＝2（数字输入控制）或 P0700＝1（用 BOP 进行控制）。

④ 根据设定信号源（P1000）的不同，检查设定值是否存在（端子 3 上应有 0～10V）或输入的频率设定值参数号是否正确。

如果在改变参数后电动机仍然不启动，请设定 P0010＝30 和 P0970＝1，并按下 P 键，这时变频器应复位到工厂设定的缺省参数值。

（3）故障信息

发生故障时，变频器跳闸，并在显示屏上出现一个故障码。为了使故障码复位，可以采用以下三种方法中的一种。

① 重新给变频器加上电源电压；

② 按下 BOP 或 AOP 上的 键；

③ 通过数字输入 3（缺省设置）。故障信息以故障码序号的形式存放在参数 r0947 中（例如 F0003＝3），相关的故障值可以在参数 r0949 中查到。如果该故障没有故障值，r0949 中将输入 0，而且可以读出故障发生的时间（r0948）和存放在参数中 r0947 的故障信息序号（P0952）。

 能量加油站

项目3【拓展阅读】

MM440变频器在变频调速中的应用

任务 4.1 MM440 变频器开关量操作

【任务描述】

变频器在实际使用中，电动机要根据生产机械的某种状态而进行正转、反转、点动等运行。变频器的给定频率信号、电动机的启动信号等都是通过变频器控制端子给出，即通过变频器的外部开关量操作，可大大提高生产过程的自动化程度。

【相关知识】

4.1.1 开关量输入功能

MM440 包含了六个数字开关量的输入端子（DIN1～DIN6），即端子 5、6、7、8、16 和 17（如图 4-1 所示），每个端子都有多种功能，可根据需要选择一个对应的参数用来设定该端子的功能。从 P0701～P0706 为数字输入 1 功能至数字输入 6 功能，每一个数字输入功能设置参数范围均为 0～99。

4.1.2 开关量输出功能

可以将变频器当前的状态以开关量的形式用继电器输出，方便用户通过输出继电器的状态来监控变频器的内部状态量。而且每个输出逻辑是可以进行取反操作的，即通过操作 P0748 的每一位更改。输出继电器的状态如表 4-1 所示。

4-1 MM440变频器开关量端子功能及参数介绍

表 4-1 输出继电器的状态

继电器编号	对应参数	默认值	功能解释	输出状态
继电器 1	P0731	=52.3	故障监控	继电器失电
继电器 2	P0732	=52.7	报警监控	继电器得电
继电器 3	P0733	=52.2	变频器运行中	继电器得电

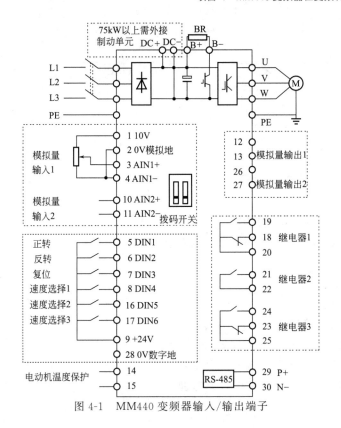

图 4-1　MM440 变频器输入/输出端子

4.1.3　MM440 变频器开关量常用参数

(1) 正向点动频率 P1058

功能：选择正向点动时，由这一参数确定变频器正向点动运行的频率。

说明：所谓点动，是指以很低的速度驱动电动机转动。点动操作由 AOP/BOP 的 JOG（点动）按钮控制，或由连接在一个数字输入端的不带闩锁（按下时接通，松开时自动复位）的开关来控制。选择正向点动时，由这一参数确定变频器正向点动运行的频率。

设定范围：0.00～650.00。

出厂默认值：5.00。

(2) 反向点动频率 P1059

功能：选择反向点动时，由这一参数确定变频器反向点动运行的频率。

设定范围：0.00～650.00。

出厂默认值：5.00。

(3) 点动的斜坡上升时间 P1060

功能：设定斜坡曲线的上升时间，如图 4-2 所示。

设定范围：0.00～650.00。

出厂默认值：10.00。

(4) 点动的斜坡下降时间 P1061

功能：设定斜坡曲线的下降时间，如图 4-3 所示。

设定范围：0.00～650.00。

出厂默认值：10.00。

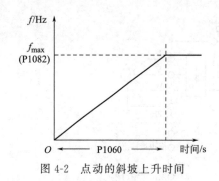

图 4-2 点动的斜坡上升时间

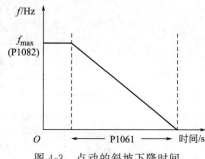

图 4-3 点动的斜坡下降时间

(5) 数字输入 1 的功能 P0701

功能：选择数字输入 1（5# 引脚）的功能。

设定范围：0～99。

可能的设定值：

0 禁止数字输入

1 ON/OFF1（接通正转/停车命令 1）

2 ON reverse/OFF1（接通反转/停车命令）

3 OFF2（停车命令 2）—按惯性自由停车

4 OFF3（停车命令 3）—按斜坡函数曲线

9 故障确认

10 正向点动

11 反向点动

12 反转

13 MOP（电动电位计）升速（增加频率）

14 MOP 降速（减少频率）

15 固定频率设定值（直接选择）

16 固定频率设定值（直接选择＋ON 命令）

17 固定频率设定值（二进制编码选择＋ON）

25 直流注入制动

29 由外部信号触发跳闸

33 禁止附加频率设定值

99 使能 BICO 参数化

出厂默认值：1。

(6) 数字输入 2 的功能 P0702

功能：选择数字输入 2（6# 引脚）的功能。

设定范围：0～99，可能设定值与 P0701 相同。

出厂默认值：12。

(7) 数字输入 3 的功能 P0703

功能：选择数字输入 3（7# 引脚）的功能。

设定范围：0～99，可能设定值与 P0701 相同。

出厂默认值：9。

【任务工单】

工作任务单			编号:4-1	
工作任务	MM440 变频器开关量操作		建议学时	2
班级		学员姓名	工作日期	
任务目标	1. 掌握变频器外部接线端子的连接方法和功能; 2. 掌握变频器开关量端子的参数设置; 3. 能实现用变频器外部开关量端子控制电动机可逆运行和点动运行; 4. 灵活使用基本操作面板和外部端子组合控制的方式和方法。			
工作设备 及材料	1. MM440 变频器、电动机各一台; 2. 万用表一块; 3. 导线若干、断路器一个; 4. 电工工具一套。			
任务要求	1. 会使用外部接线端子控制电动机实现正、反转的点动运行; 2. 会使用基本操作面板和外部端子组合控制电动机的可逆运行和调速。			
提交成果	1. 工作总结; 2. 操作记录; 3. 排故记录。			
小组成员 任务分工	项目负责人全面负责任务分配、组员协调,使小组成员分工明确,并在教师的指导下完成以下任务:总方案设计、系统安装、工具管理、任务记录、环境与安全等。			
任务 1 外部开 关控制 的可逆 运行电 路的 装调	学习信息	1. MM440 的开关量输入端子有多少个? 可以使用的外部开关量有多少个? 如何接线? 2. 以端子 5 为例说明开关量输入端子的参数含义。 3. 利用变频器的外部端子如何实现电动机的可逆控制? 如何实现电动机的正、反转点动控制?		
	工作过程	1. 接线 根据要求,完成线路的连接线路图如图 4-4 所示。 2. 参数设置 将变频器各功能参数,用程序恢复成出厂设定值,输入电动机参数。 (1)恢复变频器工厂默认值 P0010=30　　工厂的设定值 P0970=1　　　参数复位 按下"P"键,大约 10s 后变频器复位到工厂默认值。 (2)设置电动机的参数 P0003=1　　设用户访问级为标准级 P0010=1　　快速调试 P0100=0　　功率以 kW 表示,频率为 50Hz P0304=380　电动机额定电压(V) P0307=0.9　电动机额定功率(kW) P0310=50　　电动机额定频率(Hz) P0311=1420　电动机额定转速(r/min) P0010=0　　变频器处于准备状态 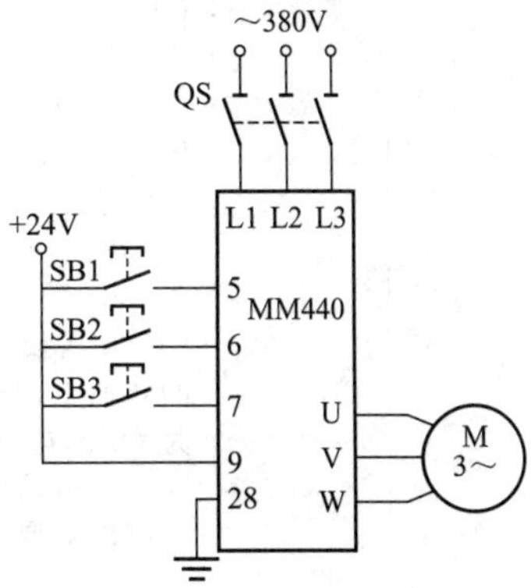	 4-2 MM440 变频器外部端子控制电动机可逆运行 图 4-4　开关量控制接线图	

任务1 外部开关控制的可逆运行电路的装调	工作过程	要设置参数 P0304、P0305、P0307、P0310 和 P0311，必须先将参数 P0010 设为 1（快速调试模式）。参数 P0304、P0305、P0307、P0310 和 P0311 只能在快速调试模式下修放。 （3）开关量操作控制参数设置 P0003＝1 设用户访问级为标准级 P0004＝7 命令和数字 I/O P0700＝2 命令源选择"由端子排输入" P0003＝2 设用户访问级为扩展级 P0004＝7 命令和数字 I/O * P0701＝1　ON 接通正转，OFF 停止 * P0702＝2　ON 接通反转，OFF 停止 * P0703＝10　正向点动 * P0704＝11　反转点动 P0003＝1 设用户访问级为标准级 P0004＝10 设定值通道和斜坡函数发生器 P1000＝1 由键盘（电动电位计）输入设定值 * P1080＝0　电动机运行的最低频率（Hz） * P1082＝50　电动机运行的最高频率（Hz） * P1120＝5　斜坡上升时间（s） * P1121＝5　斜坡下降时间（s） P0003＝2 设用户访问级为扩展级 P0004＝10　设定值通道和斜坡函数发生器 * P1040＝20 设定键盘控制的频率值 * P1058＝10　正向点动频率（Hz） * P1059＝10　反向点动频率（Hz） * P1060＝5　点动斜坡上升时间（s） * P1061＝5　点动斜坡下降时间（s） 3. 变频器运行操作 ①正向运行：当按下带锁按钮 SB1 时，变频器数字端口"5"为 ON，电动机按 P1120 所设置的 5s 斜坡上升时间正向启动运行，经 5s 后稳定运行在 560r/min 的转速上，此转速与 P1040 所设置的 20Hz 对应。放开按钮 SB1，变频器数字端口"5"为 OFF，电动机按 P1121 所设置的 5s 斜坡下降时间停止运行。 ②反向运行：当按下带锁按钮 SB2 时，变频器数字端口"6"为 ON，电动机按 P1120 所设置的 5s 斜坡上升时间正向启动运行，经 5s 后稳定运行在 560r/min 的转速上，此转速与 P1040 所设置的 20Hz 对应。放开按钮 SB2，变频器数字端口"6"为 OFF，电动机按 P1121 所设置的 5s 斜坡下降时间停止运行。 ③电动机的点动运行 a. 正向点动运行：当按下带锁按钮 SB3 时，变频器数字端口"7"为 ON，电动机按 P1060 所设置的 5s 点动斜坡上升时间正向启动运行，经 5s 后稳定运行在 280r/min 的转速上，此转速与 P1058 所设置的 10Hz 对应。放开按钮 SB3，变频器数字端口"7"为 OFF，电动机按 P1061 所设置的 5s 点动斜坡下降时间停止运行。 b. 反向点动运行：当按下带锁按钮 SB4 时，变频器数字端口"8"为 ON，电动机按 P1060 所设置的 5s 点动斜坡上升时间正向启动运行，经 5s 后稳定运行在 280r/min 的转速上，此转速与 P1059 所设置的 10Hz 对应。放开按钮 SB4，变频器数字端口"8"为 OFF，电动机按 P1061 所设置的 5s 点动斜坡下降时间停止运行。 ④电动机的速度调节：分别更改 P1040 和 P1058、P1059 的值，按上步操作过程，就可以改变电动机正常运行速度和正、反向点动运行速度。

续表

任务 1 外部开关控制的可逆运行电路的装调	工作过程	⑤电动机实际转速测定：电动机运行过程中，利用激光测速仪或者转速测试表，可以直接测量电动机实际运行速度，当电动机处在空载、轻载或者重载时，实际运行速度会根据负载的轻重略有变化。
任务 2 外部端子控制可逆运行调速电路的装调	学习信息	1. 变频器控制电动机可逆运行调速的方式有几种？每种方法是如何实现的？ 2. 只采用变频器的外部输入端子如何实现电动机的可逆运行调速控制？控制信号的参数如何设置？
	工作过程	1. 画出只采用外部输出端子控制电动机的可逆运行调速系统的硬件接线。 2. 列出只采用外部输出端子控制电动机的可逆运行调速变频器相关参数的设置。 3. 分别合上开关 S1 和 S2，旋转电位器，观察并记录运行数据于表 4-2 中。 表 4-2　运行数据记录

表 4-2　运行数据记录

开关状态	输入电压/V	输出频率/Hz	电动机转速/(r/min)	电动机转向
合上开关 S1	0			
	1			
	3			
	5			
	8			
合上开关 S2	0			
	1			
	3			
	5			
	8			

检查评价	1. 工作过程遇到的问题及处理方法： 2. 评价 自评：□优秀　□良好　□合格 同组人员评价：□优秀　□良好　□合格 教师评价：□优秀　□良好　□合格 3. 工作建议：

任务 4.2　MM440 变频器模拟量操作

【任务描述】

MM440 变频器可以通过 6 个数字输入端口对电动机进行正反转运行控制，也可通过基本操作面板的频率调节按键增加或减少输出频率，从而设置正反向转速的大小，还可以由模拟输入端控制电动机转速的大小。本任务主要进行 MM440 变频器模拟量操作。

【相关知识】

4.2.1　模拟量输入端子

MM440 变频器有两路模拟量输入，相关参数以 in000 和 in001 区分，可以通过 P0756 分别设置每个通道的属性，如表 4-3 所示。

4-3 MM440变频器
模拟量端子功能
及参数介绍

表 4-3　P0756 参数功能

参数号码	设定值	参数 功能	说　明
P0756	＝0	单极性电压输入(0～10V)	"带监控"是指模拟通道具有监控功能,当断线或信号超限,报故障 F0080
	＝1	带监控的单极性电压输入(0～10V)	
	＝2	单极性电流输入(0～20mA)	
	＝3	带监控单极性电流输入(0～20mA)	
	＝4	双极性电压输入(－10～＋10V)	

除了上面这些设定范围，还可以支持常见的 2～10V 和 4～20mA 这些模拟标定方式。以模拟量通道 1 电压信号 2～10V 作为频率给定，需要设置的参数如表 4-4 所示。

表 4-4　模拟量通道 1 参数设置

参数号码	设定值	参数功能	
P0757(0)	2	电压 2V 对应 0%的标度,即 0Hz	频率 50Hz / 0Hz 2V～10V 电压
P0758(0)	0%		
P0759(0)	10	电压 10V 对应 100%的标度,即 50Hz	
P0760(0)	100%		
P0761(0)	2	死区宽度	

以模拟量通道 2 电流信号 4～20mA 作为频率给定，需要设置的参数如表 4-5 所示。

表 4-5　模拟量通道 2 参数设置

参数号码	设定值	参数功能	
P0757(1)	4	电流 4mA 对应 0%的标度,即 0Hz	频率 50Hz / 0Hz 4mA～20mA 电流
P0758(1)	0%		
P0759(1)	20	电流 20mA 对应 100%的标度,即 50Hz	
P0760(1)	100%		
P0761(1)	4	死区宽度	

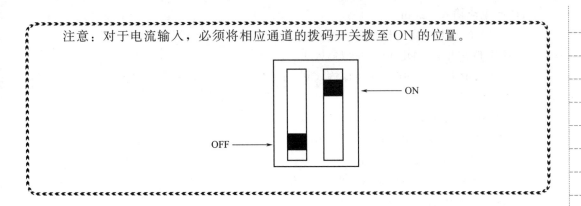

注意：对于电流输入，必须将相应通道的拨码开关拨至 ON 的位置。

4.2.2　模拟量输出端子

MM440 变频器有两路模拟量输出，相关参数以 in000 和 in001 区分，出厂值为 0～20mA 输出，可以标定为 4～20mA 输出（P0778＝4），如果需要电压信号可以在相应端子并联一个 500Ω 电阻。需要输出的物理量可以通过 P0771 设置。P0771 参数设置如表 4-6 所示。

表 4-6　P0771 参数设置

参数号码	设定值	参数功能	说　　明
P0771	＝21	实际频率	模拟输出信号与所设置的物理量呈线性关系
	＝25	输出电压	
	＝26	直流电压	
	＝27	输出电流	

输出信号标定为 0～50Hz，输出 4～20mA。输出信号参数设置如表 4-7 所示。

表 4-7　模拟输出信号的参数设置

参数号码	设定值	参数功能	说　　明
P0777	0％	0Hz 对应输出电流 4mA	
P0778	4		
P0779	100％	50H 对应输出电流 20mA	
P0780	20		

4.2.3　MM440 变频器模拟量常用参数

（1）模拟量输入类型参数 P0756

功能：定义模拟输入的类型，并允许模拟输入的监控功能投入。

为了从电压模拟输入切换到电流模拟输入，仅仅修改参数设定为正确的值。DIP 开关的设定值如下：

OFF＝电压输入（10V）

ON＝电流输入（20mA）

DIP 开关的安装位置与模拟输入的对应关系如下：

左面的 DIP 开关（DIP1）＝模拟输入 1

右面的 DIP 开关（DIP2）＝模拟输入 2

可能的设定值：

0 单极性电压输入（0～10V）

1 带监控的单极性电压输入（0～10V）

2 单极性电流输入（0～20mA）

3 带监控的单极性电流输入（0～20mA）

4 双极性电压输入（－10～＋10V）

（2）标定模拟量输入的 X1 值参数 P0757

功能：用于配置模拟输入的最小电压值。

设定范围：0～10。

（3）标定模拟量输入的 Y1 值参数 P0758

功能：用于配置模拟输入的最小电压值，对应的输出模拟量设定值。

设定范围：－99999.9～99999.9。

（4）标定模拟量输入的 X2 值参数 P0759

功能：用于配置模拟输入的最大电压值。

设定范围：0～10。

（5）标定模拟量输入的 Y2 值参数 P0760

功能：用于配置模拟输入的最大电压值，对应的输出模拟量设定值。

设定范围：－99999.9～99999.9。

（6）ADC 死区的宽度（V/mA）P0761

功能：定义模拟输入特性死区的宽度。

举例：ADC 值为 2～10V（相应于 0～50Hz）。这一例子中将得到 2～10V 的模拟输入（0～50Hz）如下：

P2000＝50Hz

P0759＝8V   P0760＝75％

P0757＝2V   P0758＝0％

P0761＝2V

P0756＝0 或 1

（7）信号丢失的延迟时间 P0762

功能：定义模拟设定值信号丢失到故障码 F0080 出现之间的延迟时间。

设定范围：0～10000。

（8）基准频率 P2000

功能：模拟 I/O 和 PID 控制器采用的满刻度频率设定值。

设定范围：1.00～650.00。

【任务工单】

工作任务单			编号：4-2	
工作任务	MM440 变频器模拟量操作		建议学时	2
班级		学员姓名	工作日期	
任务目标	1. 认识变频器硬件结构及外部端子； 2. 会连接变频器的硬件接线； 3. 能对西门子 MM440 变频器进行模拟量接线； 4. 能对西门子 MM440 变频器进行模拟量参数设置； 5. 会使用电位器控制电动机的转速。			
工作设备 及材料	1. MM440 变频器、电动机各一台； 2. 万用表一块； 3. 导线若干，断路器、可调电位计各一个； 4. 电工工具一套。			
任务要求	1. 设计并画出电气原理接线简图； 2. 会使用外部模拟量端子控制电动机调速。			
提交成果	1. 工作总结； 2. 操作记录； 3. 排故记录。			
小组成员 任务分工	项目负责人全面负责任务分配、组员协调，使小组成员分工明确，并在教师的指导下完成以下任务：总方案设计、系统安装、工具管理、任务记录、环境与安全等。			
学习信息	1. MM440 有几个模拟量信号通道？输入端子是什么？画出一路模拟信号（电压信号）的接线图。 2. 模拟量信号相关参数有哪些？如何设置？ 3. 通过外部电位器如何实现变频器输出频率的调节？			
工作过程	1. 根据要求完成线路的连接，用按钮控制电动机的正反转，用模拟输入端控制电动机转速的大小。 　线路图如图 4-5 所示。 2. 将变频器复位为工厂缺省设定值。 　P0010＝30　工厂的设定值 　P0970＝1　　参数复位 按下"P"键，（大约 10s 后变频器复位到工厂默认值。 3. 设置电机参数。 　P0003＝1　　设用户访问级为标准级 　P0010＝1　　快速调试 　P0100＝0　　功率以 kW 表示，频率为 50Hz 　P0304＝380　电动机额定电压（V） 　P0307＝0.9　电动机额定功率（kW） 　P0310＝50　　电动机额定频率（Hz） 　P0311＝1420 电动机额定转速（r/min） 　P0010＝0　　变频器处于准备状态 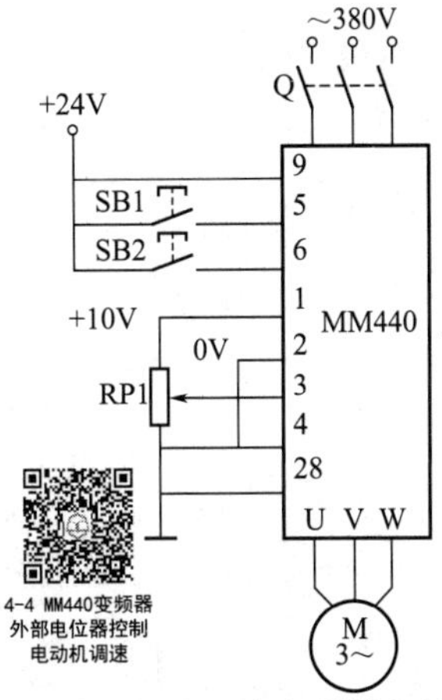	 4-4 MM440变频器 外部电位器控制 电动机调速 图 4-5　MM440 变频器模拟量 控制接线图		

续表

工作过程	4. 模拟量操作控制。 　P0003＝1　设用户访问级为标准级 　P0004＝7　命令和数字 I/0 　P0700＝2　命令源选择"由端子排输入" 　P0003＝2　设用户访问级为扩展级 　P0004＝7　命令和数字 I/0 　P0701＝1　ON 接通正转，OFF 停止 　P0702＝2　ON 接通反转，OFF 停止 　P0003＝1　设用户访问级为标准级 　P0004＝10　设定值通道和斜坡函数发生器 　P1000＝2　频率设定值选择为"模拟输入" 　P1080＝0　电动机运行的最低频率（Hz） 　P1082＝50　电动机运行的最高频率（Hz） 　P1120＝5　斜坡上升时间（s） 　P1121＝5　斜坡下降时间（s） 　① 电动机正转。按下电动机正转带锁按钮 SB1，数字输入端口"5"为"ON"，电动机正转运行，转速由外接电位器 RP1 来控制，模拟电压信号从 0～10V 变化，对应变频器的频率从 0～50Hz 变化，对应电动机的转速从 0～1420r/min 变化，通过调节电位器 RP1 改变 MM440 变频器"3"端口模拟输入电压信号的大小，可平滑无级地调节电动机转速的大小。当放开带锁按钮 SB1 时，电动机停止。通过 P1120 和 P1121 参数，可设置斜坡上升时间和斜坡下降时间。 　② 电动机反转。当按下电动机反转带锁按钮 SB2 时，数字输入端口"6"为"ON"，电动机反转运行，与电动机正转相同，反转转速的大小仍由外接电位器 RP1 来调节。当放开带锁按钮 SB2 时，电动机停止。 　5. 旋动外部电位器，观察并记录数据于表 4-8 中。 表 4-8　输出频率与转速记录 表格： 序号 / 模拟输入电压/V / 输出频率/Hz / 电动机转速/(r/min) 1 / 0 2 / 1 3 / 3 4 / 5 5 / 7 6 / 9
检查评价	1. 工作过程遇到的问题及处理方法： 2. 评价 自评:□优秀　□良好　□合格 同组人员评价:□优秀　□良好　□合格 教师评价:□优秀　□良好　□合格 3. 工作建议：

表 4-8　输出频率与转速记录

序号	模拟输入电压/V	输出频率/Hz	电动机转速/(r/min)
1	0		
2	1		
3	3		
4	5		
5	7		
6	9		

任务 4.3　MM440 变频器多段速运行操作

【任务描述】

多段速功能，也称作固定频率，就是在参数 P1000＝3 的条件下，用开关量端子选择固定频率的组合，实现电动机多段速度运行。MM440 变频器的 6 个数字输入端口可通过 P0701~P0706 设置实现多段速控制。每一段的频率可分别由 P1001~P1005 参数设置，最多可实现 15 段速控制。在多段速控制中，电动机转速方向是由 P1001~P1005 参数所设置的频率正负决定的。6 个数字输入端口，哪一个作为电动机运行、停止控制，哪些作为多段频率控制，是由用户任意确定的。一旦确定了某一数字输入端口控制功能，其内部参数的设置值必须与端口的控制功能相对应。通过如下三种方法可实现多段速运行：直接选择、直接选择＋ON 命令、二进制编码选择＋ON 命令。

【相关知识】

4.3.1　直接选择

参数设置如表 4-9 所示。

表 4-9　直接选择参数设置表

端子编号	对应参数	对应频率设置
5	P0701	P1001
6	P0702	P1002
7	P0703	P1003
8	P0704	P1004
16	P0705	P1005
17	P0706	P1006

注：1. 频率给定源 P1000 必须设置为 3；

　　2. 当多个选择同时激活时，选定的频率是它们的总和。

在这种操作方式下，一个数字输入选择一个固定频率。此时各输入端子对应的参数 P0701~P0706 都设定为 15，即选择"固定频率设定值（直接选择）"的功能。各输入端子闭合时对应的频率可从各自对应的频率设置参数中进行设置。但此种选择方法不具备启动的功能，需要另外设置启动端子。

4.3.2　直接选择＋ON 命令

在这种操作方式下，数字量输入既选择固定频率（参见表 4-7），又具备启动功能。此时各输入端子对应的参数 P0701～P0706 都设定为 16，即选择"固定频率设定值（直接选择＋ON 命令）"的功能。

4.3.3　二进制编码选择＋ON 命令

使用这种方法最多可以选择 15 个固定频率。各个固定频率的数值根据表 4-10 选择。

表 4-10　二进制编码选择＋ON 命令选择各个固定频率的数值

频率设定	端子8	端子7	端子6	端子5
P1001				1
P1002			1	
P1003			1	1
P1004		1		
P1005		1		1
P1006		1	1	
P1007		1	1	1
P1008	1			
P1009	1			1
P1010	1		1	
P1011	1		1	1
P1012	1	1		
P1013	1	1		1
P1014	1	1	1	
P1015	1	1	1	1

由表 4-10 可见，通过对端子 5、6、7、8 的开关状态的组合可以像二进制编码一样来

对应 15 个参数，即对应 15 个频率。此时各输入端子对应的参数 P0701～P0706 都设定为 17，即选择"固定频率设定值（二进制编码选择＋ON 命令）"的功能。

4.3.4　MM440 变频器多段速运行操作常用参数

(1) 数字输入 1 的功能 P0701

功能：选择数字输入 1（5 # 引脚）的功能。

可能的设定值：

0　禁止数字输入

1　ON/OFF1（接通正转/停车命令 1）

2　ON reverse/OFF1（接通反转/停车命令 1）

3　OFF2（停车命令 2）—按惯性自由停车

4　OFF3（停车命令 3）—按斜坡函数曲线快速降速

9　故障确认

10　正向点动

11　反向点动

12　反转

13　MOP（电动电位计）升速（增加频率）

14　MOP 降速（减少频率）

15　固定频率设定值（直接选择）

16　固定频率设定值（直接选择＋ON 命令）

17　固定频率设定值（二进制编码选择＋ON 命令）

25　直流注入制动

29　由外部信号触发跳闸

33　禁止附加频率设定值

99　使能 BICO 参数化

(2) 数字输入 2 的功能 P0702

功能：选择数字输入 2（6 # 引脚）的功能。

P0702 可能的设定值与 P0701 相同。

(3) 数字输入 3 的功能 P0703

功能：选择数字输入 3（7 # 引脚）的功能。

P0703 可能的设定值与 P0701 相同。

(4) 固定频率 1 参数 P1001

功能：定义固定频率 1 的设定值。

有三种选择固定频率的方法：

① 直接选择；

② 直接选择＋ON 命令；

③ 二进制编码选择＋ON 命令。

固定频率2参数P1002、固定频率3参数P1003、固定频率4参数P1004、固定频率5参数P1005、固定频率6参数P1006、固定频率7参数P1007选择固定频率的方法与P1001相同。

能量加油站

项目4【拓展阅读】

【任务工单】

工作任务单			编号:4-3	
工作任务	MM440 变频器多段速运行操作		建议学时	2
班级		学员姓名	工作日期	

任务目标	1. 认识变频器硬件结构及外部端子; 2. 能对西门子 MM440 变频器进行 7 段速运行控制接线; 3. 能对西门子 MM440 变频器进行 7 段速运行控制参数设置; 4. 会使用多段速运行控制西门子 MM440 变频器。
工作设备 及材料	1. MM440 变频器、电动机各一台; 2. 万用表一块; 3. 导线若干、断路器一个; 4. 电工工具一套。
任务要求	1. 能正确连接变频器硬件线路; 2. 能设置直接选择、直接选择＋ON 命令、二进制编码选择＋ON 命令的相关参数; 3. 会观察并记录变频器、电动机的运行参数。
提交成果	1. 工作总结; 2. 操作记录; 3. 排故记录。
小组成员 任务分工	项目负责人全面负责任务分配、组员协调,使小组成员分工明确,并在教师的指导下完成以下任务:总方案设计、系统安装、工具管理、任务记录、环境与安全等。

任务 1 直接选 择频率 的电动 机 7 段 速运行 控制	学习信息	1.MM440 变频器可实现几段速运行? 实现 MM440 变频器 5 段速运行,采用二进制编码选择＋ON 命令时输入端子如何接线? 2. 变频器多段速运行时电动机如何实现反转?
	工作过程	1. 根据要求,完成线路的连接,线路图如图 4-6 所示。 　在图中,MM440 变频器的数字输入端口"8"设为电动机运行、停止控制端口,数字输入端口"5""6""7"设为 7 段固定频率控制端口,由带锁按钮 SB1、SB2 和 SB3 按不同通断状态组合,实现 7 端固定频率控制。第 1 端固定频率设为 10Hz,第 2 端固定频率设为 20Hz,第 3 端固定频率设为 50Hz,第 4 端固定频率设为 10Hz,第 5 端固定频率设为 −10Hz,第 6 端固定频率设为 −20Hz,第 7 端固定频率设为 −50Hz。 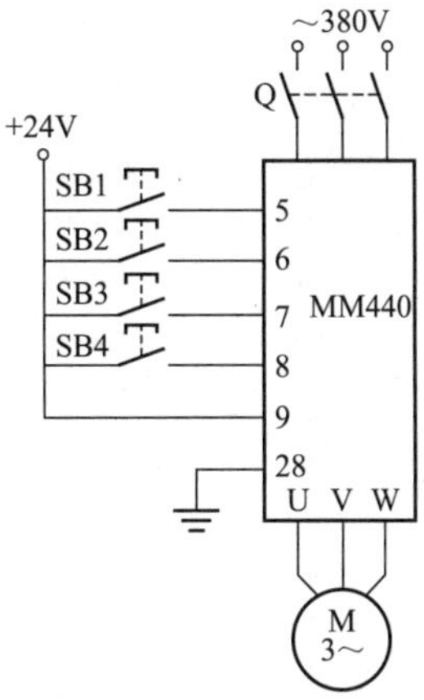 　2. 将变频器复位为工厂缺省设定值。 　　P0010＝30　工厂的设定值 　　P0970＝1　参数复位 　按下"P"键,大约 3min 后变频器复位到工厂默认值。 　3. 设置电机参数。 　　P0003＝1　设用户访问级为标准级 　　P0010＝1　快速调试

图 4-6　MM440 变频器多段速
运行控制接线图

任务 1 直接选择频率的电动机 7 段速运行控制	工作过程	

P0100＝0　功率以 kW 表示，频率为 50 Hz

P0304＝380　电动机额定电压（V）

P0307＝0.9　电动机额定功率（kW）

P0310＝50　电动机额定频率（Hz）

P0311＝1420　电动机额定转速（r/min）

P0010＝0　变频器处于准备状态

4. 直接选择的固定频率控制。

要实现 7 段固定频率控制，需要 4 个数字输入端口，由带锁按钮 SB1、SB2 和 SB3 按不同通断状态组合，实现 7 段固定频率控制。7 段固定频率控制状态如表 4-11 所示。

表 4-11　7 段固定频率控制状态

固定频率	7 端口（SB3）	6 端口（SB2）	5 端口（SB1）	对应频率所设置的参数	频率/Hz	电动机转速/(r/min)
1	0	0	1	P1001	10	300
2	0	1	0	P1002	20	600
3	0	1	1	P1003	50	1400
4	1	0	0	P1004	30	800
5	1	0	1	P1005	−10	−300
6	1	1	0	P1006	−20	−600
7	1	1	1	P1007	−50	−1400
OFF	0	0	0		0	0

P0010＝1　快速调试

P1120＝5　斜坡上升时间

P1121＝5　斜坡下降时间

P1000＝3　选择固定频率设定值

P1080＝0　最低频率

P1082＝50　最高频率

P0010＝0　准备运行

P0003＝1　设用户访问级为标准级

P0004＝7　命令和数字 I/O

P0700＝2　命令源选择"由端子排输入"

P0003＝2　设用户访问级为扩展级

P0004＝7　命令和数字 I/O

P0701＝17　选择固定频率

P0702＝17　选择固定频率

P0703＝17　选择固定频率

P0704＝1　ON 接通正转，OFF 停止

P0003＝1　设用户访问级为标准级

P0004＝10　设定值通道和斜坡函数发生器

P1000＝3　选择固定频率设定值

P0003＝2　设用户访问级为扩展级

P0004＝10　设定值通道和斜坡函数发生器

P1001＝10　设置固定频率 1（Hz）

P1002＝25　设置固定频率 2（Hz）

P1003＝50　设置固定频率 3（Hz）

P1004＝30　设置固定频率 4（Hz）

任务 1 直接选择频率的电动机 7 段速运行控制	工作过程	P1005＝－10　设置固定频率 5（Hz） P1006＝－20　设置固定频率 6（Hz） P1007＝－50　设置固定频率 7（Hz） 　当按下带锁按钮 SB4 时，数字输入端口"8"为"ON"，允许电动机运行。 　① 第 1 频段控制。当 SB1 按钮开关接通，SB2 和 SB3 按钮开关断开时，变频器数字输入接口"5"为"ON"，端口"6""7"为"OFF"，变频器工作在由 P1001 参数所设定的频率为 10Hz 的第 1 频段上，电动机运行在由 10Hz 所对应的转速 n_1 上。 　② 第 2 频段控制。当 SB2 按钮开关接通，SB1 和 SB3 按钮开关断开时，变频器数字输入端口"6"为"ON"，端口"5""7"为"OFF"，变频器工作在由 P1002 参数所设定的频率为 20Hz 的第 2 频段上，电动机运行在由 20Hz 所对应的转速 n_2 上。 　③ 第 3 频段控制。当 SB1、SB2 按钮开关接通，SB3 按钮开关断开时，变频器数字输入端口"5""6"为"ON"，端口"7"为"OFF"，变频器工作在由 P1003 参数所设定的频率为 50Hz 的第 3 频段上，电动机运行在由 50Hz 所对应的转速 n_3 上。 　④ 第 4 频段控制。当 SB3 按钮开关接通，SB1、SB2 按钮开关断开时，变频器数字输入端口"7"为"ON"，端口"5""6"为"OFF"，变频器工作在由 P1004 参数所设定的频率为 30Hz 的第 4 频段上，电动机运行在由 30Hz 所对应的转速 n_4 上。 　⑤ 第 5 频段控制。当 SB1、SB3 按钮开关接通，SB2 按钮开关断开时，变频器数字输入端口"5""7"为"ON"，端口"6"为"OFF"，变频器工作在由 P1005 参数所设定的频率为 －10Hz 的第 5 频段上，电动机反向运行在由 －10Hz 所对应的转速 n_5 上。 　⑥ 第 6 频段控制。当 SB2、SB3 按钮开关接通，SB1 按钮开关断开时，变频器数字输入端口"6""7"为"ON"，端口"5"为"OFF"，变频器工作在由 P1006 参数所设定的频率为 －20Hz 的第 6 频段上，电动机反向运行在由 －20Hz 所对应的转速 n_6 上。 　⑦ 第 7 频段控制。当 SB1、SB2 和 SB3 按钮开关同时接通时，变频器数字输入端口"5"、"6"和"7"均为"ON"，变频器工作在由 P1007 参数所设定的频率为 －50Hz 的第 7 频段上，电动机反向运行在由 －50Hz 所对应的转速 n_7 上。 　⑧ 电动机停车。当 SB1、SB2 和 SB3 按钮开关都断开时，变频器数字输入端口"5"、"6"和"7"均为"OFF"，电动机停止运行；在电动机正常运行的任何频段，将 SB4 断开，使数字输入端口"8"为"OFF"，电动机也能停止运行。
任务 2 二进制编码选择＋ON 命令的多段速运行控制	学习信息	1. 二进制编码选择＋ON 命令的控制方法，需要设置哪些参数？如何设置？ 2. 电动机 7 段速运行，需要多少开关控制？需要设置哪些参数？
	工作过程	1. 设计并画出二进制编码选择＋ON 命令电动机 7 段速运行系统硬件电路。

续表

任务 2 二进制 编码选 择＋ON 命令的 多段速 运行 控制	工作过程	2. 说明变频器二进制编码选择＋ON命令电动机7段速运行的参数设置。

3. 按照表4-12接通开关，观察电动机运行情况，并作记录。

表 4-12　电动机运行情况

序号	7 端口（SB3）	6 端口（SB2）	5 端口（SB1）	频率/Hz	电动机转速/(r/min)
1	0	0	1		
2	0	1	0		
3	0	1	1		
4	1	0	0		
5	1	0	1		
6	1	1	0		
7	1	1	1		

4. MM440变频器最多可实现多少段速度控制？记录如下。

检查评价

1. 工作过程遇到的问题及处理方法：

2. 评价

自评：□优秀　□良好　□合格

同组人员评价：□优秀　□良好　□合格

教师评价：□优秀　□良好　□合格

3. 工作建议：

PLC和MM440变频器的配合应用

任务 5.1 PLC 和电动机的选择

5.1.1 PLC 的选择

可编程控制器选用西门子公司的 S7-300 系列，根据系统输入/输出信号的性质和点数，以及电动机在交流变频调速过程中对控制系统的功能要求，首先应确定 S7-300 PLC 的硬件配置。确定了 S7-300 PLC 的硬件配置组成后，需要在 STEP7 中完成硬件配置工作。

(1) S7-300 PLC 硬件配置

CPU 模块选择紧凑型 CPU 313C-2DP，它有集成的数字 I/O 和两个 PROFIBUS-DP 主站、从站接口。数字输入 16 点，数字输出 16 点，电源模块选 PS3072A。模拟输入/输出模块选 SM334AI4/AO2。

5-1 PLC的选型

(2) 硬件组态

精简组态的任务就是在 STEP7 中生成一个与实际的硬件系统完全相同的系统。硬件组态确定了 S7-300 PLC 输入/输出变量的地址。

5-2 PLC硬件配置

① 创建项目 创建项目时，首先双击桌面上的 STEP7 图标，进入 "SIMATIC Manager"（管理器）窗口，在 "File" 菜单中选定 "Wizart New Project"（新项目向导），弹出 "Wizart New Project" 对话框，单击 "Next"，在新项目中选择 CPU 模块的型号为 CPU313C-2DP，并继续单击 "Next" 按钮，在下一个对话框中选择组织块 "OB1"，并选择编程语言，单击 "Next" 按钮，在接下来的对话框中的 "Project Name"（项目名）区域输入项目名称，如 "电动机正反转控制"。单击 "Finish" 生成一个新的项目。

② 硬件组态 打开 "SIMATIC 300 Station"，双击 "Hardware" 进入硬件组态窗口，在打开的窗口中显示 "CPU313C-2DP"。它所集成的数字输入/输出的地址同时显示出来。数字输入地址为 I124.0～I124.7 和 I125.0～I125.7；数字输出地址为 Q124.0～Q124.7 和 Q125.0～125.7。在硬件目录中查找模拟输入/输出模块 SM334AI4/AO2，并将该模拟模块插入 4 号槽，模拟输入地址为 PIW256、PIW258、PIW260、PIW262，模拟输出地址为 PQW256、PQW258。

（3）SM334AI4/AO2 模块

模拟输入/输出模块 SM334AI4/AO2 共有 4 组输入端、2 组输出端。每一组输入或输出端可为电压信号，也可为电流信号，电压信号范围为 0～10V，电流信号范围为 0～20mA。

5-3 电动机的选择

5.1.2 电动机的选择

这里选择型号为 JW7114 的交流笼型异步电动机，其额定参数如下。

额定功率：0.37kW；

额定电压：380V；

额定电流：1.05A；

额定转速：1400r/min；

额定频率：50Hz。

5-4 变频器的选型

5.1.3 变频器的参数

变频器选用西门子 MM440 变频器，其技术参数如下。

电源电压：AC 200～240V（1±10%），单相输入、三相输出；

额定功率：0.75kW；

输入频率：47～63Hz；

输出频率：0～650Hz；

功率因数：0.98；

过载能力：150%，60s；

合闸冲击电流：小于额定输入电流；

固定频率：15 个，可编程；

数字输入：6 个，可编程；

模拟输入：2 个，可编程；

5-5 操作实训
装置简介

继电器输出：3 个，可编程；

模拟输出：2 个，可编程；

串行接口：RS-485；

环境温度：-10～40℃；

相对湿度：<95%RH，无结露；

工作地区海拔高度：海拔 1000m 以下不需要降低额定值运行；

保护特性：过电压和欠电压保护、短路和接地保护、过负载保护、变频器过热和电动机过热保护、电动机失步保护、参数联锁保护、电动机锁定保护。

任务 5.2　S7-300 系列 PLC 和 MM440 联机实现开关量操作控制

【任务描述】

通过 S7-300 系列 PLC 和 MM440 变频器联机，实现 MM440 控制端口开关量操作，完成对电动机正反向运行、正反向点动运行的控制。

当电动机正向运行时，正向启动时间为 5s，电动机正向运行转速为 800r/min，对应频率为 25Hz。

当电动机反向运行时，反向启动时间为 5s，电动机反向运行转速为 800r/min，对应频率为 25Hz。

当电动机停止时，发出停止指令，10s 内电动机停止。

电动机正反向点动运行转速为 600r/min，对应频率为 25Hz。点动斜坡上升或下降时间为 10s。

【相关知识】

5.2.1　S7-300 PLC 数字输入、输出变量约定

(1) 数字输入端

I1.1——电动机正转，SB1 为正转按钮；

I1.2——电动机停止，SB2 为停止按钮；

I1.3——电动机反转，SB3 为反转按钮；

I1.4——电动机正向点动，SB4 为正向点动按钮；

I1.5——电动机反向点动，SB5 为反向点动按钮。

(2) 数字输出端

Q1.1——电动机正转/停止，至 MM440 的"5"接口；

Q1.2——电动机反转/停止，至 MM440 的"6"接口；

Q1.3——电动机正向点动，至 MM440 的"7"接口；

Q1.4——电动机反向点动，至 MM440 的"8"接口。

5.2.2　PLC 程序设计

S7-300 和 MM440 联机实现控制端口开关量操作电路如图 5-1 所示。

按照任务要求和 S7-300 PLC 数字输入、输出接口变量约定，PLC 程序应实现下列控制。

① 当按下正转按钮 SB1 时，PLC 数字输出端 Q1.1 为逻辑"1"，MM440 变频器数字输入接口"5"为"ON"，电动机正转。

当按下停止按钮 SB2 时，PLC 数字输出端 Q1.1 为逻辑"0"，MM440 变频器数字输入接口"5"为"OFF"，电动机停止。

② 当按下反转按钮 SB3 时，PLC 数字输出端 Q1.2 为逻辑"1"，MM440 变频器数字输入接口"6"为"ON"，电动机反转。

当按下停止按钮 SB2 时，PLC 数字输出端 Q1.2 为逻辑"0"，MM440 变频器数字输入接口"6"为"OFF"，电动机停止。

③ 当按下正转点动按钮 SB4 时，Q1.3 为逻辑"1"，MM440 变频器数字输入接口"7"为"ON"，电动机正向点动运行。当放开 SB4 时，Q1.3 为逻辑"0"，MM440 变频

器数字输入接口"7"为"OFF"，电动机停止。

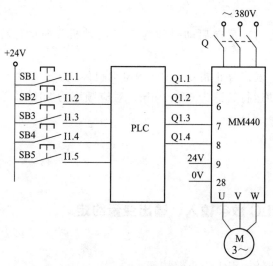

图 5-1　S7-300 和 MM440 联机实现控制端口开关量操作电路

当按下反转点动按钮 SB5 时，Q1.4 为逻辑"1"，MM440 变频器数字输入接口"8"为"ON"，电动机反向点动运行。当放开 SB5 时，Q1.4 为逻辑"0"，MM440 变频器数字输入接口"8"为"OFF"，电动机停止。

S7-300 和 MM440 联机实现控制端口开关量操作梯形图程序如图 5-2 所示。

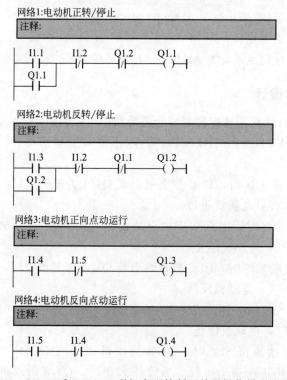

图 5-2　S7-300 和 MM440 联机实现控制开关量操作梯形图程序

将梯形图程序下载到 PLC 中。

5.2.3　操作步骤

① 按图 5-1 连接电路，检查接线正确后，合上变频器电源空气开关 Q。

② 恢复变频器工厂缺省值。

③ 设置电动机参数。设 P0010＝0，变频器当前处于准备状态，可正常运行。

④ 设置 MM440 控制端口开关量操作控制参数，如表 5-1 所示。

5-8 开关量PLC程序
编程操作

表 5-1　MM440 控制端口开关量操作控制参数

参数号	出厂值	设置值	说　明
P0003	1	1	用户访问级为标准级
P0004	0	7	命令，二进制 I/O
P0700	2	2	由端子排输入
P0003	1	2	用户访问级为扩展级
P0004	0	7	命令，二进制 I/O
* P0701	1	1	ON 接通正转，OFF 停止
* P0702	1	2	ON 接通反转，OFF 停止
* P0703	9	10	正向点动
* P0704	15	11	反向点动
P0003	1	1	用户访问级为标准级
P0004	0	10	设定值通道和斜坡函数发生器
P1000	2	1	频率设定值为键盘（MOP）设定值
P1080	0	0	电动机运行的最低频率（Hz）
P1082	50	50	电动机运行的最高频率（Hz）
* P1120	10	5	斜坡上升时间（s）
* P1121	10	5	斜坡下降时间（s）
P0003	1	2	用户访问级为扩展级
P0004	0	10	设定值通道和斜坡函数发生器
* P1040	5	30	设定键盘控制的频率（Hz）

5-9 开关量变频器
参数设置

续表

参数号	出厂值	设置值	说　明
*P1060	10	10	点动斜坡上升时间(s)
*P1061	10	10	点动斜坡下降时间(s)
*P1058	5	25	正向点动频率(Hz)
*P1059	5	25	反向点动频率(Hz)

5-10 变频器开关量
参数设置操作

⑤ S7-300 和 MM440 联机实现控制端口开关量操作。

a. 电动机正向运行。当按下正转按钮 SB1 时，PLC 输入继电器 I1.1 的常开触点闭合，输出继电器 Q1.1 接通，MM440 的端口"5"为"ON"，电动机按 P1120 所设置的 5s 斜坡上升时间正向启动，经 5s 后电动机正向稳定运行在由 P1040 所设置的 25Hz 对应的 800r/min 的转速上。同时 Q1.1 的常开触点闭合实现自保。

b. 电动机反向运行。当按下反转按钮 SB3 时，PLC 输入继电器 I1.3 的常开触点闭合，输出继电器 Q1.2 接通，MM440 的端口"6"为"ON"，电动机按 P1120 所设置的 5s 斜坡上升时间反向启动，经 5s 后电动机反向稳定运行在由 P1040 所设置的 25Hz 对应的 800r/min 的转速上。同时 Q1.2 的常开触点闭合实现自保。

为了保证正转和反转不同时进行，即 MM440 的端口"5"和"6"不同时为"ON"，在程序设计中利用输出继电器 Q1.1 和 Q1.2 的常闭触点实现互锁。

c. 电动机停车。无论电动机当前处于正向还是反向工作状态，当按下停止按钮 SB2 时，PLC 输入继电器 I1.2 的常闭触点断开，使输出继电器 Q1.1（或 Q1.1）失电，MM440 的端口"5"（或"6"）为"OFF"，电动机按 P1121 所设置的 5s 斜坡下降时间正向（或反向）停车，经 5s 后电动机停止运行。

d. 电动机正向点动运行。当按下正向点动按钮 SB4 时，PLC 输入继电器 I1.4 得电，其常开触点闭合，输出继电器 Q1.3 得电，使 MM440 的端口"7"为"ON"，电动机按 P1060 所设置的 10s 点动斜坡上升时间正向点动运行，经 10s 后电动机运行在由 P1058 所设置的 25Hz 正向点动频率对应的 600r/min 的转速上。

当放开正向点动按钮 SB4 时，PLC 输入继电器 I1.4 失电，其常开触点断开，输出继电器 Q1.3 失电，使 MM440 的端口"7"为"OFF"，电动机按 P1061 所设置的 10s 点动斜坡下降时间停车。

e. 电动机反向点动运行。当按下反向点动按钮 SB5 时，PLC 输入继电器 I1.5 得电，其常开触点闭合，输出继电器 Q1.4 得电，使 MM440 的端口"8"为"ON"，电动机按 P1060 所设置的 10s 点动斜坡上升时间反向点动运行，经 10s 后电动机运行在由 P1058 所设置的 25Hz 正向点动频率对应的 600r/min 的转速上。

当放开反向点动按钮 SB5 时，PLC 输入继电器 I1.5 失电，其常开触点断开，输出继电器 Q1.4 失电，使 MM440 的端口"8"为"OFF"，电动机按 P1061 所设置的 10s 点动斜坡下降时间停车。

【任务工单】

工作任务单			编号:5-1	
工作任务	S7-300 系列 PLC 和 MM440 联机 实现开关量操作控制		建议学时	4
班级		学员姓名	工作日期	
任务目标	1. 能够进行 PLC 与变频器的正确接线; 2. 熟悉 PLC 与变频器相连接的触点与接口; 3. 会根据要求正确设置 MM440 的有关参数; 4. 会根据要求正确编写程序; 5. 能实现 PLC 与变频器开关量控制电动机调速系统的控制; 6. 培养解决问题的能力。			
工作设备 及材料	1. 计算机、变频器、PLC 各一台; 2. 万用表一块; 3. 导线、电缆、绝缘胶带若干; 4. 电工工具一套。			
任务要求	1. 利用 PLC 和变频器联机实现电动机开关量调速控制,并实现 PLC 与变频器的 通信; 2. 设计硬件控制电路、软件编程和参数设置,并进行系统调试。			
提交成果	1. 工作总结; 2. 操作记录; 3. 排故记录。			
小组成员 任务分工	项目负责人全面负责任务分配、组员协调,使小组成员分工明确,并在教师的指导 下完成以下任务:总方案设计、系统安装、工具管理、任务记录、环境与安全等。			
任务 1 PLC、 变频器 与电动 机的 连接	学习信息	1. PLC 与变频器的连接方法有哪些? 2. 西门子通用变频器与 PLC 的通信方法有哪些?		
	工作过程	1. 设计 S7-300 PLC 和 MM440 变频器的硬件电路并接线,将简图绘制如下。 5-11 开关量 调试操作 2. 设置电动机的主要参数。		

任务 2 可逆运行调速系统的延时启停	学习信息	1. 通过 PLC 编程、变频器参数设置，实现电动机的正反向点动运行。 　　电动机正反向点动转速 800r/min，对应频率 25Hz，点动斜坡上升或下降时间为 6s。 2. 通过 PLC 编程、变频器参数设置，实现电动机的正反转运行。 　　当按下正向启动按钮时，电动机延时 10s 开始正向启动，并且在 7s 内电动机的转速正向达到 1120r/min，对应频率 40Hz。当电动机停止时，发出停止指令，7s 内电动机停止运行。当按下反向启动按钮时，电动机延时 10s 开始反向启动，并且在 7s 内电动机的转速反向达到 1120r/min，对应频率 40Hz。当电动机停止时，发出停止指令，7s 内电动机停止运行。
	工作过程	1. 设计可逆运行调速系统主电路，并说明元器件作用和电路原理。 2. 设计可逆运行调速系统控制电路、I/O 分配，并说明原理。 　① 画出 PLC、变频器、电动机接线电路。 　② PLC I/O 分配，记录于表 5-2 中。

表 5-2　PLC 的 I/O 分配（延时启停）

输入（I）			输出（O）		
输入继电器	输入元件	作用	输出继电器	输出元件	作用

续表

任务 2 可逆运 行调速 系统的 延时 启停	工作过程	3. 设计控制系统软件，写出梯形图。 4. 记录变频器主要功能参数设置。 5. 系统调试运行。
任务 3 工作台 自动 往返	学习信息	工作台往返运行示意图见图 5-3。按下启动按钮，工作台以 20Hz 向左运行，碰撞行程开关 SQ1 后停下，10min 后以 25Hz 向右运行，碰撞行程开关 SQ1 后停下，如此循环。系统具有短路保护、过载保护、断相保护。  ← 向左　　　　工作台　　　向右 → 挡铁1　　　　　挡铁2 SQ1　　　　　　SQ2 图 5-3　工作台往返运动示意图
	工作过程	1. 设计电动机自动往返控制系统主电路，并说明元器件作用和电路原理。 2. 设计电动机自动往返控制系统控制电路、I/O 分配，并说明原理。 ① 画出 PLC、变频器、电动机接线电路。

续表

任务 3 工作台 自动 往返	工作过程	② PLC 的 I/O 分配，记录于表 5-3 中。

② PLC 的 I/O 分配，记录于表 5-3 中。

表 5-3 PLC 的 I/O 分配（自动往返）

输入（I）			输出（O）		
输入继电器	输入元件	作用	输出继电器	输出元件	作用

3. 设计控制系统软件，写出梯形图。

4. 记录变频器主要功能参数设置。

5. 系统调试运行。

检查评价	1. 工作过程遇到的问题及处理方法： 2. 评价 自评：□优秀　□良好　□合格 同组人员评价：□优秀　□良好　□合格 教师评价：□优秀　□良好　□合格 3. 工作建议：

任务 5.3　S7-300 系列 PLC 和 MM440 联机 实现模拟信号操作控制

【任务描述】

通过 S7-300 系列 PLC 和 MM440 变频器联机，实现模拟信号操作控制电动机正转、反转和停止，而且能够平滑无级地调节电动机的转速大小。

【相关知识】

5.3.1　S7-300 PLC 输入、输出变量约定

(1) 数字输入端

I1.1——电动机正转，SB1 为正转按钮；

I1.2——电动机停止，SB2 为停止按钮；

I1.3——电动机反转，SB3 为反转按钮。

(2) 模拟输入端

PIW256——PLC 模拟量输入地址，对应模拟量输入端子"2""3"。

(3) 数字输出端

Q1.1——电动机正转/停止，至 MM440 的"5"接口；

Q1.2——电动机反转/停止，至 MM440 的"6"接口。

5-12 模拟量
控制任务

(4) 模拟量输出端

PQW256——PLC 模拟量输出地址，对应模拟量输出端子"14""15"。

5.3.2　PLC 程序设计

S7-300 系列 PLC 和 MM440 联机实现模拟信号操作控制的电路，如图 5-4 所示。

按照电动机的控制要求和 S7-300 PLC 输入、输出接口变量约定，PLC 程序应实现下列控制。

① 当按下正转按钮 SB1 时，PLC 数字输出端 Q1.1 为逻辑"1"，MM440 变频器数字输入接口"5"为"ON"，电动机允许正转。调节电位器 RW1，可平滑无级地调节电动机正转转速的大小。

当按下停车按钮 SB2 时，PLC 数字输出端 Q1.1 为逻辑"0"，MM440 变频器数字输入接口"5"为"OFF"，电动机停车。

② 当按下反转按钮 SB3 时，PLC 数字输出端 Q1.2 为逻辑"1"，MM440 变频器数字输入接口"6"为"ON"，电动机允许反转。调节电位器 RW1，可平滑无级地调节电动机反转转速的大小。

当按下停车按钮 SB2 时，Q1.2 为逻辑"0"，MM440 变频器数字输入接口"6"为

5-13 模拟量PLC
程序设计

"OFF"，电动机停车。

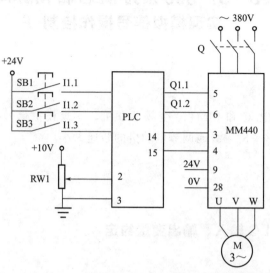

图 5-4　S7-300 系列 PLC 和 MM440 联机实现模拟信号操作控制电路

S7-300 系列 PLC 和 MM440 联机实现模拟信号操作控制梯形图程序，如图 5-5 所示。

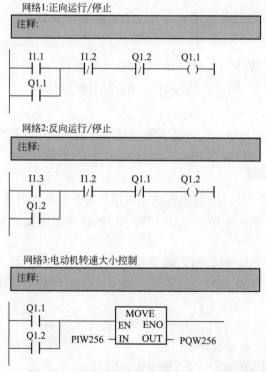

图 5-5　S7-300 系列 PLC 和 MM440 联机实现模拟信号操作控制梯形图程序

将梯形图程序下载到 PLC 中。

5.3.3　操作步骤

① 按图 5-4 连接电路，检查接线正确后，合上变频器电源空气开关 Q。

② 恢复变频器工厂缺省值。

③ 设置电动机参数。设 P0010＝0，变频器当前处于准备状态，可正常运行。

④ 设置 MM440 控制端口开关量操作控制参数，如表 5-4 所示。

5-14 模拟量变频器
参数设置

表 5-4　MM440 模拟信号操作控制参数

参数号	出厂值	设置值	说　　明
P0003	1	1	用户访问级为标准级
P0004	0	7	命令，二进制 I/O
P0700	2	2	命令源选择"由端子排输入"
P0003	1	2	用户访问级为扩展级
P0004	0	7	命令，二进制 I/O
*P0701	1	1	ON 接通正转，OFF 停止
*P0702	1	2	ON 接通反转，OFF 停止
P0003	1	1	用户访问级为标准级
P0004	0	10	设定值通道和斜坡函数发生器
P1000	2	2	频率设定值选择为"模拟输入"
P1080	0	0	电动机运行的最低频率（Hz）
P1082	50	50	电动机运行的最高频率（Hz）
*P1120	10	5	斜坡上升时间（s）
*P1121	10	5	斜坡下降时间（s）

5-15 变频器模拟量
参数设置操作

⑤ S7-300 和 MM440 联机实现模拟信号操作控制。

a. 电动机正向运行。当按下正转按钮 SB1 时，PLC 输入继电器 I1.1 得电，其常开触点闭合，输出继电器 Q1.1 得电，一方面使 MM440 变频器的端口"5"为"ON"，允许电动机正转；另一方面 Q1.1 的常开触点闭合，赋值指令 MOVE 将在输入端 IN 的特定地址 PIW256 中的内容复制到输出端 OUT 上的特定地址 PQW256 中，即将 PIW256 地址中模拟输入端口"2""3"可调的电压信号复制到由 PQW256 地址所对应的模拟输出端口"14""15"中，再输入到 MM440 的模拟输入端口"3""4"中，从而通过调节 RW1 来调节电动机正转转速的大小。

b. 电动反向运行。当按下反转按钮 SB2 时，PLC 输入继电器 I1.3 得电，其常开触点闭合，输出继电器 Q1.2 得电，一方面使 MM440 变频器的端口"6"为"ON"，允许电动机反转；另一方面 Q1.2 的常开触点闭合，赋值指令 MOVE 将 PIW256 地址中模拟输入端口"2""3"可调的电压信号复制到由 PQW256 地址所对应的模拟输出端口"14""15"中，再输入到 MM440 的模拟输入端口"3""4"中，从而通过调节 RW1 来调节电动机反向转速的大小。

可见，转速的方向是由数字端口"5""6"对应的参数 P0701 和 P0702 设置值来决定的，转速的大小是由电位器 RW1 所控制的模拟输入信号大小来决定的。

c. 电动机停车。有两种方法可以使电动机停车：一种方法是调节电位器 RW1，使其可调输出端电压为 0，电动机正向（或反向）停车；另一种方法是按下停止按钮 SB2，PLC 输入继电器 I1.2 得电，其常闭触点断开，使输出继电器 Q1.1 和 Q1.2 同时失电，MM440 的数字输入端口"5""6"均为"OFF"，电动机停止运行。

【任务工单】

工作任务单		编号:5-2	
工作任务	S7-300 系列 PLC 和 MM440 联机实现模拟信号操作控制	建议学时	2
班级		学员姓名		工作日期	

<table>
<tr><td>任务目标</td><td>
1. 能够进行 PLC 与变频器的正确接线；
2. 熟悉 PLC 与变频器相连接的触点与接口；
3. 会根据要求正确设置 MM440 的有关参数；
4. 会根据要求正确编写程序；
5. 能实现 PLC 与变频器模拟量控制电动机调速系统的控制；
6. 培养解决问题的能力。
</td></tr>
<tr><td>工作设备
及材料</td><td>
1. 计算机、变频器、PLC 各一台；
2. 万用表一块，调节电位器一个；
3. 导线、电缆、绝缘胶带若干；
4. 电工工具一套。
</td></tr>
<tr><td>任务要求</td><td>
1. 利用 PLC 和变频器联机实现电动机模拟量调速控制，并实现 PLC 与变频器的通信；
2. 设计硬件控制电路、软件编程和参数设置，并进行系统调试。
</td></tr>
<tr><td>提交成果</td><td>
1. 工作总结；
2. 操作记录；
3. 排故记录。
</td></tr>
<tr><td>小组成员
任务分工</td><td>
项目负责人全面负责任务分配、组员协调，使小组成员分工明确，并在教师的指导下完成以下任务：总方案设计、系统安装、工具管理、任务记录、环境与安全等。
</td></tr>
</table>

任务 1 电动机 模拟量 调速控 制系统 调试	学习信息	1. 当按下正转按钮 SB1 时，电动机正转。调节电位器 RW1，可平滑无极地调节电动机正转转速的大小。当按下停车按钮 SB2 时，电动机停车。 　　2. 当按下反转按钮 SB3 时，电动机反转。调节电位器 RW1，可平滑无极地调节电动机反转转速的大小。当按下停车按钮 SB2 时，电动机停车。
	工作过程	1. 设计电动机模拟量调速系统主电路，并说明元器件作用和电路原理。 5-17 模拟量 调试操作 　　2. 设计电动机模拟量调速系统控制电路、I/O 分配，并说明原理。 　　① 画出 PLC、变频器、电动机接线电路。 　　② PLC 的 I/O 分配，记录于表 5-5 中。

表 5-5　PLC 的 I/O 分配(调速控制)

输入(I)			输出(O)		
输入继电器	输入元件	作用	输出继电器	输出元件	作用

续表

任务1 电动机 模拟量 调速控 制系统 调试	工作过程	3. 设计控制系统软件，写出梯形图。 4. 记录变频器主要功能参数设置。 5. 系统调试运行。
任务2 报警与 显示系 统调试	学习信息	1. 变频器的模拟量输出端子有哪些？如何进行参数设定？ 2. 变频器模拟输出信号与所设置的模拟量关系是什么？
	工作过程	1. 设计报警与显示系统的控制电路、I/O分配，并说明原理。 　① 画出 PLC、变频器、电动机及控制电路接线电路。 　② PLC 的 I/O 分配，记录于表 5-6 中。

表 5-6　PLC 的 I/O 分配（报警与显示）

输入（I）			输出（O）		
输入继电器	输入元件	作用	输出继电器	输出元件	作用

3. 设计控制系统软件，写出梯形图。

4. 记录报警和显示实现原理。

5. 系统调试运行。

检查评价	1. 工作过程遇到的问题及处理方法： 2. 评价 自评：□优秀　□良好　□合格 同组人员评价：□优秀　□良好　□合格 教师评价：□优秀　□良好　□合格 3. 工作建议：

任务 5.4　S7-300 系列 PLC 和 MM440 联机实现 3 段固定频率控制

【任务描述】

按下电动机运行按钮，电动机启动并运行在 15Hz 频率所对应的 300r/min 的转速上，延时 15s 后电动机升速，运行在 35Hz 频率所对应的 800r/min 转速上；再延时 15s 后电动机继续升速，运行在 50Hz 频率所对应的 1400r/min 转速上；按下停车按钮，电动机停止运行。

【相关知识】

5.4.1　MM440 变频器和 S7-300 PLC 输入、输出变量约定

（1）MM440 变频器数字输入变量约定

MM440 变频器数字输入 "5" "6" 端口通过 P0701、P0702 参数设为 3 段固定频率控制端，每一频段的频率可分别由 P1001、P1002 和 P1003 参数设置。变频器数值输入 "7" 端口设为电动机运行、停止控制端，可由 P0703 参数设置。

（2）PLC 数字输入、输出变量约定

① 数字输入

I1.1——电动机运行，对应电动机运行按钮 SB1；

I1.2——电动机停止，对应电动机运行按钮 SB2。

② 数字输出端

Q1.1——固定频率设置，接 MM440 变频器数字输入端口 "5"；

Q1.2——固定频率设置，接 MM440 变频器数字输入端口 "6"；

Q1.3——电动机运行/停止按钮，接 MM440 变频器数字输入端口 "7"。

S7-300 和 MM440 联机实现 3 段固定频率控制电路如图 5-6 所示。

3 段固定频率控制状态如表 5-7 所示。

表 5-7　3 段固定频率控制状态

固定频率	Q1.2/"6"端口	Q1.1/"5"端口	对应频率所设置参数	频率/Hz	转速/(r/min)
1	0	1	P1001	15	300
2	1	0	P1002	35	800
3	1	1	P1003	50	1400
OFF	0	0		0	0

3 段固定频率控制曲线如图 5-7 所示。

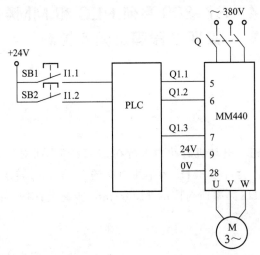

图 5-6　S7-300 和 MM440 联机实现 3 段固定频率控制电路

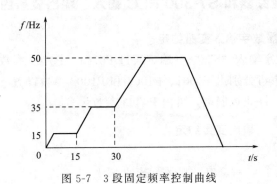

图 5-7　3 段固定频率控制曲线

5.4.2　PLC 程序设计

5-19 三段速PLC
程序设计

①　当按下正转启动按钮 SB1 时，PLC 数字输出端 Q1.3 为逻辑"1"，MM440 变频器"7"端口为"ON"，允许电动机运行。同时 Q1.1 为逻辑"1"，Q1.2 为逻辑"0"，MM440 变频器"5"端口为"ON"，"6"端口为"OFF"，电动机运行在第 1 固定频段。延时 15s 后，PLC 输出端 Q1.1 为逻辑"0"，Q1.2 为逻辑"1"，MM440 变频器"5"端口为"OFF"，"6"端口为"ON"，电动机运行在第 2 固定频段。再延时 15s，PLC 输出端 Q1.1 为逻辑"1"，Q1.2 也为逻辑"1"，MM440 变频器"5"端口为"ON"，"6"端口也为"ON"，电动机运行在第 3 固定频段。

②　当按下停止按钮 SB2 时，PLC 输出端 Q1.3 为逻辑"0"，MM440 变频器数字输入接口"7"为"OFF"，电动机停止运行。

S7-300 和 MM440 联机实现 3 段固定频率控制梯形图程序，如图 5-8 所示。将梯形图程序下载到 PLC 中。

FC3：3段速控制

网络1：

```
    I1.1         I1.2                          M0.0
  ──┤ ├──┬────┤/├────────────────────────────( )──
          │
    M0.0  │                                   Q1.3
  ──┤ ├──┘                         ┌─────────( )──
```

网络2：

```
    M0.0                    T1
  ──┤ ├──┬─────────────┌─────────┐
         │             │  S_ODT  │
         │          ───┤S       Q├──────────
         │             │         │
         │   S5T#15S───┤TV     BI├─── …
         │             │         │
         │       … ───┤R    BCD├─── …
         │             └─────────┘
         │                    T2
         │             ┌─────────┐
         │             │  S_ODT  │
         └─────────────┤S       Q├
                       │         │
           S5T#30S─────┤TV     BI├─── …
                       │         │
               … ──────┤R    BCD├─── …
                       └─────────┘
```

网络3：

```
    M0.0         T1                           M1.1
  ──┤ ├────────┤/├────────────────────────────( )──
```

网络4：

```
    T1           T2                           M1.2
  ──┤ ├────────┤/├────────────────────────────( )──
```

网络5：

```
    T2                                        M1.3
  ──┤ ├─────────────────────────────────────────( )──
```

网络6：

```
    M1.1                                      Q1.1
  ──┤ ├──┬───────────────────────────────────( )──
    M1.3 │
  ──┤ ├──┘
```

网络7：

```
    M1.2                                      Q1.2
  ──┤ ├──┬───────────────────────────────────( )──
    M1.3 │
  ──┤ ├──┘
```

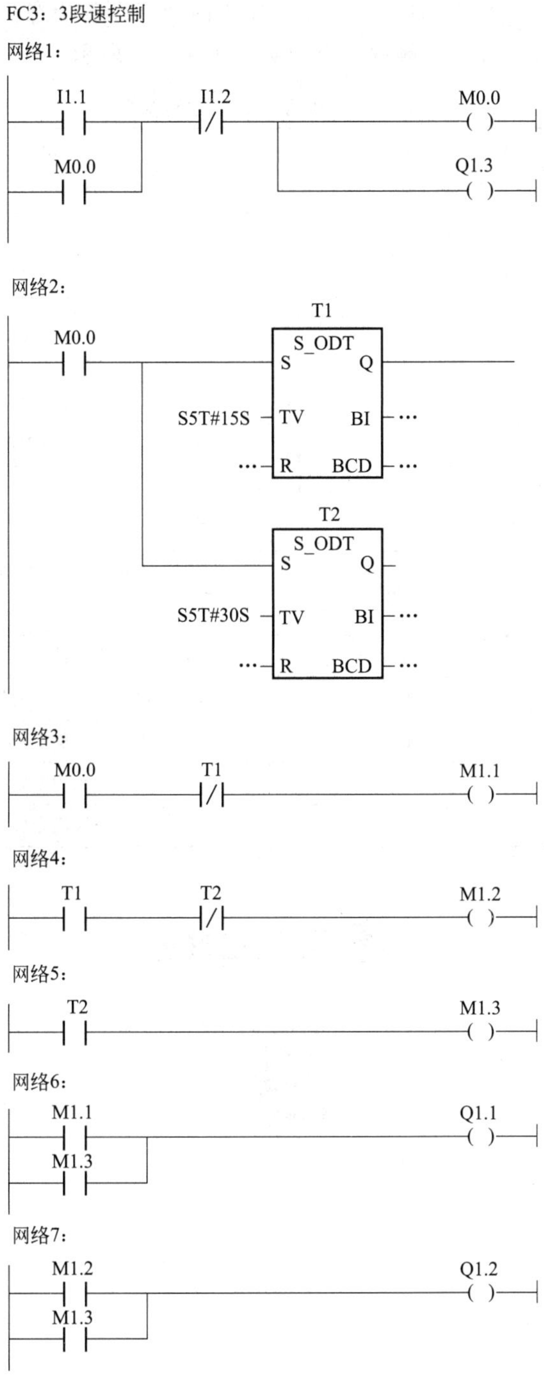

图 5-8　S7-300 和 MM440 联机实现 3 段固定频率控制梯形图程序

5.4.3　操作步骤

① 按图 5-6 连接电路，检查接线正确后，合上变频器电源空气开关 Q。

② 恢复变频器工厂缺省值。

③ 设置电动机参数。设 P0010＝0，变频器当前处于准备状态，可正常运行。

④ 设置 MM440 的 3 段固定频率控制参数，如表 5-8 所示。

表 5-8　3 段固定频率控制参数

参数号	出厂值	设置值	说　　明
P0003	1	1	用户访问级为标准级
P0004	0	7	命令，二进制 I/O
P0700	2	2	命令源选择"由端子排输入"
P0003	1	2	用户访问级为扩展级
P0004	0	7	命令，二进制 I/O
* P0701	1	17	选择固定频率
* P0702	1	17	选择固定频率
* P0703	1	1	ON 接通正转，OFF 停止
P0003	1	1	用户访问级为标准级
P0004	0	10	设定值通道和斜坡函数发生器
P1000	2	3	选择固定频率设定值
P0003	1	2	用户访问级为扩展级
P0004	0	10	设定值通道和斜坡函数发生器
* P1001	0	15	设置固定频率 1（Hz）
* P1002	5	35	设置固定频率 2（Hz）
* P1003	10	50	设置固定频率 3（Hz）

 能量加油站

项目5【拓展阅读】

【任务工单】

工作任务单			编号：5-3	
工作任务	S7-300 系列 PLC 和 MM440 联机实现 3 段固定频率控制		建议学时	4
班级		学员姓名	工作日期	
任务目标	1. 能够进行 PLC 与变频器的正确接线； 2. 熟悉 PLC 与变频器相连接的触点与接口； 3. 会根据要求正确设置 MM440 的有关参数； 4. 会根据要求正确编写程序； 5. 能实现 PLC 与变频器多段速固定频率调速系统的控制； 6. 培养解决问题的能力。			
工作设备 及材料	1. 计算机、变频器、PLC 各一台； 2. 万用表一块，调节电位器一个； 3. 导线、电缆、绝缘胶带若干； 4. 电工工具一套。			
任务要求	1. 利用 PLC 和变频器联机实现多段固定频率调速控制，并实现 PLC 与变频器的通信； 2. 设计硬件控制电路、软件编程和参数设置，并进行系统调试。			
提交成果	1. 工作总结； 2. 操作记录； 3. 排故记录。			
小组成员 任务分工	项目负责人全面负责任务分配、组员协调，使小组成员分工明确，并在教师的指导下完成以下任务：总方案设计、系统安装、工具管理、任务记录、环境与安全等。			
任务 1 电动机 3 段固 定频率 调速系 统调试	学习信息	按下电动机运行按钮，电动机启动并运行在 15Hz 频率所对应的 300r/min 的转速上，延时 15s 后电动机升速，运行在 35Hz 频率所对应的 800r/min 转速上；再延时 15s 后电动机继续升速，运行在 50Hz 频率所对应的 1400r/min 转速上；按下停车按钮，电动机停止运行。		
	工作过程	1. 设计 3 段固定频率调速系统主电路，并说明元器件作用和电路原理。 2. 设计 3 段固定频率调速系统控制电路、I/O 分配，并说明原理。		

续表

| 任务 1 电动机 3 段固定频率调速系统调试 | 工作过程 | ① 画出 PLC、变频器、电动机接线电路。 |

5-23 三段速调试操作

② PLC 的 I/O 分配，记录于表 5-9 中。

表 5-9　PLC 的 I/O 分配（3 段速）

输入(I)			输出(O)		
输入继电器	输入元件	作用	输出继电器	输出元件	作用

3. 设计控制系统软件，写出梯形图。

4. 记录变频器主要功能参数设置。

5. 系统调试运行。

续表

| | 学习信息 | 按下电动机运行按钮,电动机启动运行在 15Hz 频率所对应的 300r/min 的转速上。延时 10s 后,电动机升速运行在 30Hz 频率所对应的 600r/min 的转速上。再延时 10s 后,电动机升速运行在 50Hz 频率所对应的 1400r/min 的转速上。再延时 10s 后,电动机降速到 35Hz 频率所对应的 1000r/min 的转速上。再延时 10s 后,电动机减速到 0 并反向加速运行在 -15Hz 所对应的 300r/min 的转速上。再延时 10s 后,电动机继续反向加速运行在 -30Hz 频率所对应的 -600r/min 的转速上。再延时 10s 后,电动机进一步反向加速到 -50Hz 频率所对应的 -1400r/min 的转速上。按下停止按钮,电动机停止运行。 |

任务 2 电动机 7 段固定频率调速系统调试

工作过程

1. 设计 7 段固定频率调速系统控制电路、I/O 分配,并说明原理。

　① 画出 PLC、变频器、电动机接线电路。

　② PLC 的 I/O 分配,记录于表 5-10 中。

表 5-10　PLC 的 I/O 分配(7 段速)

输入(I)			输出(O)		
输入继电器	输入元件	作用	输出继电器	输出元件	作用

续表

任务 2 电动机 7 段固定频率调速系统调试	工作过程	2. 设计控制系统软件，写出梯形图。 3. 记录变频器主要功能参数设置。 4. 系统调试运行。 5. 7 段调速与 3 段调速比较，硬件设计与软件设计有何不同？
	检查评价	1. 工作过程遇到的问题及处理方法： 2. 评价 自评：□优秀　□良好　□合格 同组人员评价：□优秀　□良好　□合格 教师评价：□优秀　□良好　□合格 3. 工作建议：

西门子G120变频器认知与操作

任务 6.1　西门子 G120 变频器基础认知

【任务描述】

西门子 G120 系列变频器，包含标准性能变频器和专用变频器。标准性能变频器能满足基本到中等控制动态要求，比如泵机、风机、压缩机、传送带、搅拌机、轧钢机或挤压机等应用，具有标准化和用户友好的操作方式，用户无需使用额外工程组态工具，型号包括 SINAMICS G120C 和 G120。专用变频器适用于工业应用和楼宇管理系统，是专门针对泵、风机和压缩机应用开发的，它们的性能范围很宽，具有各种不同规格，型号包括 SINAMICS G120X、G120XA 和 G120P。本任务以 SINAMICS G120C 为例进行讲解。

【相关知识】

SINAMICS G120C 变频器的外形如图 6-1 所示。

SINAMICS G120C 是紧凑型变频器，在许多方面为同类变频器的设计树立了典范。其紧凑的尺寸、便捷的快速调试、简单的面板操作、方便友好的维护以及丰富的集成功能都将成为新的标准。它可以覆盖众多通用应用的需求，例如传送带、搅拌机、挤出机、水泵、风机、压缩机，以及一些基本的物料处理机械等。因此，它可以很好地应用于设备机械的制造。

SINAMICS G120C 是专门为满足 OEM 用户对于高性价比和节省空间的要求而设计的变频器，同时它还具有操作简单和功能丰富的特点。这个系列的变频器与同类相比，相同的功率具有更小的尺寸，并且安装快速，调试简便，具有友好的用户接线方式和简单的调试工具。它集成众多功能：安全功能（STO，

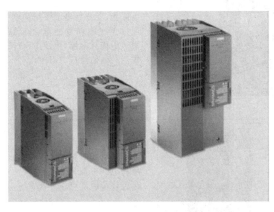

图 6-1　G120C 变频器

可通过端子或 PROFIsafe 激活），多种可选的通用的现场总线接口，以及用于参数拷贝的存储卡槽。

　　SINAMICS G120C 变频器包含三个不同的尺寸，功率范围为 0.55～18.5kW。为了提高能效，变频器集成了矢量控制实现能量的优化利用，并自动降低了磁通。该系列的变频器是全集成自动化的组成部分，并且可选 PROFIBUS，Modbus RTU，以及 USS 等通信接口。操作控制和调试可以快速简单地采用 PC 机，通过 USB 接口，或者采用 BOP-2（基本操作面板）或 IOP（智能操作面板）来实现。G120C 变频器的特点及优势如表 6-1 所示。

表 6-1　G120C 变频器的特点及优势

G120C 的特点	优势
结构紧凑	
可并排紧密安装不降容；更高的功率密度，更小的尺寸；更简便的安装，更小的安装空间	需要的空间更小；可以安装在更小的柜体内，可以更接近现场安装
操作友好	
优化的参数组；优化的调试；简化的操作说明；可采用 BOP-2 和 IOP 操作面板；集成 USB 接口	简单快速的软件参数设定；调试操作更简单；充分利用已有的 SINAMICS 知识降低培训费用；维修更加简单友好
简便的安装和维护	
可插拔的接线端子；可通过 BOP-2 和 IOP 操作面板以及 SD 卡进行参数拷贝；可通过 TIA 远程调试；变频器和电机运行时间计数器	快速的机械安装；直观的系列调试；可集成为自动化环境；维护更简单
先进的技术功能	
高能效，无传感器的矢量控制；通过 V/f ECO 功能自动降低磁通；集成电能计算器，集成 STO 安全功能；集成的通信接口（DP，CAN，USS，Modbus RTU）	更高的控制精度和质量；电机控制的能效更高；可计算节省的电能；拥有安全功能，无需额外的成本；可以连接到所有的通用的总线系统中
稳定可靠	
采用了可用于重载的元器件；所有电路板都带涂层；运行环境温度可达 60℃	可在恶劣的工业环境下无故障运行；更长的使用寿命

6.1.1　西门子 G120C 变频器的组成和型号

(1) 西门子 G120C 变频器的组成

SINAMICS G120C 是一个模块化的变频器，由一个控制单元（Control Unit，简称 CU）和一个功率模块（Power Module，简称 PM）组成。控制单元可以控制和监测与它相连的电机。功率模块提供电源和电机端子，支持的功率范围为 0.37～250kW（基于轻载功率）。控制单元的特点及技术指标如表 6-2 所示，功率模块的特点及技术指标如表 6-3 所示。

表 6-2　控制单元（CU）的特点及技术指标

参数	特点或技术指标					
控制单元型号	CU240B-2	CU240B-2DP	CU240E-2	CU240E-2DP	CU240E-2F	CU240E-2DPF
工作电压	变频器自身提供或者外接 DC 24V					
最大的负荷电流	由外部 DC 24V 供电,最大 1A					
数字量输入-标准	4	4	6	6	6	6
数字量输入-安全	无	无	1(2×DI)	1(2×DI)	3(2×DI)	3(2×DI)
数字量输出	1 1继电器输出	1 1继电器输出	3 2继电器输出 1晶体管输出	3 2继电器输出 1晶体管输出	3 2继电器输出 1晶体管输出	3 2继电器输出 1晶体管输出
模拟量输入	1 通过 DIP 开关选择模拟量输入为电压输入或电流输入 −10～10V,0/2～10V,0/4～20mA 所有的模拟量输入可以作为附加的数字量输入	1	2	2	2	2
模拟量输出	1 模拟量输出带有短路保护,非电气隔离 可以通过参数设置模拟量输出类型 0～10V,0/4～20mA 电压模式:10V,最小负载 10kΩ 电流模式:20mA,最大负载 500Ω	1	2	2	2	2
总线接口	USS Modbus RTU	PROFIBUS DP	USS Modbus RTU	PROFIBUS DP	USS Modbus RTU	PROFIBUS DP
编码器接口	无	无	无	无	无	无
PTC/KTY 接口	有	有	有	有	有	有
MMC/SD 卡插槽	有	有	有	有	有	有
操作面板	BOP-2 或 IOP					
USB 接口	有	有	有	有	有	有
防护等级	IP20					
信号电缆截面积	最小 0.05mm², 最大 1.5mm²					
运行温度	0～50℃(32～122°F)					

表 6-3 功率模块（PM240）的特点及技术指标

参数		特点或技术指标
输入电压		3AC 380～480V±10％
输入频率		47～63Hz
输出频率	V/f 控制	0～650Hz
	矢量控制	0～200Hz
脉冲频率		0.37～45kW,LO:默认 4kHz,最小 4kHz,最大 16kHz 55～90kW,LO:默认 4kHz,最小 4kHz,最大 8kHz 110～250kW,LO:默认 4kHz,最小 2kHz,最大 4kHz
基波功率因数		0.95
变频器效率		95％～97％
过载能力 轻载（LO） 重载（HO）		1.1×额定输出电流（即 110％过载)57s,工作周期时间 300s 1.5×额定输出电流（即 150％过载)3s,工作周期时间 300s 0.37～75kW(HO) 1.5×额定输出电流（即 150％过载)57s,工作周期时间 300s 2×额定输出电流（即 200％过载)3s,工作周期时间 300s 90～200kW(HO) 1.36×额定输出电流（即 150％过载)57s,工作周期时间 300s 1.6×额定输出电流（即 200％过载)3s,工作周期时间 300s
电磁兼容		可选符合 EN 55011 标准的 A 级和 B 级滤波器
制动方式		直流制动、复合制动、能耗制动(FSA～FSF 尺寸变频器集成制动单元)
防护等级		IP20
工作温度	轻载（LO）	FSA～FSF 尺寸变频器 0～40℃(32～104°F)不降容,＞40～60℃(＞104～140°F)参见手册降容曲线 FSGX 尺寸变频器 0～40℃(32～104°F)不降容,＞40～55℃(＞104～131°F)参见手册降容曲线
	重载（HO）	FSA～FSF 尺寸变频器 0～50℃(32～122°F)不降容,＞50～60℃(＞122～140°F)参见手册降容曲线 FSGX 尺寸变频器 0～40℃(32～104°F)不降容,＞40～55℃(＞104～131°F)参见手册降容曲线
存储温度		−40～70℃(−40～158°F)
相对湿度		＜95％ RH,无结露
冷却方式		内置风扇强制风冷
安装海拔高度		海拔高度 1000m 以下不降容,大于 1000m 参见降容曲线
保护功能		欠电压、过电压、过载、接地故障、短路、堵转、电机抱闸保护、电机过温、变频器过温、参数互锁
符合的标准		UL、CUL、CE、c-tick

(2) 西门子 G120C 变频器的型号

SINAMICS G120C 将控制单元（CU）和功率模块（PM）集于一体，防护等级为 IP20，是一款结构紧凑牢固且易操作的变频器，它良好地融合了多种特性，应用范围宽广，可选择配备基本型或舒适型的操作单元，具备高生产能力以及可量身定制的性能。该产品能够内置于控制箱和开关柜中，从而节省空间。

SINAMICS G120C 紧凑型变频器可直接并排安装，无需降容。PROFINET 型可在 55℃以下并排安装。该产品可选择通过数字量输入、模拟量输入或通过集成现场总线接口

（USS、Modbus RTU、PROFIBUS、PROFINET/EtherNet/IP、CANopen 型中提供）将 SINAMICS G120C 集成至各种应用。其中，集成了 PROFIBUS/PROFINET 接口的产品规格可完全集成至西门子 TIA 体系，从而充分发挥无缝式 TIA 产品系列的优势。采用出厂预设时，SINAMICS G120C 可直接用于 PROFIBUS DP、PROFINET 或 CANopen 现场总线系统，无需参数设置。除此之外，SINAMICS G120C 系列产品均配备了 STO（Safe Torque Off）安全功能，用于实现驱动的安全停机。

SINAMICS G120C 可对功率范围为 0.37～18.5kW（0.5～25hp）的异步电机进行控制。通过将最先进的 IGBT 技术和经过进一步优化的矢量控制相结合，该产品能够确保可靠而高效的电机运行。此外，SINAMICS G120C 中集成的丰富保护功能可实现对变频器和电机的良好保护。

外形尺寸为 FSA、FSB 和 FSC 的 SINAMICS G120C，带保护盖的铭牌信息如表 6-4 所示。

表 6-4　变频器 G120C 的铭牌信息

外形尺寸	额定输出功率	额定输出电流
	基于轻过载	
FSAA（铭牌）	0.55kW	1.7A
	0.75kW	2.2A
	1.1kW	3.1A
	1.5kW	4.1A
	2.2kW	5.6A
FSA（铭牌）	3.0kW	7.3A
	4.0kW	8.8A
FSB（铭牌）	5.5kW	12.5A
	7.5kW	16.5A
FSC（铭牌）	11.0kW	25.0A
	15.0kW	31.0A
	18.5kW	37.0A
SINAMICS G120C USS/MB（USS，Modbus RTU）	B	B
SINAMICS G120C DP（PROFIBUS）	P	P
SINAMICS G120C PN（PROFINET，EtherNet/IP）	F	F

6.1.2 西门子 G120C 变频器的电气连接

(1) G120C 变频器应用方案

西门子 G120C 变频器应用方案如图 6-2 所示。

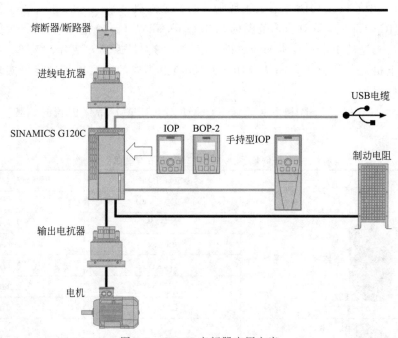

图 6-2　G120C 变频器应用方案

(2) 组件

① 直流母线组件　直流母线组件通过制动电阻消耗直流母线多余的电能。该组件专门设计用于 SINAMICS G120C。此外 SINAMICS G120C 还集成了一个制动斩波器（电子开关）。

② 输出侧电源组件　输出电抗器用于降低电压变化率（du/dt）和电流尖峰，还允许连接更长的电机电缆。

③ 补充系统组件

a. 智能操作面板（IOP）是采用图形显示、功能强大且易使用的操作面板，用于执行 SINAMICS G120C 的调试、诊断、现场操作及监控。

b. 基本操作面板（BOP-2）采用两行屏，用于支持驱动的调试和诊断。此组件可实现本地操作。

c. 存储卡可将变频器的参数设置保存至 SINAMICS SD 卡。在进行变频器更换等维修作业时，将存储卡中备份的数据导入后即可重新使用设备，对应的卡槽集成在变频器中。

d. PC 连接套件用于将安装了调试工具 STARTER 或 SINAMICS Startdrive 的 PC 连接至变频器，从而直接通过 PC 控制和调试变频器。

④ 备件　屏蔽板在 SINAMICS G120C 的供货范围中包含对应于外形尺寸的一组用于

电机电缆和信号电缆的屏蔽板，也可作为备件订购。

备件套装包含 5 组 I/O 端子、1 件 RS 485 端子、2 对控制单元门（1 对 PN 和 1 对其他通信类型）和 1 块空白保护盖。

连接器套件可根据 SINAMICS G120C 的外形尺寸订购一组连接器，用于进线电缆、制动电阻和电机电缆。

顶部风扇可根据 SINAMICS G120C 的外形尺寸订购顶部风扇（安装在设备顶部），其为包含支架和风扇的预装配单元。

风扇单元可根据 SINAMICS G120C 的外形尺寸订购备用风扇（安装在设备背面，作为散热器），其为包含支架和风扇的预装配单元。

图 6-3 所示为变频器 G120C 连接电源、电机和其他组件示意图，其中⏚与"PE"的含义相同。

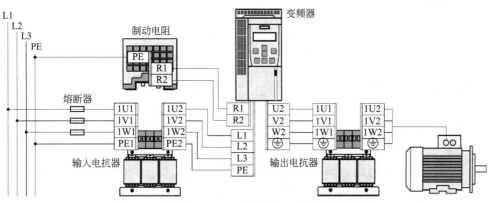

图 6-3 变频器 G120C 连接电源、电机和其他组件

6.1.3 西门子 G120 变频器的安装与接线

6-1 西门子 G120
的外部结构及
接线方法

（1）安装

SINAMICS G120C 变频器安装尺寸和与其他设备之间的最小间距如图 6-4 所示。

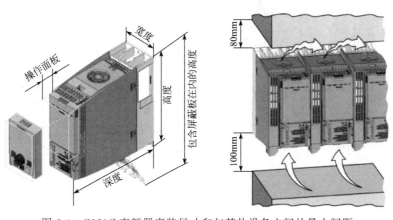

图 6-4 G120C 变频器安装尺寸和与其他设备之间的最小间距

G120C 变频器控制单元的安装方法如图 6-5 所示。G120C 变频器 BOP-2 操作面板的安装方法如图 6-6 所示。

(a) 装上控制单元　　(b) 取下控制单元　　　　(a) 插入BOP-2　　　(b) 取出BOP-2

图 6-5　G120C 变频器控制单元的安装方法　　图 6-6　G120C 变频器 BOP-2 操作面板的安装方法

控制单元正面的接口见图 6-7，必须拆下操作面板（如果有）并打开正面门盖，才可以操作控制单元正面的接口。

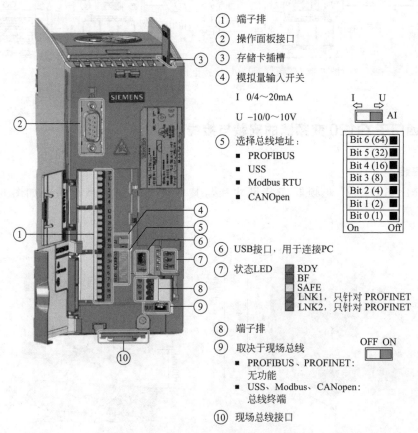

① 端子排

② 操作面板接口

③ 存储卡插槽

④ 模拟量输入开关

　　I　0/4～20mA

　　U　-10/0～10V

⑤ 选择总线地址：
- PROFIBUS
- USS
- Modbus RTU
- CANOpen

⑥ USB接口，用于连接PC

⑦ 状态LED
　　RDY
　　BF
　　SAFE
　　LNK1，只针对 PROFINET
　　LNK2，只针对 PROFINET

⑧ 端子排

⑨ 取决于现场总线
- PROFIBUS、PROFINET：无功能
- USS、Modbus、CANopen：总线终端

⑩ 现场总线接口

图 6-7　控制单元的接口、连接器、开关、端子排和 LED

(2) 接线实例

西门子 G120C 变频器的接线示例如图 6-8 所示。

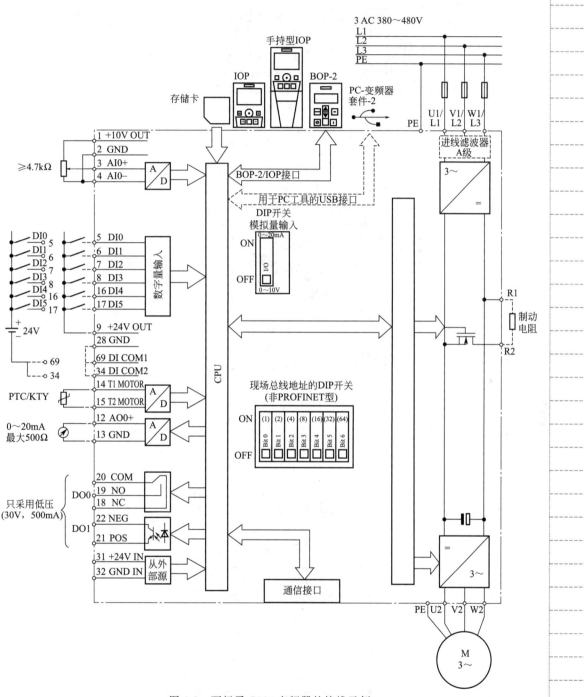

图 6-8　西门子 G120 变频器的接线示例

其中，端子排的功能及接线方式如图 6-9 所示。

图 6-9 中，数字①到⑥标号表示如下：①模拟量输入由一个内部 10V 电源供电；②模拟量输入由一个外部 10V 电源供电；③使用内部电源时的接线，可连接源型触点；④使用

外部电源时的接线，可连接源型触点；⑤使用内部电源时的接线，可连接漏型触点；⑥使用外部电源时的接线，可连接漏型触点。

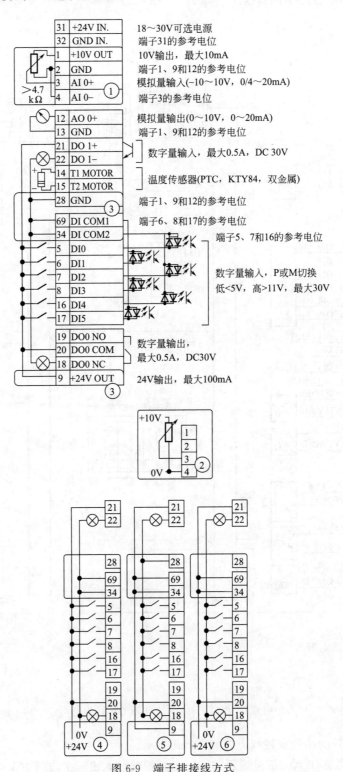

31	+24V IN.	18~30V可选电源
32	GND IN.	端子31的参考电位
1	+10V OUT	10V输出，最大10mA
2	GND	端子1、9和12的参考电位
3	AI 0+	模拟量输入(-10~10V, 0/4~20mA)
4	AI 0−	端子3的参考电位
12	AO 0+	模拟量输出(0~10V, 0~20mA)
13	GND	端子1、9和12的参考电位
21	DO 1+	数字量输入，最大0.5A，DC 30V
22	DO 1−	
14	T1 MOTOR	温度传感器(PTC，KTY84，双金属)
15	T2 MOTOR	
28	GND	端子1、9和12的参考电位
69	DI COM1	端子6、8和17的参考电位
34	DI COM2	端子5、7和16的参考电位
5	DI0	
6	DI1	数字量输入，P或M切换
7	DI2	低<5V，高>11V，最大30V
8	DI3	
16	DI4	
17	DI5	
19	DO0 NO	数字量输出，
20	DO0 COM	最大0.5A，DC30V
18	DO0 NC	
9	+24V OUT	24V输出，最大100mA

图 6-9 端子排接线方式

【任务工单】

工作任务单			编号:**6-1**
工作任务	西门子 G120 变频器基础认知	建议学时	2
班级		学员姓名	工作日期
任务目标	1. 能够正确安装和拆卸变频器 G120C(外形尺寸 FSAA); 2. 熟悉变频器 G120C 的功率模块和控制模块的接线方式; 3. 能够根据要求正确对变频器 G120C 进行接线; 4. 会查阅变频器 G120C 技术手册,了解其铭牌及技术参数含义; 5. 仔细观察变频器内部结构,能说出各部分的名称。		
工作设备 及材料	1. 变频器 G120C 一台; 2. 万用表一块; 3. 导线、电缆、绝缘胶带若干; 4. 电工工具一套。		
任务要求	查阅产品技术手册,独立、正确地使用电工工具,将变频器 G120C 安装在电气控制柜网孔板上,并能拆卸下来,按照控制要求完成电气接线。		
提交成果	1. 工作总结; 2. 操作记录; 3. 排故记录。		
小组成员 任务分工	项目负责人全面负责任务分配、组员协调,使小组成员分工明确,并在教师的指导下完成以下任务:总方案设计、系统安装、工具管理、任务记录、环境与安全等。		
任务 1 变频器 G120C 的安装 与拆卸	学习信息	1. 变频器 G120C 的型号、尺寸有哪些? 安装方式如何? 2. 安装方式和组件有何要求?	
	工作过程	1. 安装功率模块和控制模块,简要写出安装步骤。 2. 安装 BOP-2 操作面板,简要写出操作步骤。 3. 逆序拆卸,简要写出操作步骤。 	

续表

任务2 电气 接线	学习信息	1. 主电路的连接方式； 2. 控制单元的端子排功能及接线方式。
	工作过程	1. 指出控制模块各部分名称。 　 　 　 2. 连接三相交流电源和三相异步电动机，构成主电路，在下方画出简图。 　 　 　 3. 连接控制电路，包括模拟量输入输出端，开关量输入输出端，与可调电阻、按钮开关等设备相连，在下方画出简图。 　
	检查评价	1. 工作过程遇到的问题及处理方法： 　 　 2. 评价 自评：□优秀　□良好　□合格 同组人员评价：□优秀　□良好　□合格 教师评价：□优秀　□良好　□合格 3. 工作建议： 　

任务 6.2　西门子 G120 变频器 BOP 操作面板调试

【任务描述】

操作面板用于调试、诊断和控制变频器，以及备份和传送变频器设置。基本操作面板 2（BOP-2）增强了 SINAMICS 变频器的接口和通信能力。BOP-2 通过一个 RS 232 接口连接到变频器，它能自动识别 SINAMICS 系列的所有控制单元。BOP-2 也可直接卡紧在变频器上，采用两行显示，用于诊断和操作变频器。

【相关知识】

6-2 G120操作面板 BOP-2

6.2.1　G120 变频器 BOP-2 操作面板

BOP-2 没有内部电源，它是通过 RS 232 接口从变频器控制单元直接供电的。BOP-2 上存储的任何克隆数据将保存到它的非易失性内存，它不需要电源来保存数据。

(1) BOP-2 操作面板的安装

将 BOP-2 安装到变频器控制单元如图 6-10 所示。若要将 BOP-2 从控制单元上移除，按下释放制动片并从控制单元取出 BOP-2。

(2) BOP-2 操作面板的外观

BOP-2 的外观布局如图 6-11 所示。

(3) BOP-2 操作面板的功能

BOP-2 操作面板按键及显示功能如图 6-12 所示。

图 6-10　BOP-2 安装示意图

图 6-11　BOP-2 的外观布局

①—释放制动片；②—LCD 屏幕；③—门安装螺栓凹槽；④—连接变频器的接口；⑤—产品铭牌

笔 记

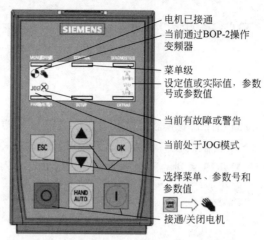

电机已接通

当前通过BOP-2操作
变频器

菜单级

设定值或实际值，参数
号或参数值

当前有故障或警告

当前处于JOG模式

选择菜单、参数号和
参数值

接通/关闭电机

图 6-12　BOP-2 操作面板按键及显示功能

BOP-2 操作面板按键的具体功能描述如表 6-5 所示。

表 6-5　按键功能描述

按键	功能
OK	浏览菜单时，按 OK 键确定选择一个菜单项。 进行参数操作时，按 OK 键允许修改参数；再次按 OK 键，确认输入的值并返回上一页。 在故障屏幕，该键用于清除故障
▲	当浏览菜单时，该键将光标移至向上选择当前菜单下的显示列表。 当编辑参数值时，按下该键增大数值。 如果激活 HAND 模式和点动功能，同时长按向上键和向下键有以下作用： 　—当反向功能开启时，关闭反向功能； 　—当反向功能关闭时，开启反向功能
▼	当浏览菜单时，该键将光标移至向上选择当前菜单下的显示列表。 当编辑参数值时，按下该键减小数值
ESC	如果按下时间不超过 2s，则 BOP-2 返回到上一页；如果正在编辑数值，新数值不会被保存。 如果按下时间超过 3s，则 BOP-2 返回到状态屏幕。 在参数编辑模式下使用 ESC 键时，除非先按确认键，否则数据不能被保存
I	在 AUTO 模式下，开机键未被激活，即使按下它也会被忽略。 在 HAND 模式下，变频器启动电机；操作面板屏幕显示驱动运行图标
O	在 AUTO 模式下，关机键不起作用，即使按下它也会被忽略。 如果按下时间超过 2s，变频器将执行 OFF2 命令，电机将关闭停机。 如果按下时间不超过 3s，变频器将执行以下操作： 　—如果两次按关机键不超过 2s，将执行 OFF2 命令； 　—如果在 HAND 模式下，变频器将执行 OFF1 命令，电机将在参数 P1121 中设置的减速时间内停机
HAND AUTO	HAND/AUTO 键用于切换 BOP-2（HAND）和现场总线（AUTO）之间的命令源。 在 HAND 模式下，按 HAND/AUTO 将变频器切换到 AUTO 模式，并禁用开机和关机键。 在 AUTO 模式下，按 HAND/AUTO 将变频器切换到 HAND 模式，并禁用开机和关机键。 在电机运行时也可切换 HAND 模式和 AUTO 模式

注：锁定和解锁键盘：同时按 ESC 和 OK 3s 或以上锁定 BOP-2 键盘；同时按 ESC 和 OK 3s 或以上解锁键盘。

（4）BOP-2 操作面板的屏幕图标

BOP-2 在显示屏的左侧显示很多表示变频器当前状态的图标。图标功能说明如表 6-6 所示。

表 6-6　屏幕图标功能说明

功能	状态	符号	备注
命令源	手动	🖐	当 HAND 模式启用时,显示该图标;当 AUTO 模式启用时,无图标显示
变频器状态	变频器和电机运行	◑	图标不旋转
点动	点动功能激活	JOG	
故障/报警	故障或报警等待 闪烁的符号＝故障 稳定的符号＝报警	✖	如果检测到故障,变频器将停止,用户必须采取必要的纠正措施,以清除故障。报警是一种状态(例如过热),它并不会停止变频器运行

6.2.2　BOP-2 操作面板的菜单结构及功能

(1) 菜单结构

BOP-2 是一个菜单驱动设备,具有以下菜单结构,如图 6-13 所示。

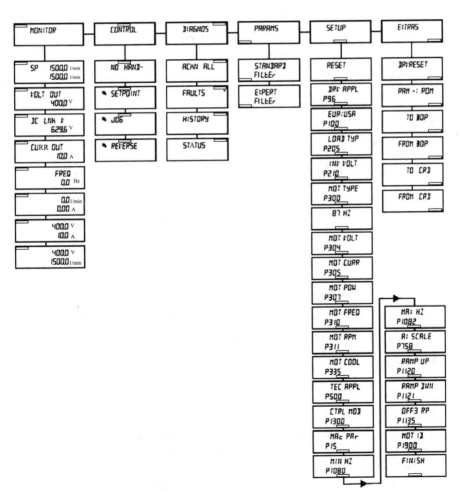

图 6-13　BOP-2 基本菜单结构

6-3 G120 BOP-2
操作面板的菜单结构及功能

（2）菜单功能

菜单具体功能描述如表 6-7 所示。

表 6-7　菜单功能描述

菜单	功能描述
MONITOR	监视菜单：运行速度、电压和电流值显示
CONTROL	控制菜单：使用 BOP-2 面板控制变频器
DIAGNOS	诊断菜单：故障报警和控制字、状态字的显示
PARAMS	参数菜单：查看或修改参数
SETUP	调试向导：快速调试
EXTRAS	附加菜单：设备的工厂复位和数据备份

6-4 用BOP-2操
作面板修改变
频器参数

6.2.3　BOP-2 面板的常用操作

（1）参数菜单的使用方法

① 参数菜单　参数菜单允许用户查看和更改变频器参数。有两个过滤器可用于协助选择和搜索所有变频器参数。

a. 标准过滤器。此过滤器可以访问安装有 BOP-2 的特定类型控制单元最常用的参数。

b. 专家过滤器。此过滤器可以访问所有变频器参数。

可通过以下方法访问参数：参数编号；参数号和索引号；参数号和位号；参数号、索引号和位号。

注意：如果参数编辑过程中发生故障，必须按 ESC 或 OK 退出故障屏幕，以完成编辑。为了确保安全参数复位，变频器必须在退出故障屏幕后重新启动。

② 参数编辑和修改方法　编辑和修改参数有两种方法：单位数编辑和滚动编辑。

a. 单位数编辑。长按 OK 键可进行参数的单位数编辑。按下 ▲ 和 ▼ 键可以修改参数的各个单位数且按下 OK 键可进行单独确认。单位数编辑操作方法如图 6-14 所示（△符号表示屏幕将自动显示过程进度屏幕的位置）。

b. 滚动编辑。滚动编辑是通过滚动参数直到显示所需参数，按 OK 键确认参数选择，显示的参数值开始闪烁，分别使用 ▲ 或 ▼ 键增大或减小参数值，按下 OK 键确认值。

滚动编辑的操作方法如图 6-15 所示。

（2）BOP-2 参数修改方法

修改参数值是在参数菜单 "PARAMS" 中进行的，分为两个步骤：

① 选择参数号　当显示的参数号闪烁时，按 ▲ 和 ▼ 键，选择所需的参数号；按 OK 键进入参数，显示当前参数值。

② 修改参数值　当显示的参数值闪烁时，按 ▲ 和 ▼ 键调整参数值；按 OK 键保存参数值。

下面以修改 P700 [0] 参数为例，进行具体说明：

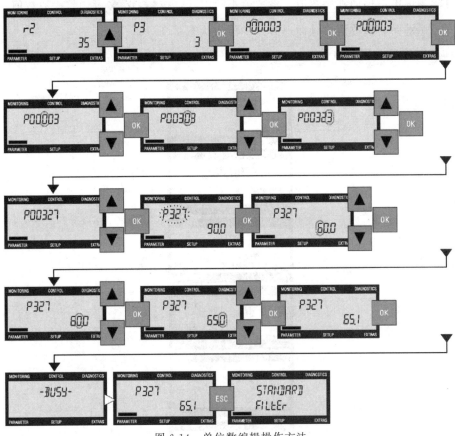

图 6-14　单位数编辑操作方法

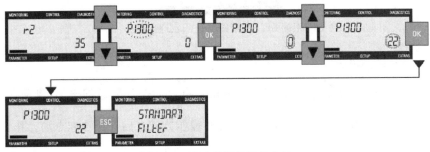

图 6-15　滚动编辑的操作方法

① 按 ▲ 或 ▼ 键，将光标移动到"PARAMS"菜单；

② 按 ok 键进入"PARAMS"菜单；

③ 按 ▲ 或 ▼ 键，选择"EXPERT FILTER"功能；

④ 按 ok 键进入，面板显示 r 或 p 参数，而且参数号不断闪烁，按 ▲ 或 ▼ 键选择所需的参数 P700；

⑤ 按 ok 键焦点移动到参数下标［00］，［00］不断闪烁，按 ▲ 或 ▼ 键可以选择不同的下标，本例选择下标［00］；

笔 记

⑥ 按 OK 键焦点移动到参数值，参数值不断闪烁，按 ▲ 或 ▼ 键调整参数数值；

⑦ 按 OK 键保存参数值，画面返回到步骤的状态。

具体的操作显示界面如图 6-16 所示。

图 6-16 修改 P700〔0〕参数步骤

(3) BOP-2 手动模式

BOP-2 操作面板上的 HAND AUTO 手动/自动切换键，可以切换变频器的手动/自动模式。手动模式下面板上会显示 🖐 符号。手动模式有两种操作方式：启停操作和点动操作。

启停操作方法是：按一下 | 键，启动变频器，并以"SETPOINT"功能中设定的速度运行，按一下 〇 键，停止变频器。

点动操作方法是：长按 | 键，变频器按照点动速度进行，释放 | 键，变频器停止运行，点动速度在 P1058 中设置。

在 BOP-2 操作面板的"CONTROL"菜单下提供了 3 个功能。

① SETPOINT 功能 SETPOINT 是设置变频器启停操作的运行速度。操作方法是："CONTROL"菜单下按 ▲ 或 ▼ 键，选择"SETPOINT"功能，按 OK 键进入"SET-POINT"功能，按 ▲ 或 ▼ 键可以修改"SP _ 0.0"设定值，修改值立即生效。

笔 记

② JOG 功能　JOG 是使能点动控制。激活 JOG 功能操作方法是："CONTROL"菜单下按  或 ▼ 键，选择"JOG"功能；按 <kbd>OK</kbd> 键进入"JOG"功能；按 ▲ 或 ▼ 键选择 ON；按 <kbd>OK</kbd> 键使能点动操作，面板上会显示 JOG 符号。

③ REVERSE 功能　REVERSE 是设定值反向。激活 REVERSE 功能操作方法是："CONTROL"菜单下按 ▲ 或 ▼ 键，选择"REVERSE"功能；按 <kbd>OK</kbd> 键进入"RE-VERSE"功能；按 ▲ 或 ▼ 键选择 ON；按 <kbd>OK</kbd> 键使能设定值反向。激活设定值反向后，变频器会把启停操作方式或点动操作方式的速度设定值反向。

（4）基本调试

通常一台新变频器一般需要经过三个步骤进行调试：参数复位、快速调试和功能调试。

参数复位是将变频器参数恢复到出厂设置，一般在变频器出厂和参数出现混乱的时候进行此操作；快速调试是输入电机相关的参数和一些基本驱动控制参数，并根据需要进行电机识别，使变频器可以良好地驱动电机运转，一般在参数复位操作后，或者更换电机后，需要进行此操作；功能调试是按照具体生产工艺需要进行参数设置，这一部分的调试工作比较复杂，常常需要在现场多次调试。

这里介绍参数复位和快速调试过程，功能调试请参考项目 6 任务 6.3。

① 参数复位　参数复位，又称恢复工厂设置，这里介绍两种参数复位的方法。

a. 通过"EXTRAS"菜单复位。

· 按 ▲ 或 ▼ 键将光标移动到"EXTRAS"。

· 按 <kbd>OK</kbd> 键进入"EXTRAS"菜单，按 ▲ 或 ▼ 键找到"DRVRESET"功能。

· 按 <kbd>OK</kbd> 键激活恢复出厂设置，按 <kbd>ESC</kbd> 取消恢复出厂设置。

· 按 <kbd>OK</kbd> 后开始恢复参数，BOP-2 上会显示 BUSY。

· 复位完成后，BOP-2 显示完成 DONE，按 <kbd>OK</kbd> 或 <kbd>ESC</kbd> 返回到"EXTRAS"菜单。

b. 通过"SETUP"菜单复位。

· 按 ▲ 或 ▼ 键将光标移动到"SETUP"。

· 按 <kbd>OK</kbd> 键进入"SETUP"菜单，显示工厂复位功能。如果需要复位，先按 <kbd>OK</kbd> 键，再按 ▲ 或 ▼ 键选择"YES"，按 <kbd>OK</kbd> 键开始工厂复位，面板显示"BUSY"；如果不需要工厂复位，按 ▼ 键。

② 快速调试　快速调试通过设置电机参数、变频器的命令源、速度设定源等基本参数，从而达到简单快速运转电机的一种操作模式。连接电机的相关数据可从电机的铭牌上获取。使用 BOP-2 进行快速调试步骤如下：

· 按 ▲ 或 ▼ 键将光标移动到"SETUP"。

6-6 G120变频器
的快速调试方法

- 按 [OK] 键进入"SETUP"菜单，显示工厂复位功能。如果需要复位，先按 [OK] 键，再按 ▲ 或 ▼ 键选择"YES"，按 [OK] 键开始工厂复位，面板显示"BUSY"；如果不需要工厂复位，按 ▼ 键。

- 按 [OK] 键进入 P100 参数，按 ▲ 或 ▼ 键选择参数值，按 [OK] 键确认参数。通常国内使用电机为 IEC 电机，该参数设置为 0。

- P304 为电机额定电压（查看电机铭牌），按 [OK] 键进入 P304 参数，按 ▲ 或 ▼ 键选择参数值，按 [OK] 键确认参数。

- P305 为电机额定电流（查看电机铭牌），按 [OK] 键进入 P305 参数，按 ▲ 或 ▼ 键选择参数值，按 [OK] 键确认参数。

- P307 为电机额定功率（查看电机铭牌），按 [OK] 键进入 P307 参数，按 ▲ 或 ▼ 键选择参数值，按 [OK] 键确认参数。

- P310 为电机额定频率（查看电机铭牌），按 [OK] 键进入 P310 参数，按 ▲ 或 ▼ 键选择参数值，按 [OK] 键确认参数。

- P311 为电机额定转速（查看电机铭牌），按 [OK] 键进入 P311 参数，按 ▲ 或 ▼ 键选择参数值，按 [OK] 键确认参数。

- P335 为电机冷却方式，按 [OK] 键进入 P335 参数，按 ▲ 或 ▼ 键选择参数值，按 [OK] 键确认参数。

- P501 为负载类型，按 [OK] 键进入 P501 参数，按 ▲ 或 ▼ 键选择参数值，按 [OK] 键确认参数。

- P15 为预定义接口宏（详细信息参考任务 6.3），按 [OK] 键进入 P15 参数，按 ▲ 或 ▼ 键选择参数值，按 [OK] 键确认参数。

- P1080 为电机最低转速，按 [OK] 键进入 P1080 参数，按 ▲ 或 ▼ 键选择参数值，按 [OK] 键确认参数。

- P1082 为电机最高转速，按 [OK] 键进入 P1082 参数，按 ▲ 或 ▼ 键选择参数值，按 [OK] 键确认参数。

- P1120 为斜坡上升时间，按 [OK] 键进入 P1120 参数，按 ▲ 或 ▼ 键选择参数值，按 [OK] 键确认参数。

- P1121 为斜坡下降时间，按 [OK] 键进入 P1121 参数，按 ▲ 或 ▼ 键选择参数值，按 [OK] 键确认参数。

- 参数设置完毕后进入结束快速调试画面。
- 按 OK 键进入，按 ▲ 或 ▼ 键选择 "YES"，按 OK 键确认结束快速调试。
- 面板显示 "BUSY"，变频器进行参数计算。
- 计算完成短暂显示 "DONE" 画面，随后光标返回到 "MONITOR" 菜单。

快速调试具体步骤见图 6-17。

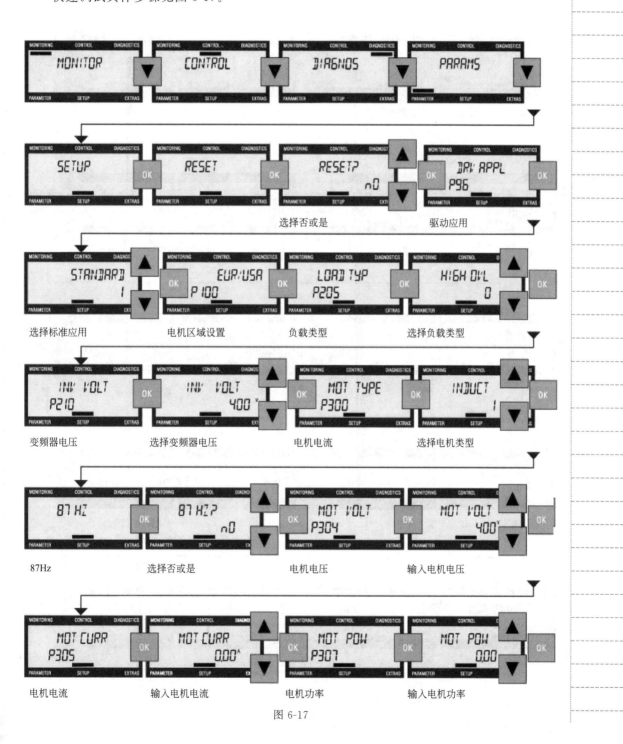

图 6-17

笔 记

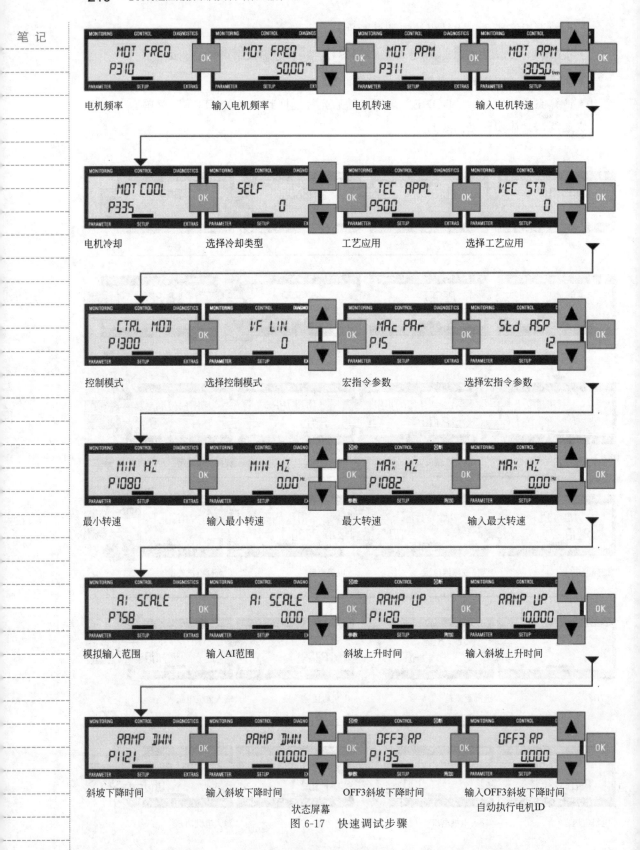

状态屏幕

图 6-17 快速调试步骤

【任务工单】

工作任务单			编号:6-2	
工作任务	西门子 G120 变频器的 BOP 操作面板调试		建议学时	2
班级		学员姓名	工作日期	
任务目标	1. 能够正确安装和拆卸变频器 G120C 的 BOP 操作面板; 2. 熟悉变频器 G120C 的 BOP 操作面板按键功能; 3. 熟悉 BOP 操作面板的菜单结构及功能; 4. 能够熟练使用 BOP 操作面板编辑和修改参数; 5. 能够在手动模式下熟练使用 BOP 操作面板进行启停操作和点动操作; 6. 能够熟练使用 BOP 操作面板进行参数复位和快速调试。			
工作设备 及材料	1. 变频器 G120C 一台(含 BOP 操作面板); 2. 万用表一块; 3. 导线、电缆、绝缘胶带若干; 4. 电工工具一套。			
任务要求	查阅产品技术手册,独立、正确地安装和拆卸 BOP 操作面板,能够熟练使用 BOP 操作面板编辑和修改参数,实现电动机启停操作和点动操作,对变频器进行参数复位和快速调试。			
提交成果	1. 工作总结; 2. 操作记录; 3. 排故记录。			
小组成员 任务分工	项目负责人全面负责任务分配、组员协调,使小组成员分工明确,并在教师的指导下完成以下任务:总方案设计、系统安装、工具管理、任务记录、环境与安全等。			
任务 1 BOP 操作面 板的认 识及 装拆	学习信息	1. BOP 操作面板的各部分名称及功能; 2. BOP 操作面板屏幕图标的含义; 3. BOP 操作面板安装与拆卸的方法。		
	工作过程	1. 观察 BOP-2 操作面板的外观、结构,写出各部分的名称。 .... 2. 安装 BOP-2 操作面板。 3. 变频器通电,观察 BOP 操作面板屏幕图标,写出各图标含义。 .... 4. 断电,拆卸 BOP-2 操作面板。		

续表

任务2 理解BOP操作面板的菜单结构及功能	学习信息	1. BOP操作面板的六大菜单结构； 2. 进入各个菜单，查看具体功能。
	工作过程	1. 通过按 ▲ 和 ▼ 键，移动光标，查看六个菜单； 2. 在某个菜单下，按 OK 键进入，按 ▲ 和 ▼ 键查看具体功能； 3. 参照技术手册，理解各功能的含义。
任务3 使用BOP-2操作面板编辑和修改参数	学习信息	1. 编辑和修改参数的两种方法； 2. 修改参数的操作步骤。
	工作过程	1. 了解参数菜单功能； 2. 用单位数编辑法，编辑参数 P0327＝62.5； 3. 用滚动编辑法，编辑参数 P1300＝22。
任务4 手动模式下的启停操作和点动操作	学习信息	1. 手动模式的两种操作方式； 2. CONTROL菜单下的3个功能：SETPOINT，JOG，REVERSE。
	工作过程	1. "CONTROL"菜单下，进入 SETPOINT 功能，设置变频器启停操作的运行速度； 2. "CONTROL"菜单下，进入 JOG 功能进行激活； 3. "CONTROL"菜单下，进入 REVERSE 功能进行激活； 4. 进入手动模式，进行启停操作和点动操作。
任务5 使用BOP操作面板进行参数复位和快速调试	学习信息	1. 参数复位的步骤； 2. 快速调试的步骤。
	工作过程	1. 使用 BOP-2 操作面板对变频器 G120C 参数复位。 2. 观察电动机的铭牌，记下电动机参数。 3. 使用 BOP-2 操作面板进行快速调试。
检查评估		1. 工作过程遇到的问题及处理方法： 2. 评价 自评：□优秀　□良好　□合格 同组人员评价：□优秀　□良好　□合格 教师评价：□优秀　　□良好　□合格 3. 工作建议：

任务 6.3　西门子 G120 变频器的应用

【任务描述】

西门子 G120 为满足不同的接口定义，提供了多种预定义接口宏。它的控制单元集成了多种宏功能，每种宏对应着一种接线方式，用户可以直接调用。选择其中一种宏后，变频器会自动设置与其接线方式相对应的一些参数，这样极大方便了用户的快速调试，从而提高了调试效率。

【相关知识】

6.3.1　G120 变频器的 BICO 功能

(1) G120 变频器的 BICO 功能

① BICO 互联技术　BICO 功能是一种把变频器内部输入和输出功能联系在一起的设置方法，它是西门子变频器特有的功能，可以方便大家根据实际工艺要求来灵活定义端口。在 G120 的调试过程中会大量使用 BICO 功能。

② BICO 参数　在 CU240E/B-2 的参数表中，有些参数名称的前面冠有以下字样："BI:""BO:""CI:""CO:""CO/BO:"，它们就是 BICO 参数。可以通过 BICO 参数确定功能块输入信号的来源，确定功能块是从哪个模拟量接口或二进制接口读取输入信号的，这样便可以按照自己的要求，互联设备内的各种功能块。G120 变频器五种 BICO 参数如图 6-18 所示。

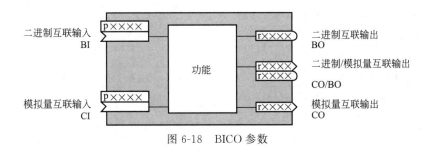

图 6-18　BICO 参数

BI 是二进制互联输入，即参数作为某个功能的二进制输入接口，通常与"P 参数"对应；BO 是二进制互联输出，即参数作为二进制输出信号，通常与"r 参数对应"；CI 是模拟量互联输入，即参数作为某个功能的模拟量输入接口，通常与"P 参数"对应；CO 是模拟量互联输出，即参数作为模拟量输出信号，通常与"r 参数对应"；CO/BO 是模拟量/二进制互联输出，是将多个二进制信号合并成一个"字"的参数，该字中的每一位都表示一个二进制互联输出信号，16 个位合并在一起表示一个模拟量互联输出信号。

BICO 功能示例见表 6-8。

表 6-8 **BICO 功能示例**

参数号	参数值	功能	说明
P0840	722.0	数字输入 DI0 作为启动信号	P0840：BI 参数，ON/OFF 命令 r0722.0：CO/BO 参数，数字输入 DI0 状态
P1070	755.0	模拟量输入 AI0 作为主设定值	P1070：CI 参数，主设定值 r0755.0：CO 参数，模拟量输入 AI0 的输入值

（2）预定义接口宏

① 预定义接口宏的概念　G120 变频器为满足不同的接口定义提供了多种预定义接口宏，利用预定义接口宏可以方便地设置变频器的命令源和设定值源。可以通过参数 P0015 修改宏，在选择宏程序时需要注意以下两点：

a. 如果其中一种宏定义的接口方式完全符合应用，则可以按照该宏的接线方式设计原理图，并在调试时选择相应的宏程序，即可方便地实现控制要求。

b. 如果所有宏定义的接口方式都不能完全符合应用，则利用比较相近的接口宏，然后根据需要来调整输入/输出的配置。

如果修改 P0015 参数，需要设置 P0010＝1→修改 P0015→设置 P0010＝0。

注意：只有在设置 P0010＝1 时，才能更改 P0015 的参数值。

② G120C 变频器的预定义接口宏　不同类型的控制单元有相应数量的宏，这里介绍 CU240E-2 的宏程序。CU240E-2 的 18 种宏，如表 6-9 所示。

表 6-9 **CU240E-2 的 18 种宏**

宏编号	宏程序	CU240E-2	CU240E-2F	CU240E-2DP	CU240E-2 DPF
1	双方向两线制控制，两个固定转速	X	X	X	X
2	单方向两个固定转速，预留安全功能	X	X	X	X
3	单方向四个固定转速	X	X	X	X
4	现场总线 PROFIBUS	—	—	X	X
5	现场总线 PROFIBUS，预留安全功能	—	—	X	X
6	现场总线 PROFIBUS，预留两项安全功能	—	—	—	X
7	现场总线 PROFIBUS 控制和点动切换	—	—	X（默认）	X（默认）
8	电动电位器（MOP），预留安全功能	X	X	X	X
9	电动电位器（MOP）	X	X	X	X
13	端子启动模拟量调速，预留安全功能	X	X	X	X
14	现场总线 PROFIBUS 控制和电动电位器（MOP）切换	—	—	X	X
15	模拟给定和电动电位器（MOP）切换	X	X	X	X
12	端子启动模拟量调速	X（默认）	X（默认）	X	X
17	双方向两线制控制，模拟量调速（方法 2）	X	X	X	X
18	双方向两线制控制，模拟量调速（方法 3）	X	X	X	X
19	双方向三线制控制，模拟量调速（方法 1）	X	X	X	X
20	双方向三线制控制，模拟量调速（方法 2）	X	X	X	X
21	现场总线 USS 控制	X	X	—	—

注：X，支持；—，不支持。

注意：宏定义的模拟量输入类型为－10～10V 电压输入，模拟量输出类型为 0～

20mA 电流输出，通过参数可修改模拟量信号的类型。

6.3.2　G120 变频器正反转控制

6-7　宏程序1的
接线方式和
参数设置

(1)　宏程序 1-双方向两线制控制两个固定转速

宏程序 1 的接口定义如图 6-19 所示。

① 启停控制　变频器采用两线制控制方式，电机的启停、旋转方向通过数字量输入控制。

② 速度调节　通过数字量输入选择，可以设置两个固定转速，数字量输入 DI4 接通时采用固定转速 3，数字量输入 DI5 接通时采用固定转速 4。DI4 与 DI5 同时接通时采用固定转速 3 加固定转速 4。P1003 参数设置固定转速 3，P1004 参数设置固定转速 4。

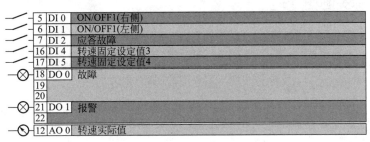

图 6-19　宏程序 1 的接口定义

变频器设置宏程序 1 的自动设置参数如表 6-10 所示。

表 6-10　宏程序 1 的自动设置参数

参数号	参数值	说明	参数组
P840[0]	r3333.0	由两线制信号启动变频器	CDS0
P1113[0]	r3333.1	由两线制信号反转	CDS0
P3330[0]	r722.0	数字量输入 DI0 作为两线制-正转启动命令	CDS0
P3331[0]	r722.1	数字量输入 DI1 作为两线制-反转启动命令	CDS0
P2103[0]	r722.2	数字量输入 DI2 作为故障复位命令	CDS0
P1022[0]	r722.4	数字量输入 DI4 作为固定转速 3 选择	CDS0
P1023[0]	r722.5	数字量输入 DI5 作为固定转速 4 选择	CDS0
P1070[0]	r1024	转速固定设定值作为主设定值	CDS0

与宏程序 1 相关需要手动设置的参数如表 6-11 所列。

表 6-11　宏程序 1 的手动设置参数

参数号	缺省值	说明	单位
P1003[0]	0.0	固定转速 3	r/min
P1004[0]	0.0	固定转速 4	r/min

(2)　宏程序 2-单方向两个固定转速预留安全功能

宏程序 2 的接口定义如图 6-20 所示。

6-8 宏程序2的
接线方式和
参数设置

① 启停控制　电机的起停通过数字量输入 DI0 控制。

② 速度调节　转速通过数字量输入选择，可以设置两个固定转速，数字量输入 DI0 接通时选择固定转速 1，数字量输入 DI1 接通时选择固定转速 2。多个 DI 同时接通将多个固定转速相加。P1001 参数设置固定转速 1，P1002 参数设置固定转速 2。

注意：DI0 同时作为起停命令和固定转速 1 选择命令，也就是任何时刻固定转速 1 都会被选择。

③ 安全功能　DI4 和 DI5 预留用于安全功能。

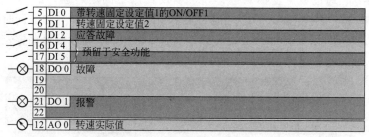

图 6-20　宏程序 2 的接口定义

设置宏程序 2 变频器自动设置的参数如表 6-12 所列。

表 6-12　宏程序 2 的自动设置参数

参数号	参数值	说明	参数组
P840[0]	r722.0	数字量输入 DI0 作为启动命令	CDS0
P1020[0]	r722.0	数字量输入 DI0 作为固定转速 1 选择	CDS0
P1021[0]	r722.1	数字量输入 DI1 作为固定转速 2 选择	CDS0
P2103[0]	r722.2	数字量输入 DI2 作为故障复位命令	CDS0
P1070[0]	r1024	转速固定设定值作为主设定值	CDS0

与宏程序 2 相关需要手动设置的参数如表 6-13 所列。

表 6-13　宏程序 2 的手动设置参数

参数号	缺省值	说明	单位
P1001[0]	0.0	固定转速 1	r/min
P1002[0]	0.0	固定转速 2	r/min

【例 6-1】　已知电动机的额定功率为 60W，额定转速为 1400r/min，额定电压为 380V，额定电流为 0.39A，额定频率为 50Hz。请分别用宏程序 1 和宏程序 2 设计控制电路，实现电动机的正、反转，正转转速为 400r/min，反转转速为 300r/min，并设置相关参数。

解：①用宏程序 1 实现电动机正、反转。

宏程序 1 实现电动机正、反转的接线如图 6-21 所示。当接通按钮 SA1 和 SA3 时，DI0 端子与变频器的 +24V OUT（端子 9）短接，电动机正转启动，DI4 端子对应一个转速，转速值 400r/min 设定在 P1003 中；当接通按钮 SA2 和 SA4 时，DI1 端子与变频器的 +24V OUT（端子 9）短接，电动机反转启动，DI5 端子对应一个转速，转速值 300r/min

设定在 P1004 中。＋24V 电源的 GND（端子 28）与数字量输入公共端 DICOM1 和 DI-COM2 短接。变频器设置参数见表 6-14。

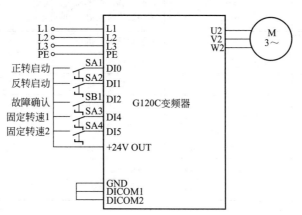

图 6-21　宏程序 1 实现电动机正、反转的接线图

表 6-14　宏程序 1 的变频器参数

序号	变频器参数	设定值	单位	功能说明
1	P0003	3	—	参数访问级别
2	P0010	1/0	—	驱动调试参数筛选。先设置为 1，当把 P0015 和电动机相关参数修改完成后，再设置为 0
3	P0015	1	—	驱动设备宏指令
4	P0304	380	V	电动机额定电压
5	P0305	0.39	A	电动机额定电流
6	P0307	0.06	kW	电动机额定功率
7	P0310	50.00	Hz	电动机额定频率
8	P0311	1400	r/min	电动机额定转速
9	P1003	400	r/min	固定转速 3
10	P1004	300	r/min	固定转速 4

② 用宏程序 2 实现电动机正、反转。

宏程序 2 实现电动机正、反转的接线如图 6-22 所示。当接通按钮 SA1 时，DI0 端子与变频器的＋24V OUT（端子 9）短接，电动机正转启动，DI0 端子对应一个转速，转速值 400r/min 设定在 P1001 中；当接通按钮 SA1 和 SA2 时，DI0 端子和 DI1 端子同时与变频器的＋24V OUT（端子 9）短接，要使电动机反转启动，DI0 端子和 DI1 端子对应的转速之和应为 －300r/min，也就是 P1001 和 P1002 中的转速设定值之和是 －300r/min，所以倒推出设定值 P1002＝－300r/min－400r/min＝－700r/min。＋24V 电源的 GND（端子 28）与数字量输入公共端 DICOM1 和 DICOM2 短接。变频器设置参数见表 6-15。

表 6-15　宏程序 2 的变频器参数

序号	变频器参数	设定值	单位	功能说明
1	P0003	3	—	参数访问级别

续表

序号	变频器参数	设定值	单位	功能说明
2	P0010	1/0	—	驱动调试参数筛选。先设置为1,当把P0015和电动机相关参数修改完成后,再设置为0
3	P0015	2	—	驱动设备宏指令
4	P0304	380	V	电动机额定电压
5	P0305	0.39	A	电动机额定电流
6	P0307	0.06	kW	电动机额定功率
7	P0310	50.00	Hz	电动机额定频率
8	P0311	1400	r/min	电动机额定转速
9	P1001	400	r/min	固定转速1
10	P1002	−700	r/min	固定转速2

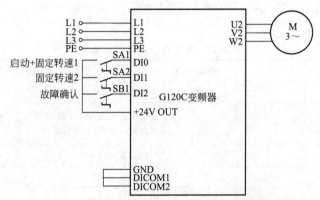

图 6-22　宏程序 2 实现电动机正、反转的接线图

6.3.3　G120 变频器多段速功能

多段速功能,也称作固定转速,是在设置参数 P1000＝3 的条件下,用开关量端子选择固定设定值的组合,实现电动机多段速运行。多段速功能有两种设定值模式:直接选择和二进制选择。

如果预定义的接口宏能满足要求,则直接用预定义的接口宏,如果不能满足要求,则可以修改预定义的接口宏。本节内容选择用预定义的接口宏 3 进行修改来实现多段速功能。

(1) 宏程序 3-单方向四个固定转速

宏程序 3 的接口定义如图 6-23 所示。

① 启停控制:电机的启停通过数字量输入 DI0 控制。

② 速度调节:转速通过数字量输入选择,可以设置四个固定转速,数字量输入 DI0 接通时采用固定转速 1,数字量输入 DI1 接通时采用固定转速 2,数字量输入 DI4 接通时采用固定转速 3,数字量输入 DI5 接通时采用固定转速 4。多个 DI 同时接通时则将多个固定转速相加。P1001 参数设置固定转速 1,P1002 参数设置固定转速 2,P1003 参数设置固

6-9　宏程序3的接线方式和参数设置

定转速 3，P1004 参数设置固定转速 4。注意：DI0 同时作为启停命令和固定转速 1 选择命令，也就是任何时刻固定转速 1 都会被选择。

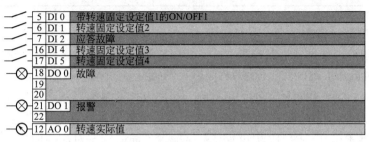

图 6-23　宏 3 的接口定义

设置宏程序 3 自动设置的参数如表 6-16 所示。

表 6-16　宏程序 3 的自动设置参数

参数号	参数值	说明	参数组
P840[0]	r722.0	数字量输入 DI0 作为启动命令	CDS0
P1020[0]	r722.0	数字量输入 DI0 作为固定转速 1 选择	CDS0
P1021[0]	r722.1	数字量输入 DI1 作为固定转速 2 选择	CDS0
P1022[0]	r722.4	数字量输入 DI4 作为固定转速 3 选择	CDS0
P1023[0]	r722.5	数字量输入 DI5 作为固定转速 4 选择	CDS0
P2103[0]	r722.2	数字量输入 DI2 作为故障复位命令	CDS0
P1070[0]	r1024	转速固定设定值作为主设定值	CDS0

与宏程序 3 相关需要手动设置的参数如表 6-17 所列。

表 6-17　宏程序 3 的手动设置参数

参数号	缺省值	说明	单位
P1001[0]	0.0	固定转速 1	r/min
P1002[0]	0.0	固定转速 2	r/min
P1003[0]	0.0	固定转速 3	r/min
P1004[0]	0.0	固定转速 4	r/min

（2）直接选择模式

一个数字量输入选择一个固定设定值。多个数字输入量同时激活时，选定的设定值是对应固定设定值的叠加。最多可以设置 4 个数字输入信号。采用直接选择模式需要设置 P1016＝1。直接选择模式的相关参数设置见表 6-18。

表 6-18　直接选择模式的相关参数设置

参数号	说明	参数号	说明
P1020	固定设定值 1 的选择信号	P1001	固定转速 1
P1021	固定设定值 2 的选择信号	P1002	固定转速 2
P1022	固定设定值 3 的选择信号	P1003	固定转速 3

笔 记

6-10　用直接选择模式实现多段速功能

参数号	说明	参数号	说明
P1023	固定设定值 4 的选择信号	P1004	固定转速 4

（3）二进制选择模式

　　4 个数字量输入通过二进制编码方式选择固定设定值，使用这种方法最多可以选择 15 个固定频率。可以用 P1023、P1022、P1021、P1020 这四个参数，从高位到低位依次将 DI4、DI3、DI2、DI1 这四个数字量输入端，设置为二进制编码端，可产生 2^4 共 16 种二进制编码。除去 0000 这个编码，其余 15 个编码从小到大，对应 15 个固定频率。这 15 个固定频率在参数 P1001～P1015 中设置，数字输入不同的状态对应的固定设定值如表 6-19 所示，采用二进制选择模式需要设置 P1016＝2。

表 6-19　二进制选择模式的相关参数设置

固定设定值	P1023 选择的 DI 状态	P1022 选择的 DI 状态	P1021 选择的 DI 状态	P1020 选择的 DI 状态
P1001 固定设定值 1				1
P1002 固定设定值 2			1	
P1003 固定设定值 3			1	1
P1004 固定设定值 4		1		
P1005 固定设定值 5		1		1
P1006 固定设定值 6		1	1	
P1007 固定设定值 7		1	1	1
P1008 固定设定值 8	1			
P1009 固定设定值 9	1			1
P1010 固定设定值 10	1		1	
P1011 固定设定值 11	1		1	1
P1012 固定设定值 12	1	1		
P1013 固定设定值 13	1	1		1
P1014 固定设定值 14	1	1	1	
P1015 固定设定值 15	1	1	1	1

　　【例 6-2】　已知电动机的额定功率为 60W，额定转速为 1400r/min，额定电压为 380V，额定电流为 0.39A，额定频率为 50Hz。请分别用宏程序 3、直接选择模式、二进制选择模式三种方法，实现电动机四段速控制，四个段速分别为：正转 300r/min、正转 450r/min、反转 100r/min、反转 270r/min，要求设计控制电路，并设置相关参数。

　　解：①用宏程序 3 实现四段速控制。

　　宏程序 3 实现四段速的接线如图 6-24 所示。由于宏程序 3 实现的是单方向转速，要实现反转，需要将转速值设定为负值。另外，由于多个数字量输入端接通时，变频器是以这几个数字量对应的固定转速之和运行的，并且 DI0 端子是启动与固定转速 1 的复合端，所以在设置 P1001～P1004 的参数值时要注意，不能将题目数据直接带入。变频器设置参数见表 6-20。

第一段速为正转 300r/min，P1001＝300r/min；

第二段速为正转 450r/min，P1002＝450r/min－300r/min＝150r/min；

第三段速为反转 100r/min，P1003＝－100r/min－300r/min＝－400r/min；

第四段速为反转 270r/min，P1004＝－270r/min－300r/min＝－570r/min。

具体操作为：

接通按钮 SA1 时，DI0 端子与变频器的＋24V OUT（端子 9）短接，电动机正转启动，转速 300r/min；接通按钮 SA1 和 SA2 时，DI0 端子和 DI1 端子同时与端子 9 短接，电动机正转启动，转速 450r/min；接通按钮 SA1 和 SA3 时，DI0 端子和 DI3 端子同时与端子 9 短接，电动机反转启动，转速 100r/min；接通按钮 SA1 和 SA4 时，DI0 端子和 DI4 端子同时与端子 9 短接，电动机反转启动，转速 270r/min；＋24V 电源的 GND（端子 28）与数字量输入公共端 DICOM1 和 DICOM2 短接。

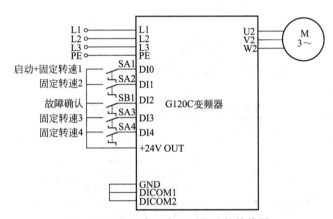

图 6-24　宏程序 3 实现四段速的接线图

表 6-20　宏程序 3 的变频器参数

序号	变频器参数	设定值	单位	功能说明
1	P0003	3	—	参数访问级别
2	P0010	1/0	—	驱动调试参数筛选。先设置为 1，当把 P0015 和电动机相关参数修改完成后，再设置为 0
3	P0015	3	—	驱动设备宏指令
4	P0304	380	V	电动机额定电压
5	P0305	0.39	A	电动机额定电流
6	P0307	0.06	kW	电动机额定功率
7	P0310	50.00	Hz	电动机额定频率
8	P0311	1400	r/min	电动机额定转速
9	P1001	300	r/min	固定转速 1
10	P1002	150	r/min	固定转速 2
11	P1003	－400	r/min	固定转速 3
12	P1004	－570	r/min	固定转速 4

② 用直接选择模式实现四段速控制。

直接选择模式实现四段速的接线如图 6-25 所示。由于直接使用预定义的接口宏，不能满足要求，本例选取预定义接口宏 3，在其基础上进行修改，变频器设置参数见表 6-21。

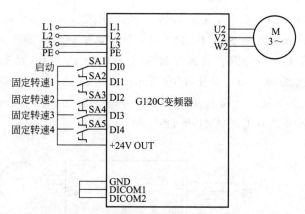

图 6-25　直接选择模式实现四段速的接线图

表 6-21　直接选择模式的变频器参数

序号	变频器参数	设定值	单位	功能说明
1	P0003	3	—	参数访问级别
2	P0010	1/0	—	驱动调试参数筛选。先设置为 1，当把 P0015 和电动机相关参数修改完成后，再设置为 0
3	P0015	3	—	驱动设备宏指令
4	P0304	380	V	电动机额定电压
5	P0305	0.39	A	电动机额定电流
6	P0307	0.06	kW	电动机额定功率
7	P0310	50.00	Hz	电动机额定频率
8	P0311	1400	r/min	电动机额定转速
9	P1016	1	—	固定转速模式采用直接选择方式
10	P1020[0]	r722.1	—	将 DIN1 作为固定设定值 1 的选择信号，r722.1 为 DI1 状态的参数
11	P1021[0]	r722.2	—	将 DIN2 作为固定设定值 2 的选择信号，r722.2 为 DI2 状态的参数
12	P1022[0]	r722.3	—	将 DIN3 作为固定设定值 3 的选择信号，r722.3 为 DI3 状态的参数
13	P1023[0]	r722.4	—	将 DIN4 作为固定设定值 4 的选择信号，r722.4 为 DI4 状态的参数
14	P1001	300	r/min	固定转速 1
15	P1002	450	r/min	固定转速 2
16	P1003	−100	r/min	固定转速 3
17	P1004	−270	r/min	固定转速 4

具体操作为:

接通按钮 SA1 和 SA2 时,DI0 端子和 DI1 端子同时与端子 9 短接,电动机正转启动,转速 300r/min;接通按钮 SA1 和 SA3 时,DI0 端子和 DI2 端子同时与端子 9 短接,电动机正转启动,转速 450r/min;接通按钮 SA1 和 SA4 时,DI0 端子和 DI3 端子同时与端子 9 短接,电动机反转启动,转速 100r/min;接通按钮 SA1 和 SA5 时,DI0 端子和 DI4 端子同时与端子 9 短接,电动机反转启动,转速 270r/min;+24V 电源的 GND(端子 28)与数字量输入公共端 DICOM1 和 DICOM2 短接。

③ 用二进制选择模式实现四段速控制。

由于直接使用预定义的接口宏,不能满足要求,本例选取预定义接口宏 3,在其基础上进行修改。

要产生四个段速,需要用到 3 个数字量输入端进行编码,$2^3=8$,产生的 8 种编码中,从小到大选择前 4 种:

DI3 DI2 DI1=001

DI3 DI2 DI1=010

DI3 DI2 DI1=011

DI3 DI2 DI1=100

具体操作为:

接通按钮 SA1 和 SA2 时,DI0 和 DI1 端子同时与端子 9 短接,电动机正转启动,转速 300r/min;接通按钮 SA1 和 SA3 时,DI0 和 DI2 端子同时与端子 9 短接,电动机正转启动,转速 450r/min;接通按钮 SA1 和 SA4 时,DI0、DI1 和 DI3 端子同时与端子 9 短接,电动机反转启动,转速 100r/min;接通按钮 SA1 和 SA5 时,DI0 和 DI3 端子同时与端子 9 短接,电动机反转启动,转速 270r/min;+24V 电源的 GND(端子 28)与数字量输入公共端 DICOM1 和 DICOM2 短接。

二进制选择模式实现四段速的接线图与直接选择模式相同,参看图 6-25。变频器设置参数见表 6-22。

表 6-22 二进制选择模式的变频器参数

序号	变频器参数	设定值	单位	功能说明
1	P0003	3	—	参数访问级别
2	P0010	1/0	—	驱动调试参数筛选。先设置为 1,当把 P0015 和电动机相关参数修改完成后,再设置为 0
3	P0015	3	—	驱动设备宏指令
4	P0304	380	V	电动机额定电压
5	P0305	0.39	A	电动机额定电流
6	P0307	0.06	kW	电动机额定功率
7	P0310	50.00	Hz	电动机额定频率
8	P0311	1400	r/min	电动机额定转速
9	P1016	2	—	固定转速模式采用二进制选择方式
10	P1020[0]	r722.1	—	将 DIN1 作为固定设定值 1 的选择信号,r722.1 为 DI1 状态的参数

序号	变频器参数	设定值	单位	功能说明
11	P1021[0]	r722.2	—	将 DIN2 作为固定设定值 2 的选择信号，r722.2 为 DI2 状态的参数
12	P1022[0]	r722.3	—	将 DIN3 作为固定设定值 3 的选择信号，r722.3 为 DI3 状态的参数
13	P1023[0]	r722.4	—	将 DIN4 作为固定设定值 4 的选择信号，r722.4 为 DI4 状态的参数
14	P1001	300	r/min	固定转速 1
15	P1002	450	r/min	固定转速 2
16	P1003	−100	r/min	固定转速 3
17	P1004	−270	r/min	固定转速 4

6.3.4　G120 变频器的电动电位器（MOP）给定

（1）G120 变频器 MOP 给定简介

变频器的 MOP 功能是通过变频器数字量端口的通断来控制变频器频率的升降，又称 UP/DOWN（远程遥控设定）功能。大部分变频器是通过多功能输入端口进行数字量 MOP 给定的。

MOP 功能是通过频率上升（UP）和频率下降（DOWN）控制端子来实现的，通过宏指令的功能预置此两端子为 MOP 功能。将预置为 UP 功能的控制端子开关闭合，变频器的输出频率上升，断开时，变频器以断开时的频率运转；将预置为 DOWN 功能的控制端子开关闭合，变频器的输出频率下降，断开时，变频器以断开时的频率运转。用 UP 和 DOWN 端子控制频率的升降要比用模拟输入端子控制稳定性好，因为该端子是数字量控制，不受干扰信号的影响。

实质上，MOP 功能就是通过数字量端口来实现面板操作上的键盘给定（▲和▼键）。

（2）宏程序 9-电动电位器（MOP）

宏程序 9 的接口定义如图 6-26 所示。

6-12 宏程序9的接线方式和参数设置

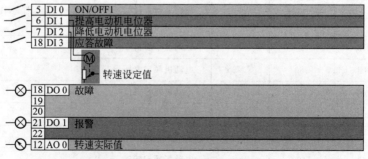

图 6-26　宏程序 9 的接口定义

① 启停控制：电机的启停通过数字量输入 DI0 控制。

② 速度调节：转速通过电动电位器（MOP）调节，数字量输入 DI1 接通电动机正向升速（或反向降速），数字量输入 DI2 接通电动机正向降速（或反向升速）。

设置宏程序 9 变频器自动设置的参数如表 6-23 所示。

表 6-23 宏程序 9 的自动设置参数

参数号	参数值	说明	参数组
P840[0]	r722.0	数字量输入 DI0 作为启动命令	CDS0
P1035[0]	r722.1	数字量输入 DI1 作为 MOP 正向升速命令（或反向降速）	CDS0
P1036[0]	r722.2	数字量输入 DI2 作为 MOP 反向降速命令（或正向升速）	CDS0
P2103[0]	r722.3	数字量输入 DI3 作为故障复位命令	CDS0
P1070[0]	r1050	电动电位器（MOP）设定值作为主设定值	CDS0

与宏程序 9 相关需要手动设置的参数如表 6-24 所示。

表 6-24 宏程序 9 的手动设置参数

参数号	缺省值	说明	单位
P1037	1500.0	电动电位器(MOP)正向最大转速	r/min
P1038	−1500.0	电动电位器(MOP)反向最大转速	r/min
P1040	0.0	电动电位器(MOP)初始转速	r/min

【例 6-3】 已知电动机的功率为 60W，额定转速为 1400r/min，额定电压为 380V，额定电流为 0.39A，额定频率为 50Hz。请用宏程序 9 实现 MOP 频率给定，要求初始转速为 500r/min，调速的上、下限分别为 1000r/min 和 200r/min，请设计控制电路，并设置相关参数。

解：宏程序 9 实现 MOP 频率给定的接线图如图 6-27 所示。当接通按钮 SA1 时，DI0 端子与变频器的 +24V OUT（端子 9）连接，使能电动机，电动机以转速 500r/min 正转运行；当按钮 SA1 和 SA2 同时接通时，DI0 和 DI1 端子同时与端子 9 连接，电动机升速运行直至转速达到 1000r/min；当按钮 SA1 和 SA3 同时接通时，DI0 和 DI2 端子同时与端子 9 连接，电动机降速运行直至转速达到 200r/min。变频器设置参数见表 6-25。

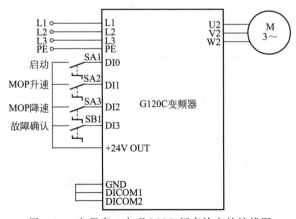

图 6-27 宏程序 9 实现 MOP 频率给定的接线图

表 6-25　宏程序 9 的变频器参数

序号	变频器参数	设定值	单位	功能说明
1	P0003	3	—	参数访问级别
2	P0010	1/0	—	驱动调试参数筛选。先设置为 1，当把 P0015 和电动机相关参数修改完成后，再设置为 0
3	P0015	9	—	驱动设备宏指令
4	P0304	380	V	电动机额定电压
5	P0305	0.39	A	电动机额定电流
6	P0307	0.06	kW	电动机额定功率
7	P0310	50.00	Hz	电动机额定频率
8	P0311	1400	r/min	电动机额定转速
9	P1037	1000	r/min	电动电位器(MOP)正向最大转速
10	P1038	200	r/min	电动电位器(MOP)反向最大转速
11	P1040	500	r/min	电动电位器(MOP)初始转速

6.3.5　G120 变频器模拟量给定

数字量多段频率给定可以设定的速度段数量是有限的，不能做到无级调速，而外部模拟量输入可以做到无级调速，也容易实现自动控制，而且模拟量可以是电压信号或者电流信号，使用比较灵活，因此应用较广。

(1) 模拟量输入

CU240E-2 提供两路模拟量输入：AI0 和 AI1。AI0 和 AI1 相关参数分别在下标 [0] 和 [1] 中设置。变频器提供了多种模拟量输入模式，可以在参数号 P0756 进行选择。模拟量输入类型见表 6-26。

表 6-26　模拟量输入类型

参数号	端子号	模拟量通道	设定值含义说明
P0756[0]	3,4	AI0	0：单极性电压输入，0～10V 1：单极性电压输入，带监控，2～10V
P0756[1]	10,11	AI1	2：单极性电流输入，0～20mA 3：单极性电流输入，带监控，4～20mA

图 6-28　DIP 拨码开关

选择模拟量输入类型的同时，必须正确设置模拟量输入通道对应的 DIP 拨码开关的位置。该开关位于控制单元正面保护盖的后面，如图 6-28 所示。

电压输入：开关位置 U（出厂设置）；电流输入：开关位置 I。

P0756 修改了模拟量输入的类型之后，变频器会自动调整模拟量输入的标定。线性标定曲线由两个点（P0757，P0758）和（P0759，P0760）确定，也可以根据需要调整标定。模拟量输入 AI0 标定举例 P0756 [0] ＝4，见表 6-27。

表 6-27　模拟量输入标定举例

参数号	设定值	说明
P0757[0]	−10	−10V 对应−100％的标定,即−50Hz
P0758[0]	−100	−100％
P0759[0]	10	＋10V 对应 100％的标定,即 50Hz
P0760[0]	100	100％
P0761[0]	0	死区宽度

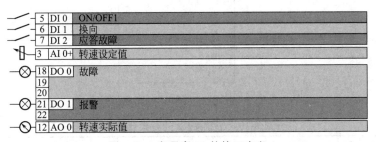

6-13　宏程序12的接线方式和参数设置

(2) 宏程序 12-端子启动模拟量调速

宏程序 12 的接口定义如图 6-29 所示。

① 启停控制：电动机的启停通过数字量输入 DI0 控制，数字量输入 DI1 用于电动机反向。

② 速度调节：转速通过模拟量输入 AI0 调节，AI0 默认为−10～＋10V 输入方式。

5 DI 0	ON/OFF1
6 DI 1	换向
7 DI 2	应答故障
3 AI 0＋	转速设定值
18 DO 0	故障
19	
20	
21 DO 1	报警
22	
12 AO 0	转速实际值

图 6-29　宏程序 12 的接口定义

宏程序 12 自动设置的参数如表 6-28 所示。

表 6-28　宏程序 12 的自动设置参数

参数号	参数值	说明	参数组
P840[0]	r722.0	数字量输入 DI0 作为启动命令	CDS0
P1113[0]	r722.1	数字量输入 DI1 作为电机反向命令	CDS0
P2103[0]	r722.2	数字量输入 DI2 作为故障复位命令	CDS0
P1070[0]	r755.0	模拟量 AI0 作为主设定值	CDS0

与宏程序 12 相关需要手动设置的参数如表 6-29 所示。

表 6-29　宏程序 12 的手动设置参数

参数号	缺省值	说明	单位
P0756[0]	4	模拟量输入 AI0:类型−10～10V	
P0757[0]	0.0	模拟量输入 AI0:标定 X1 值	V
P0758[0]	0.0	模拟量输入 AI0:标定 Y1 值	％
P0759[0]	10.0	模拟量输入 AI0:标定 X2 值	V
P0760[0]	100.0	模拟量输入 AI0:标定 Y2 值	％

【例 6-4】 已知电动机的额定功率为 60W，额定转速为 1400r/min，额定电压为 380V，额定电流为 0.39A，额定频率为 50Hz。请用宏程序 12 设计控制电路，将 0～10V 直流可调电压送入变频器模拟量输入通道，实现变频调速，调速范围 0～50Hz，并设置相关参数。

解： 控制电路接线图如图 6-30 所示，只要调节电位器即可得到 0～10V 的单极性电压，实现对电动机的无级调速。

当接通按钮 SA1 时，DI0 端子与变频器的＋24V OUT（端子 9）连接，电动机正转启动，调节电位器即可实现正转调速；当按钮 SA1 和 SA2 同时接通时，DI0 和 DI1 端子同时与端子 9 连接，电动机反转启动，调节电位器即可实现反转调速。变频器设置参数见表 6-30。

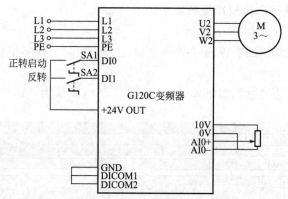

图 6-30　宏程序 12 实现模拟量给定的接线图

表 6-30　宏程序 12 的变频器参数

序号	变频器参数	设定值	单位	功能说明
1	P0003	3	—	参数访问级别
2	P0010	1/0	—	驱动调试参数筛选。先设置为 1，当把 P0015 和电动机相关参数修改完成后，再设置为 0
3	P0015	12	—	驱动设备宏指令
4	P0304	380	V	电动机额定电压
5	P0305	0.39	A	电动机额定电流
6	P0307	0.06	kW	电动机额定功率
7	P0310	50.00	Hz	电动机额定频率
8	P0311	1400	r/min	电动机额定转速
9	P0756[0]	0	—	单极性电压输入，0～10V

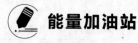

能量加油站

项目6【拓展阅读】

【任务工单】

工作任务单				编号:6-3
工作任务		西门子 G120 变频器的应用	建议学时	4
班级		学员姓名	工作日期	
任务目标		1. 熟悉预定义接口宏的概念; 2. 熟悉常用的预定义接口宏程序; 3. 能够根据宏的预定义接口完成控制电路设计及接线; 4. 能够熟练进行宏的参数设置。		
工作设备 及材料		1. 变频器 G120C 一台(含 BOP 操作面板); 2. 三相异步电动机一台; 3. 万用表一块; 4. 可调电阻一个; 5. 按钮、导线、电缆、绝缘胶带若干; 6. 电工工具一套。		
任务要求		查阅产品技术手册,能够熟练选用预定义接口宏设置变频器的命令源和设定值源,在宏定义接口方式与控制要求不符时,会选择最接近布线要求的接口宏进行修改,能够熟练依据宏接口定义进行接线,会熟练设置相关的宏参数。		
提交成果		1. 控制电路图; 2. 参数设置表; 3. 电路接线实物; 4. 操作记录; 5. 工作总结。		
小组成员 任务分工		项目负责人全面负责任务分配、组员协调,使小组成员分工明确,并在教师的指导下完成以下任务:总方案设计、系统安装、工具管理、任务记录、环境与安全等。		
任务 1 了解预 定义接 口宏	学习信息	1. 预定义接口宏的概念; 2. 参数 P0015 的修改步骤; 3. CU240E-2 的 18 种宏程序。		
	工作过程	1. 知道变频器的命令源和设定值源是通过预定义接口宏设置的; 2. 根据控制任务,判断是直接选择某个宏程序还是需要在最接近的一个宏程序上修改; 3. 设置相应的宏程序参数。		
任务 2 G120 变频器 正反转 控制	学习信息	1. 用宏程序 1 实现正反转控制的方法; 2. 用宏程序 2 实现正反转控制的方法。		
	工作过程	1. 理解宏程序 1 的启停控制和速度调节方式; 2. 根据控制要求,按照宏 1 的预定义接口设计控制电路并接线; 3. 设置宏程序 1 的变频器参数; 4. 理解宏程序 2 的启停控制和速度调节方式; 5. 根据控制要求,按照宏 2 的预定义接口设计控制电路并接线; 6. 设置宏程序 2 的变频器参数。		

续表

任务3 G120 变频器 多段速 功能	学习信息	1. 多段速功能的概念； 2. 用宏程序3实现多段速功能的方法； 3. 用直接选择模式实现多段速功能的方法； 4. 用二进制选择模式实现多段速功能的方法。
	工作过程	1. 理解宏程序3的启停控制和速度调节方式； 2. 根据控制要求，按照宏3的预定义接口设计控制电路并接线； 3. 设置宏程序3的变频器参数； 4. 修改宏3的预定义接口，按照直接选择模式设计控制电路并接线； 5. 设置直接选择模式的变频器参数； 6. 修改宏3的预定义接口，按照二进制选择模式设计控制电路并接线； 7. 设置二进制选择模式的变频器参数。
任务4 G120 变频器 的电动 电位器 （MOP） 给定	学习信息	1. 变频器MOP给定的概念； 2. 宏程序9实现变频器MOP给定的方法。
	工作过程	1. 理解宏程序9的启停控制和速度调节方式； 2. 根据控制要求，按照宏9的预定义接口设计控制电路并接线； 3. 设置宏程序9的变频器参数。
任务5 G120 变频器 模拟量 给定	学习信息	1. 变频器模拟量给定的概念； 2. 宏程序12实现模拟量给定的方法。
	工作过程	1. 理解宏程序12的启停控制和速度调节方式； 2. 根据控制要求，按照宏12的预定义接口设计控制电路并接线； 3. 设置宏程序12的变频器参数。
检查评价		1. 工作过程遇到的问题及处理方法： 　 　 　 　 2. 评价 自评：□优秀　□良好　□合格 同组人员评价：□优秀　□良好　□合格 教师评价：□优秀　□良好　□合格 3. 工作建议： 　 　 　

参考文献

［1］ 陈晓军．伺服与变频应用技术项目化教程．北京：机械工业出版社，2021．

［2］ 张雁宾．变频器应用教程．3 版．北京：机械工业出版社，2019．

［3］ 周奎，王玲，吴会琴．变频器技术及综合应用．北京：机械工业出版社，2021．

［4］ 陈伯时．电力拖动自动控制系统．4 版．北京：机械工业出版社，2013．

［5］ 李方园．变频器与伺服应用．北京：机械工业出版社，2020．

［6］ 周奎，吴会琴，高文忠．变频器系统运行与维护．北京：机械工业出版社，2019．

［7］ 游辉胜．运动控制系统应用指南．北京：机械工业出版社，2020．

［8］ 吕汀．变频技术原理及应用．北京：机械工业出版社，2015．

［9］ 魏连荣．变频器应用技术及实例解析．北京：化学工业出版社，2014．

［10］ 杜增辉，孙克军．变频器选型调试与维修．北京：机械工业出版社，2018．

［11］ 王立乔，沈虹．电力传动与调速控制系统及应用．北京：化学工业出版社，2017．

［12］ 王永华．电气控制及可编程序控制技术．6 版．北京：北京航空航天大学出版社，2020．

［13］ 莫正康．电力电子应用技术．3 版．北京：机械工业出版社，2011．

［14］ 王兆安，黄俊．电力电子技术．3 版．北京：机械工业出版社，2013．

［15］ 陈海霞．西门子 S7-300/400 PLC 编程技术及工程应用．北京：机械工业出版社，2012．

［16］ 陈贵银．工程案例化西门子 S7-300/400 PLC 编程技术及应用．北京：电子工业出版社，2018．

［17］ 史国生．交直流调速系统．3 版．北京：化学工业出版社，2015．

［18］ 钱平．交直流调速控制系统．2 版．北京：高等教育出版社，2006．